"十三五"普通高等教育系列教材

产教融合系列教材

发电厂电气部分课程设计

FADIANCHANG DIANQI BUFEN
KECHENG SHEJI

主　编　黄兴泉　胡　斌
副主编　郭　琳　石锋杰　高　山　王　伟
编　写　马　雁　吴娟娟　宗海焕　朱修超
　　　　李　嫚　喻　宙　张　洛　王　栋
　　　　辛伟峰　寇晓适
主　审　孙　静

中国电力出版社
CHINA ELECTRIC POWER PRESS

内 容 提 要

本书共分八章，主要内容包括概述、电气主接线设计、厂（站）用电设计、导体和电气设备的选择、配电装置的布置、过电压保护、变电站二次系统设计、220kV变电站电气部分初步设计应用（案例）。本书以典型课程设计任务书为例，主要阐述发电厂（变电站）电气部分的设计原则、基本要求、设计程序和计算方法，并介绍了设计中常用的图表、部分电气设备的技术参数及参考资料；同时还结合书中各章节介绍了有关的设计技术规程、规范；详细阐述了电气主接线设计原则及常用的接线形式、厂（站）用电设计、主要电气一次设备和部分二次设备的选择、配电装置的布置、过电压保护及变电站二次系统设计等。

本书可作为普通高等院校本科、高职高专电气工程类专业的发电厂电气部分课程设计教材，也可作为电力行业技术人员的参考书。

图书在版编目（CIP）数据

发电厂电气部分课程设计/黄兴泉，胡斌主编 . —北京：中国电力出版社，2019.4（2025.7重印）
"十三五"普通高等教育规划教材
ISBN 978-7-5198-2859-2

Ⅰ.①发… Ⅱ.①黄… ②胡… Ⅲ.①发电厂—电气设备—课程设计—高等学校—教材
Ⅳ.①TM621.7-41

中国版本图书馆 CIP 数据核字（2019）第 001794 号

出版发行：中国电力出版社
地　　址：北京市东城区北京站西街 19 号（邮政编码 100005）
网　　址：http://www.cepp.sgcc.com.cn
责任编辑：陈硕（010－63412532）
责任校对：黄　蓓　朱丽芳
装帧设计：王英磊
责任印制：钱兴根

印　　刷：北京天泽润科贸有限公司
版　　次：2019 年 4 月第一版
印　　次：2025 年 7 月北京第四次印刷
开　　本：787 毫米×1092 毫米　16 开本
印　　张：15
字　　数：367 千字
定　　价：48.00 元

前　言

为深入贯彻《国家中长期教育改革和发展规划纲要（2010—2020 年）》精神，加强教材建设，确保教材质量，中国电力教育协会组织制订了"十三五"普通高等教育系列教材。

随着我国电力工业的快速发展，新技术、新设备、新材料、新工艺在电力系统中的应用层出不穷，相应地对电气设备选择工作提出了新的要求。为了适应电力工业的发展形势和教育教学改革的需要，以及为满足不同层次、不同类型院校在学科发展和人才培养方面的需求，更好地服务读者，由高校电力产业教师和电力企业高级技术人员共同完成了本教材的编写。

在编写本教材的过程中，以有关国家标准、行业标准和专业性文件为指导，收集了近年来与本书有关的技术资料并结合现场实际，加以整理、补充和完善，内容紧密结合当前电气设备的应用实际，实用性强；教材的体系设计合理，循序渐进，符合学生的心理特征和认知、技能的养成规律，也有利于体现教师的主导性和学生的主体性。

本书具体编写分工如下：第一章由国网河南省电力公司电力科学研究院黄兴泉、郑州电力高等专科学校胡斌编写；第二、三章由华北电力大学王伟及郑州电力高等专科学校马雁、郭琳编写；第四章由国网河南省电力公司电力科学研究院寇晓适、王栋、辛伟峰及郑州电力高等专科学校郭琳、喻宙、张洛编写；第五、六章由郑州电力高等专科学校石锋杰、高山编写；第七章由郑州电力高等专科学校吴娟娟、宗海焕编写；第八章由国网河南省电力公司电力科学研究院黄兴泉、华北电力大学王伟及郑州电力高等专科学校胡斌、郭琳、高山、马雁、朱修超、李嫚共同编写。全书由郑州电力高等专科学校郭琳教授统稿，河南省电力勘测设计院孙静教授级高工主审。

由于编者水平有限，书中难免存在疏漏及不妥之处，恳请广大读者批评指正。

编　者

2019 年 2 月

目　　录

第一章　概　　述

在现代化生产和生活中，电能得到日益广泛的应用。世界上已将电力工业发展情况作为衡量一个国家现代化水平的标志之一。

因为目前电能不能大量存储，所以必须将发电、输电、变电、配电和用电有机地连成一个整体，这个整体称为电力系统。通常发电和用电之间的中间环节称为电力网。

目前，电力系统中的发电厂根据使用能源的不同，可分为火力发电厂、水力发电厂、核能发电厂、风力发电厂及太阳能发电厂等。变电站是电力系统的中间环节，用来汇集电源、升降电压和分配电能。按其在系统中的地位和作用，可分为升压变电站、降压变电站、枢纽变电站、终端变电站。发电厂和变电站中的电气设备，按其功能可分为一次设备和二次设备。这些设备按照工作的要求依一定顺序连接成电路，并安装、建造成各种电气装置，组成发电厂和变电站的电气部分。

第一节　发电厂、变电站设计的组成部分和设计阶段

一、发电厂、变电站设计的组成部分

发电厂、变电站的设计按其各部分职能的不同，可分为以下几个主要组成部分：

（1）厂（站）址选择、总体规划和主厂房布置。

（2）热机系统。该系统包括运煤系统、锅炉设备及系统、除灰渣系统、汽轮机设备及系统、水处理设备及系统、热工自动化等内容。

（3）电气系统。该系统包括电气一次回路部分（如电气主接线、厂用电、高压配电装置、防雷保护、接地和照明）及二次回路部分（如控制、测量、继电保护、自动装置和通信）等内容。

（4）水工设施及系统。

（5）辅助及附属设施。

（6）建筑物。

（7）采暖、通风和空气调节设施。

（8）环境保护和综合利用。

（9）消防。

（10）总概（预）算。

电气系统设计是其中的一个重要环节，其主要任务为：完成发电、输电、变电、配电电气系统设计，保证电能安全、可靠地送入电力系统，并力争节约投资、降低能耗。

二、发电厂、变电站设计阶段

发电厂、变电站的设计必须按国家规定的基本建设程序进行。对于新建的大型发电厂、变电站，一般设计程序如下：初步可行性研究、可行性研究、初步设计、施工图设计、竣工

图设计。研究报告和设计文件都要按规定的内容完成报批和批准手续。

本书以某 220kV 变电站为例，简单介绍各个阶段的设计任务、主要内容及电气专业的主要任务。

1. 初步可行性研究阶段

初步可行性研究阶段的任务是进行地区性的规划选厂（站）。在此阶段，设计单位提出的设计成品主要是一份初步可行性研究报告，由各个专业共同执笔，设计总工程师统稿。

初步可行性研究报告的内容一般包括概述、电力系统、燃料供应、建厂（站）条件与规模、工程设想、环境保护、厂（站）址方案、技术经济比较、结论及存在的主要问题、附图与附件等。

2. 可行性研究阶段

在工程项目建设获得批准后，工程设计进入可行性研究阶段，进行工程定点选厂（站）。在此阶段，除完成可行性研究报告的编写工作之外，还需进行必要的论证计算，提出主要的设计图纸和取得必要的外部协议。

可行性研究报告由工程项目组各专业共同编写，其内容一般包括概述、电力系统、燃料供应、厂（站）址条件、工程设想、环境保护、能源节约、厂（站）组织与定员、工程项目实施的条件和轮廓关键进度、经济效益分析、结论等。

3. 初步设计阶段

在厂（站）址确定、可行性研究通过审查之后，便可根据上级下达的设计任务书，正式进行工程的初步设计，并按设计任务书给出的条件，分专业提出符合设计深度要求的设计文件。初步设计是工程建设中非常重要的设计阶段，各种设计方案应经过充分的论证和选择。

在这一阶段，电气专业的主要任务如下：通过技术、经济论证，确定发电厂、变电站电气主接线的最优方案，根据设备选择原则，提出主要电气设备的清单，确定有关的技术问题，对主要设备提出技术规范，根据选出的设备修改配电装置的布置，最终完成设计文件。设计文件由说明书、计算书、设计图纸及概算组成。

（1）说明书的内容。

1）设计依据及原始资料的收集和分析。该项内容主要包括电力系统分析、发电厂（变电站）总体分析、负荷分析、环境条件分析等。

2）电气主接线设计。该项内容主要包括电气主接线方案的比较与确定，各级电压母线的接线方式（本期、远景），分期建设与过渡方案；主变压器的选择；各级电压中性点的接地方式，6～35kV 单相接地电容电流补偿设备的选择；无功设备的配置等。

3）厂（站）用电的接线及布置。该项内容主要包括厂（站）用电接线方案的比较，负荷计算及变压器的选择，中性点接地方式的选择；高、低压厂用电工作，启动/备用，事故保安电源的连接方式，设备容量，分接头，以及阻抗的选择；厂（站）用配电装置及设备的选型等。

4）短路电流的计算。该项内容主要包括短路电流的计算结果及有关计算的依据、接线、运行方式及系统容量等的说明。

5）电气设备的选择。该项内容主要包括主变压器、厂（站）用变压器、断路器、隔离开关、熔断器、电容器、电抗器、互感器、消弧线圈、避雷器、绝缘子、导线和电缆等的选择。

6）电气总平面布置。该项内容主要包括屋内配电装置、屋外配电装置、主变压器、主控室及辅助房间、道路的布置与路面设计等。

7）屋内、外配电装置设计。在此基础上，还要考虑通道和围栏的布置、构架的选择等。

8）过电压保护与接地。该项内容主要包括电气设备防止过电压的保护措施，主、辅建筑物的防雷保护装置，土壤电阻率，以及接地装置的要求等。

9）二次系统设计。该项内容主要包括变电站综合自动化系统的结构设计、二次设备组屏及安装方式的选择、各电气设备的保护配置等。

（2）计算书内容。

1）短路电流计算。

2）全厂电气设备的选择。

3）厂（站）用负荷统计及厂（站）用变压器容量的选择。

4）接线方式的技术经济比较、无功功率补偿。

5）照明计算。

6）防雷保护及接地的计算。

7）拉力弛度的计算。

8）高压配电装置的电气绝缘校验及配合。

9）大电流母线（各种结构）的计算。

（3）设计图纸。

1）电气主接线图。

2）电气总平面布置图。

3）厂（站）用电接线图（包括柜、盘、箱订货图）。

4）发电机电压配电装置平、剖面图。

5）变压器布置平、剖面图。

6）高压配电装置平、剖面图。

7）电缆层、井、道敷设规划图。

8）直击雷保护范围图。

9）接地透视图。

10）照明系统接线图。

11）电气设备清单。

4. 施工图设计阶段

初步设计经过审查批准，便可根据审查结论和主要设备落实情况，开展施工图设计。在这一阶段中，应准确无误地表达设计意图，按期提出符合质量和深度要求的设计图纸和说明书，以满足设备订货所需，并保证施工的顺利进行。

第二节　课程设计的目的、内容和要求

一、课程设计的目的

本次课程设计是在完成本专业全部基础课程及专业课程的基础上进行的。通过本次设计应达到以下目的：

（1）巩固和提高已学过的专业知识，并通过本次设计进一步学习新知识和新技能。

（2）掌握发电厂、变电站电气部分工程设计的主要内容、基本流程和思想方法，获得查阅文献、收集资料、计算比较、综合分析、设计图纸等方面的训练和基本技能。

（3）通过查阅有关技术文献资料，培养独立分析和解决实际问题的能力。

（4）培养工程意识，掌握计算机绘图的方法。

二、课程设计的要求和内容

1. 对课程设计的要求

课程设计根据设计任务书及国家的有关政策和各专业的设计技术规程、规定进行。

2. 课程设计的内容

课程设计大体相当于实际工程设计中电气一次部分和二次部分初步设计的内容，其中一部分可达专业设计深度，具体内容如下：

（1）对原始资料的分析。

1）本工程情况：发电厂、变电站类型及设计规划容量（本期、远景），单机容量及台数，运行方式，最大负荷利用小时数等。

2）电力系统分析：电力系统本期及远景发展规划（本期工程建成后 5～10 年），发电厂、变电站在电力系统中的位置和作用，本期和远景与系统的连接方式，各级电压中性点的接地方式等。

3）负荷分析：负荷的性质及其地理位置，输电电压等级、出线回路及输送容量等。

4）环境条件：地理位置，当地的气温、湿度、覆冰、污秽、地质、水文、海拔及地震等。

5）设备制造情况：各种电气设备的性能、制造能力和供应情况。

（2）电气主接线设计。

1）主变压器的选择：容量、台数、相数、绕组数量和连接方式、阻抗、调压方式、电压等级、全绝缘或半绝缘问题、自耦变压器问题、冷却方式等。

2）各级电压母线的接线方式（本期、远景）及分期、过渡接线等。

3）绘制电气主接线图。

（3）厂（站）用电及近区供电方式的选择、设计。

1）厂（站）用电接线方案的比较，负荷计算及变压器的选择，中性点接地方式的选择。

2）高、低压厂用电工作电源，启动/备用电源，事故保安电源的连接方式，设备容量，分接头，以及阻抗的选择。

3）厂（站）用配电装置及设备的选型等。

4）绘制厂（站）用电接线图。

（4）短路电流的计算。

1）确定电气主接线的运行方式。

2）绘制等值网络图。

3）计算各短路计算点的三相短路电流。

（5）电气设备的选择。对主变压器、厂（站）用变压器、断路器、隔离开关、熔断器、电容器、电抗器、互感器、消弧线圈、避雷器、绝缘子、导线和电缆等进行选择，并汇总电气设备表。

（6）屋内、外配电装置设计。根据发电厂、变电站类型和地理位置，初步拟定变压器、开关站及厂（站）内电气设备的布置方案。

（7）电气总平面设计。对屋内配电装置、屋外配电装置、主变压器、主控室及辅助房间、道路的布置与路面等进行设计，并绘制电气总平面布置图。

（8）过电压保护。

1）电气设备防止过电压的保护措施。

2）主、辅建筑物的防雷保护装置。

3）完成防雷保护的设计与计算。

4）绘制直击雷保护范围图。

（9）二次部分设计。对变电站综合自动化系统结构进行设计，对二次设备的组屏及安装方式进行选择，根据继电保护配置原则对变电站各电气设备进行保护配置。

（10）绘制工程设计的其他相关图纸，编制电气一次设备概算表，并编写说明书。说明书部分包括设计任务书、所采用的基本资料和原始数据、方案选择论证、主要计算方法和结果。

计算书可作为附件，列在说明书后面。

3. 课程设计文件

课程设计文件要求文字说明简明扼要，计算准确，有分析论证，并能正确地反映情况、说明问题。设计图纸应做到内容完整、清晰、整齐。

第三节　课程设计任务书

由于实际情况的不同，任务书的形式也有所差异，下面给出某 220kV 变电站电气部分初步设计的任务书，仅供参考。

220kV 变电站电气部分初步设计任务书

系部：＿＿＿＿＿＿　专业：＿＿＿＿＿＿　班级：＿＿＿＿＿＿

姓名：＿＿＿＿＿＿　指导教师：＿＿＿＿＿＿

设计题目：＿＿220kV 变电站电气部分初步设计＿＿

一、设计题目

220kV 变电站电气部分初步设计。

二、设计任务

（1）变电站总体分析。

（2）主变压器的选择。

（3）电气主接线和站用电接线设计。

（4）短路电流的计算。

（5）主要电气设备的选择。

（6）无功功率补偿设计。

（7）配电装置设计。

（8）继电保护配置。

（9）防雷接地设计。

（10）绘制工程计图纸。

三、目的要求

1. 编写技术设计说明书

（1）原始资料分析。

（2）电气主接线和站用电接线设计。

（3）主变压器的台数、容量和形式的确定。

（4）短路电流计算说明书和计算结果。

（5）主要电气设备选择说明及结果表。

（6）无功功率补偿设计。

（7）配电装置的选型及规划布置。

（8）继电保护的配置说明。

（9）防雷设计说明。

2. 编写技术设计计算书

（1）短路电流计算书。

（2）电气设备选择计算书。

（3）防雷设计计算书。

3. 绘制工程图纸

（1）220kV 变电站电气主接线图。

（2）220kV 变电站电气总平面布置图。

四、设计原始资料

1. 建站目的

某地区因电力系统的发展和负荷的增长，拟建一座 220kV 变电站。

2. 拟建变电站概况

220kV 拟建变电站系统示意图如图 1-1 所示。系统参数见表 1-1。线路参数见表 1-2。

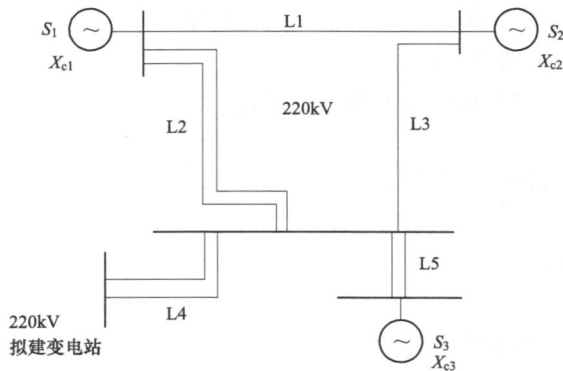

图 1-1　220kV 拟建变电站系统示意图

3. 地区自然条件

该变电站位于市郊荒土地上，地势平坦，交通便利，环境污染小。其年最高气温 35℃，年最低气温－5℃，年平均气温 18℃，最热月日平均温度为 28℃，土壤温度为 18℃，海拔 400m。

表 1-1 系 统 参 数

组别	系统 1		系统 2		系统 3	
	S_1(MVA)	X_{c1}	S_2(MVA)	X_{c2}	S_3(MVA)	X_{c3}
1组	2000	0.38	1600	0.45	750	0.3
2组	1850	0.36	1650	0.42	800	0.34
3组	2100	0.45	1580	0.43	900	0.36
4组	2150	0.44	1460	0.41	1000	0.38

注 S_1、S_2 为火电系统容量；S_3 为水电系统容量；X_{c1}、X_{c2}、X_{c3} 为系统电抗标幺值。

表 1-2 线 路 参 数

组别	线路长度（km）				
	L1	L2	L3	L4	L5
1组	160	100	170	100	150
2组	140	110	180	120	140
3组	150	120	190	130	130
4组	155	130	160	110	120

4. 负荷资料

（1）220kV 线路 5 回，其中预留 1 回备用，架空出线。

（2）110kV 线路 8 回，其中两回出线供给远方大型冶炼厂，容量为 50MVA，其他作为一些地区变电站进线，架空出线。110kV 线路负荷资料见表 1-3。

（3）10kV 接站用变压器及无功功率补偿装置。

表 1-3 110kV 线路负荷资料

名称	最大负荷（MW）		$\cos\varphi$	回路数
	1、2组	3、4组		
A厂	45	47	0.9	2
B厂	42	44	0.9	2
A变电站	32	31	0.9	1
B变电站	34	30	0.9	1
C变电站	28	33	0.85	1
D变电站	35	29	0.85	1

注 表中各负荷间的同时率为 0.9。

五、时间安排（50 天）

（1）收集资料 2 天。

（2）原始资料分析及主变压器选择 3 天。

（3）电气主接线选择 3 天。

（4）短路电流计算 6 天。

（5）电气设备选择 7 天。

（6）配电装置设计 3 天。

（7）防雷保护设计 3 天。

（8）变压器及线路的继电保护配置 3 天。

（9）编写说明书、计算书 10 天。

（10）绘制图纸 5 天。

（11）整理准备 3 天。

（12）答辩 2 天。

六、成绩评定办法

（1）设计说明书及计算书，共 60 分。

（2）图纸，共 30 分。

（3）平时表现，共 10 分。

七、题目来源、类型

工程实践、设计型。

八、说明

（1）通过电气一次设计计算，进一步巩固和学习"电力系统分析"和"发电厂电气部分"课程的基本理论和基本方法，了解变电站设计计算的基本内容和方法。

（2）通过电气二次系统设计，进一步巩固和学习"电力系统继电保护原理"课程的基本理论和"变电站综合自动化系统"课程的基本设计方法，初步掌握变电站综合自动化系统的结构及安装方式，了解变电站各设备的保护配置原则。

（3）通过绘制变电站设计的相关图纸，学习和掌握工程制图的基本方法、基本要求和手绘的基本技能。

第二章　电气主接线设计

　　电气主接线是电力系统的重要组成部分，它表明发电厂或变电站内的发电机、变压器、各电压等级的线路、无功功率补偿设备以最优化的接线方式和系统相连，同时也表明发电厂、变电站内各种电气设备之间的连接方式。电气主接线设计是依据发电厂或变电站的最高电压等级和它们的性质，选择出一种与它们在系统中的地位和作用相适应的接线方式。电气主接线设计对发电厂、变电站内电气设备的选择、布置，继电保护及自动装置的设计，发电厂、变电站的总平面设计等都起着决定性作用。电气主接线还直接影响发电厂、变电站乃至相关的电力系统安全、经济、稳定、灵活地运行。

　　发电厂、变电站一般需要经过多次扩建后才能最终完成其所选择的接线方式。因此，过渡接线的设计也是发电厂、变电站各发展阶段中电气主接线设计的重要内容之一，它直接关系着发电厂、变电站的初期建设及扩建的安全性、灵活性和经济性。

　　电气主接线设计是一个综合性问题，必须结合电力系统和发电厂或变电站的具体情况，全面分析有关因素，正确处理它们之间的关系，经过技术、经济比较，合理地选择电气主接线方案。

第一节　电气主接线的设计原则、基本要求和设计程序

一、电气主接线的设计原则

　　发电厂和变电站的电气主接线是保证电网安全、可靠、经济运行的关键，是电气设备的布置和选择、自动化水平及二次回路设计的原则和基础。电气主接线选择的主要原则如下：

　　（1）根据发电厂和变电站在系统中的地位和作用确定对电气主接线的可靠性、灵活性、经济性和先进性的要求。

　　1）以设计任务书为依据。设计任务书是根据国家经济发展及电力负荷增长率的规划，在进行大量的调查研究和资料搜集工作的基础上，对系统负荷进行分析及电力电量平衡，从宏观的角度论证建厂（站）的必要性、可能性和经济性，明确建设目的、依据、负荷及所在电力系统的情况、建设规模、建厂条件、地点和占地面积、主要协作配合条件、环境保护要求、建设进度、投资控制和筹措、需要研制的新产品等，并经上级主管部门批准后提出的。因此，设计任务书是设计的原始资料和依据。

　　2）以国家经济建设的方针、政策、技术规范和标准为准则。国家经济建设的方针、政策、技术规范和标准是根据电力工业的技术特点、结合国家实际情况而制定的，它是科学、技术条理化的总结，是长期生产实践的结晶，设计中必须严格遵循，特别应贯彻执行资源综合利用、保护环境、节约能源和水源、节约用地、提高综合经济效益和促进技术进步的方针。

　　3）结合工程的实际情况，使电气主接线满足可靠性、灵活性、经济性和先进性等要求。

（2）电气主接线的选择除考虑电网安全稳定运行的要求外，还应满足电网出现故障时应急处理的要求。

（3）各种配电装置接线的选择，要考虑该配电装置所在发电厂或变电站的性质、电压等级、进出线回路数、采用的设备情况、供电负荷的重要性和本地区的运行习惯等因素。

（4）近期接线与远期接线相结合，方便接线的过渡。

（5）进行必要的技术、经济比较。

二、对电气主接线的基本要求

将对电气主接线的基本要求概括为可靠性、灵活性和经济性三方面。

1. 可靠性

发、供电的安全可靠是电力生产的第一要求，电气主接线必须首先给予满足。由于电能的发、供、用必须在同一时刻进行，电力系统中任何一个环节故障，都将影响到整体。事故停电不仅给电力部门造成损失，更严重的是会给国民经济造成重大损失。导致人身伤亡、设备损坏、产品报废、城市生活混乱等经济损失和政治影响，更是难以估量。

电气主接线的可靠性并不是绝对的。同样形式的电气主接线对某些发电厂或变电站来说是可靠的，而对另一些发电厂或变电站就不一定满足可靠性的要求。所以，在分析电气主接线的可靠性时，不能脱离发电厂或变电站在系统中的地位和作用、用户的负荷性质和类别、设备制造水平及运行经验等因素。

对电气主接线的可靠性分析可以进行定量计算，但在定量计算中需要各种设备的可靠性指标、各级线路、母线故障率等的原始数据。一般情况下，这些原始数据是难以统计的，而且计算方法也不成熟，故在电气主接线设计时，通常不进行定量计算，只采用定性分析来比较各种接线的可靠性，具体可从以下几方面考虑：

（1）断路器检修时是否影响供电。

（2）断路器、母线或线路故障时及母线或母线侧隔离开关检修时，停电线路数目的多少和停电时间的长短，以及能否保证对重要用户的供电。

（3）有没有使发电厂或变电站全部停止工作的可能性。

（4）大型机组突然停止运行，对电力系统稳定运行的影响与后果等。

2. 灵活性

电气主接线的灵活性主要体现在正常运行或故障情况下都能迅速改变接线方式，具体情况如下：

（1）调度灵活、操作方便。电气主接线应根据系统正常运行的需要，能方便、灵活地切除或投入线路、变压器或无功功率补偿装置等，使电力系统处于最经济、最安全的运行状态。

（2）检修灵活。电气主接线应能方便地停止运行线路、变压器、开关设备等的运行，并对其进行安全检修或更换。复杂的接线不仅不便于操作，往往还会造成运行人员误操作而发生事故。但接线过于简单，既不能满足运行方式的需要，又会给运行造成不便或造成不必要的停电。

（3）扩建灵活。一般发电厂或变电站都是分期建设的，从初期接线到最终接线的形成，中间要经过多次扩建。电气主接线设计要考虑接线过渡过程中停电范围最少，停电时间最短，一、二次设备接线的改动最少，设备的搬迁最少或不进行设备搬迁。

（4）事故处理灵活。发电厂、变电站内部或系统发生故障后，能迅速地隔离故障部分，尽快恢复供电，保障电网的安全、稳定。

3. 经济性

电气主接线在保证安全、可靠、操作方便的基础上，尽可能地减少与接线方式有关的投资，使发电厂或变电站尽快地发挥经济效益。

（1）节省投资。电气主接线应简单清晰，少用设备以节省设备上的投资，并可适当采用限制短路电流的措施，以便选择价廉的轻型电气设备及小截面电缆，降低投资。

（2）年运行费用小。年运行费用包括电能损耗费、折旧费及大、小修费用等。应合理地选择设备形式和额定参数，恰到好处地结合工程情况，避免以大代小、以高代低。

（3）占地面积小。在选择接线方式时，要考虑设备布置的占地面积大小，力求减少占地，节省配电装置征地的费用。

发电厂、变电站电气主接线的可靠性、灵活性和经济性是一个综合概念，不能单独强调其中的某一种特性，也不能忽略其中的某一种特性。但根据发电厂、变电站在系统中的地位和作用的不同，对发电厂、变电站电气主接线的性能要求也有不同的侧重。例如：系统中的超高压、大容量发电厂和枢纽变电站，因停电会对系统和用户造成重大损失，故对其可靠性要求就特别高；系统中的中、小容量发电厂和中间变电站或终端变电站，因停电对系统和用户造成的损失较小，这类发电厂、变电站的数量特别大，故对其电气主接线的经济性就要特别重视。

三、电气主接线的设计程序

电气主接线设计包括可行性研究、初步设计和施工设计 3 个阶段。下达设计任务书之前所进行的工作属于可行性研究阶段。初步设计主要是确定建设标准、各项技术原则和总概算。在学校里进行的课程设计和毕业设计，在内容上相当于实际工程中的初步设计，具体设计步骤和内容如下：

1. 对原始资料进行分析

（1）工程情况。本工程情况包括发电厂类型、规划装机容量（近期、远景）、单机容量及台数、可能的运行方式及年最大负荷利用小时数等。

发电厂容量的确定与国家经济发展规划、电力负荷增长速度、系统规模和电网结构，以及备用容量等因素有关。发电厂总装机容量及单机容量标志着电厂的规模和电厂在电力系统中的地位和作用，当总装机容量超过系统总容量的 15% 时，该电厂在系统中的地位和作用至关重要。单机容量的选择不宜大于系统总容量的 10%，以保证在该机检修或事故情况下系统供电的可靠性。另外，为使生产管理及运行、检修方便，一个发电厂内的单机以不超过两种为宜，台数以不超过 6 台为宜，且同容量的机组应尽量选用同一形式。

运行方式及年最大负荷利用小时数直接影响着电气主接线的设计。承担基荷为主的发电厂，设备利用率较高，一般年最大负荷利用小时数在 5000h 以上；承担腰荷的发电厂，设备利用小时数应在 3000～5000h；承担峰荷的发电厂，设备利用小时数在 3000h 以下。不同发电厂的工作特性有所不同，核电厂或单机容量在 300MW 及以上的火电厂主要承担基荷，其电气主接线应以保证供电可靠性为主进行选择。水电厂是电力系统中最灵活的机动能源，启、停方便，多承担系统调峰、调相任务。水电厂根据水能利用及库容的状态有可能承担基荷（如丰水期）、腰荷和峰荷，其电气主接线应以保证供电调度的灵活性为主进行选择。

（2）电力系统情况。电力系统情况包括系统的总装机容量、近期和远景（5~10 年）发展规划，发电厂或变电站在系统中的位置（地理位置和容量位置）和作用、近期和远景与系统的连接方式及各电压级中性点的接地方式等。

发电厂的总装机容量与系统容量之比若大于 15%，可认为该厂在系统中处于较重要的地位，其电气主接线应选择可靠性较高的接线形式。

电力系统中性点的接地方式是一个综合性的问题。其与电压等级、单相短路电流、过电压水平、保护装置的配置等有关，直接影响电网的绝缘水平、系统供电的可靠性和连续性等。我国对 35kV 及以下电网的中性点采用非直接接地（不接地或经消弧线圈接地），又称小接地电流系统；对 110kV 及以上电网中性点采用直接接地，又称大接地电流系统。电网中性点的接地方式决定了主变压器中性点的接地方式。发电机中性点采用非直接接地，其中容量为 125MW 及以下机组的中性点采用不接地或经消弧线圈接地，容量为 200MW 及以上机组的中性点采用经接地变压器接地。

（3）负荷情况。负荷情况包括负荷的地理位置、电压等级、出线回路数、输送容量、负荷类别、最大及最小负荷、功率因数、增长率、年最大负荷利用小时数等。

Ⅰ类负荷必须有两个独立电源供电（如用双回路接于不同的母线段），Ⅱ类负荷一般也要有两个独立电源供电，Ⅲ类负荷一般只需一个电源供电。

电力负荷的原始资料是设计电气主接线的基础数据，负荷的发展和增长速度受政治、经济、工业水平和自然条件等因素的影响。负荷预测工作是电力规划工作的重要组成部分，也是电力规划的基础。负荷的预测方法有多种，需要时可参考有关文献。

（4）其他情况。其他情况包括环境条件、设备制造情况等。当地的气温、湿度、覆冰、污秽、风向、水文、地质、海拔及地震等因素，对电气主接线中电气设备的选择、厂房和配电装置的布置等均有影响。为使所设计的电气主接线具有可行性，必须对主要设备的性能、制造能力、价格和供货等情况进行汇集、分析、比较，以保证设计的先进性、经济性和可行性。

2. 电气主接线方案的拟定和选择

按设计任务书的要求，在原始资料分析的基础上，根据对电源和出线回路数、主变压器的台数、容量及形式、电压等级，以及母线结构等的考虑，可拟定出若干个可行的电气主接线方案（本期和远期）。依据对电气主接线的基本要求，从技术上论证并淘汰一些明显不合理的方案，最终保留 2~3 个技术上相当，又能满足任务书要求的方案，再进行经济比较。对地位重要的大型发电厂或变电站还要进行可靠性的定量计算、分析比较，确定出在技术上合理、经济上可行的最终方案。

计算电气主接线各个比较方案的费用和效益，为选择经济上的最优方案提供依据。对所保留的 2~3 个技术上相当的方案进行经济比较时，主要是对提出的几种电气主接线方案的综合投资 Z 和年运行费 U 两大项进行综合效益比较。比较时，一般只需计算各方案不同部分的综合投资和年运行费。

（1）综合投资 Z（万元）的计算。综合投资主要包括变压器、开关设备、配电装置等主体设备的综合投资及不可预见的附加投资。综合投资包括设备本体价格、附属设备（如母线、控制设备等）费、主要材料费及安装费等各项费用的总和。综合投资 Z 的计算式为

$$Z = Z_0(1 + a/100) \tag{2-1}$$

式中　Z_0——主体设备的投资，包括变压器、开关设备、配电装置及明显的增修桥梁、公路和拆迁等费用，万元；

　　　a——不明显的附加费用的比例系数，如基础加工、电缆沟道开挖费用等，一般220kV 取 70，110kV 取 90。

（2）年运行费 U（万元）的计算。年运行费 U 主要包括一年中变压器的电能损耗费、小修、维护费及折旧费，其计算式为

$$U = \alpha \Delta A \times 10^{-4} + U_1 + U_2 \tag{2-2}$$

式中　α——电能电价，可参考采用各地区的实际电价，元/kWh；

　　　ΔA——变压器的年电能损耗，kWh；

　　　U_1——年小修、维护费，一般取（$0.022\sim0.042$）Z，万元；

　　　U_2——年折旧费，一般取（$0.005\sim0.058$）Z，万元。

U_2 指在电力设施使用期间逐年缴回的建设投资及年大修费用。U_1 和 U_1 都取决于电力设施的价值，所以都以综合投资的百分数来计算。

关于 ΔA 的计算，由于所给负荷参数和选用变压器形式的不同，其计算也有所差异。详细计算可参考有关资料。

（3）经济比较。对技术上较好的方案，分别进行上述综合投资和年运行费的计算后，再通过经济比较，选出经济上的最优方案。在参加经济比较的各方案中，Z 和 U 均为最小的方案应优先选用。如果不存在这种情况，即虽然某方案的 Z 最小，但其 U 不是最小，或反之，则应进一步进行经济比较。目前，我国采用的经济比较方法有静态比较法和动态比较法两种。

3. 短路电流的计算和主要电气设备的选择

对选定的电气主接线进行短路电流的计算，并选择合理的电气设备。

4. 绘制电气主接线图

对最终确定的电气主接线，按工程要求，绘制电气主接线图、撰写技术说明书和计算书。

第二节　常用电气主接线的接线方式及特点

一、单母线接线

1. 不分段的单母线接线

不分段的单母线接线如图 2-1 所示。这种接线的特点是设一条汇流母线，每一回路（电源或负荷）均通过一台断路器和一个母线隔离开关接到母线上。它是所有母线接线中最简单的一种接线。其优点如下：接线简单清晰，采用设备少、投资小，运行操作方便且有利于扩建。其主要缺点如下：可靠性和灵活性较差，当母线或任一母线隔离开关检修或任一连接元件发生故障，断路器拒动或母线故障时，各回路必须在检修或故障消除之前的全部时间内停止工作，造成整个配电装置全停。

不分段的单母线接线可作为最终接线，也可作为过渡接线。只要在布置上留有位置，单母线接线可过渡到单母线分段接线、双母线接线和双母线分段接线。不分段的单母线接线一般只用于出线 6~220kV 系统中只有一台发电机或一台主变压器，且出线回路数又不多的

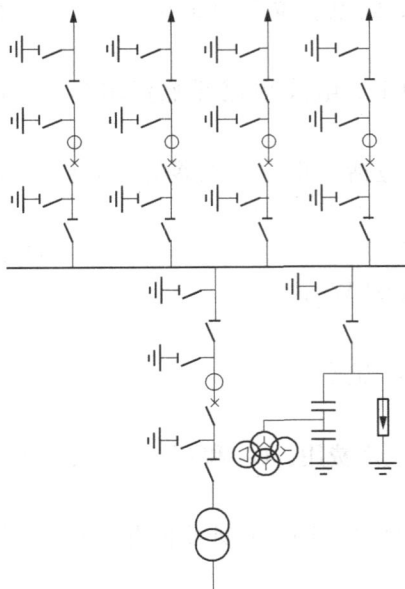

图 2-1 不分段的单母线接线

中、小型发电厂和变电站。其具体适用范围如下：

(1) 6～10kV 配电装置，出线回路数不超过 5 回。

(2) 35～63kV 配电装置，出线回路数不超过 3 回。

(3) 110～220kV 配电装置，出线回路数不超过 2 回。

2. 单母线分段接线

单母线分段接线如图 2-2 所示，用分段断路器将母线分为两段。分段后的母线和母线隔离开关可轮流检修，对重要用户可从不同母线段上引双回路供电。当一段母线发生故障或任一连接元件故障，断路器拒动时，由继电保护动作断开分段断路器，将故障限制在故障母线范围内，非故障母线继续运行，两段母线同时故障的概率很小，可以不予考虑，整个配电装置不会全停，从而保证对重要用户的供电。

单母线分段接线除具有单母线接线的简单清晰、投资省、操作方便、扩建容易等优点外，其供电的可靠性和灵活性也得到了较大的提高。因此，这种接线的应用范围比单母线接线广，其缺点如下：当分段断路器故障时，整个配电装置会全停；母线或母线隔离开关检修时，该段母线上所接回路都要在检修期间停电。其具体适用范围如下：

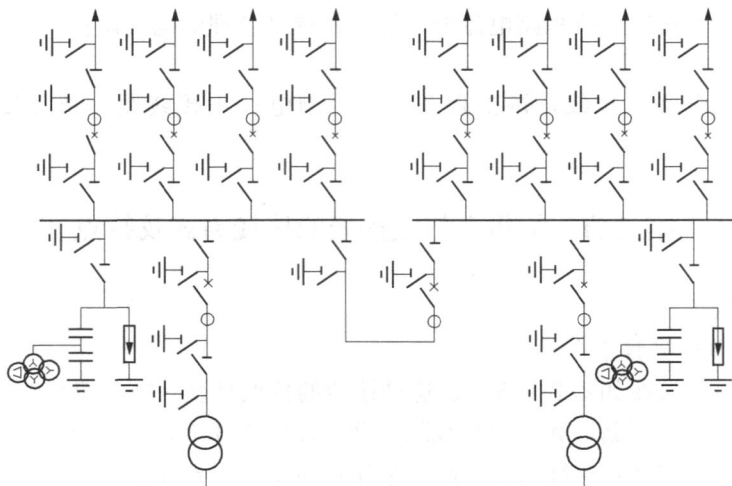

图 2-2 单母线分段接线

(1) 6～10kV 配电装置，当出线回路数为 6 回及以上时，每段所接容量不宜超过 25MW。

(2) 35～63kV 配电装置，出线回路数不宜超过 8 回。

(3) 110～220kV 配电装置，出线回路数不宜超过 4 回。

二、双母线接线

1. 一般双母线接线

为克服单母线接线或单母线分段接线在母线或母线隔离开关检修时，该段母线上所接回路都要在检修期间停电的缺点，发展出了双母线接线。这种接线，每一回路经一台断路器和两台母线隔离开关分别连接到两组母线上，两组母线间通过母线联络断路器连接。一般双母线接线如图 2-3 所示。

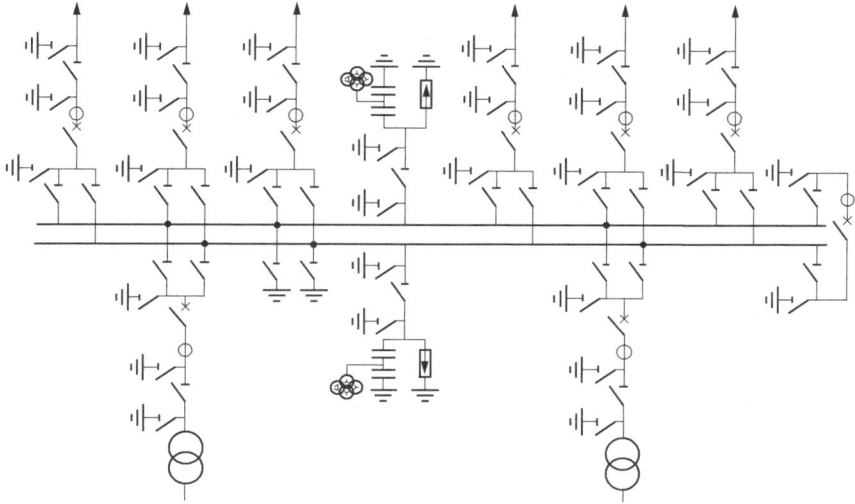

图 2-3　一般双母线接线

（1）双母线接线中的两组母线可以同时运行，也可以互为备用。与单母线接线相比，双母线接线具有较高的可靠性和灵活性，其特点如下：

1）检修任意一条母线时，可将该母线上的全部回路倒换到另一组母线上，不会中断对用户的供电。

2）检修任意回路的母线隔离开关时，只需断开这一回路和与该隔离开关相连的母线，其他回路可切换到另一母线，不影响其他回路供电。

3）任意一条母线故障时，可将所有连于该母线上的回路倒换到正常母线上，使装置迅速恢复供电。

4）断路器检修时，可利用临时跨条将被检修断路器旁路，用母线联络断路器代替被检修的断路器，以减少停电时间。

5）运行方式灵活。根据系统运行的需要，两组母线可以并列运行，也可以分列运行；还可采用一组母线工作，另一组母线备用的运行方式。

6）便于扩建。双母线接线可以任意向两侧延伸扩建，不影响两组母线的电源和负荷均匀分配，扩建施工时不会引起原有回路停电。

7）可以完成一些特殊功能。例如，可利用母线联络断路器与系统并列或解列；当某一回路需要独立工作或进行试验时，可将该回路单独接到一组母线上进行；当线路需要利用短路方式融冰时，可腾出一组母线作为融冰母线；当某一断路器故障而拒动或不允许操作时，可将该回路单独接于一组母线上，然后用母线联络断路器代替其断开电路。

（2）与单母线接线比较，双母线接线的缺点如下：

1）设备增多，配电装置布置复杂，投资和占地面积增大。

2）当母线故障或检修时，隔离开关作为倒换操作电器使用，容易误操作，为此，在隔离开关和断路器之间需装设闭锁装置。

3）隔离开关操作闭锁接线复杂。

4）保护和测量装置的电压取自母线电压互感器二次侧，需经过切换，电压回路接线复杂。

5）母线联络断路器故障时，将使整个配电装置全停。

（3）双母线接线目前在我国得到广泛的应用。其适用范围如下：

1）6～10kV配电装置，当短路电流较大、出线需带电抗器时。

2）35～63kV配电装置，当出线回路数超过8回或连接的电源较多、负荷较大时。

3）110～220kV配电装置，当出线回路数为5回及以上时，或该配电装置在系统中居重要地位、出线回路数为4回及以上时。

2. 双母线分段接线

当双母线接线配电装置的进出线回路数较多时，为增加可靠性和灵活性，缩小母线故障的影响范围，可将双母线中的一组或两组用断路器分段，形成双母线三分段接线（双母线单分段接线）或双母线四分段接线（双母线双分段接线），分别如图 2-4、图 2-5 所示。

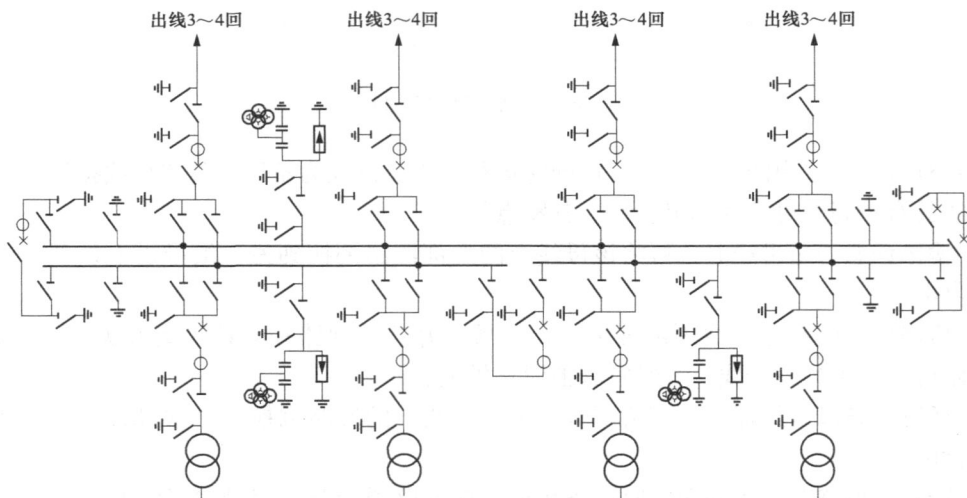

图 2-4　双母线三分段接线

双母线三分段接线或双母线四分段接线克服了双母线接线存在全停可能性的缺点，缩小了故障停电范围，提高了接线的可靠性。特别是双母线四分段接线，比双母线三分段接线只多一台分段断路器和一组母线电压互感器及避雷器，占地面积相同，但可靠性提高明显。双母线四分段接线可以做到在任何双重故障情况下不致造成配电装置全停。这种接线在系统运行中也非常灵活，可通过分段断路器或母线联络断路器将系统分割成几个互不连接的部分，达到限制短路电流、控制潮流分布、缩小故障停电范围等目的。双母线分段接线的适用范围如下：

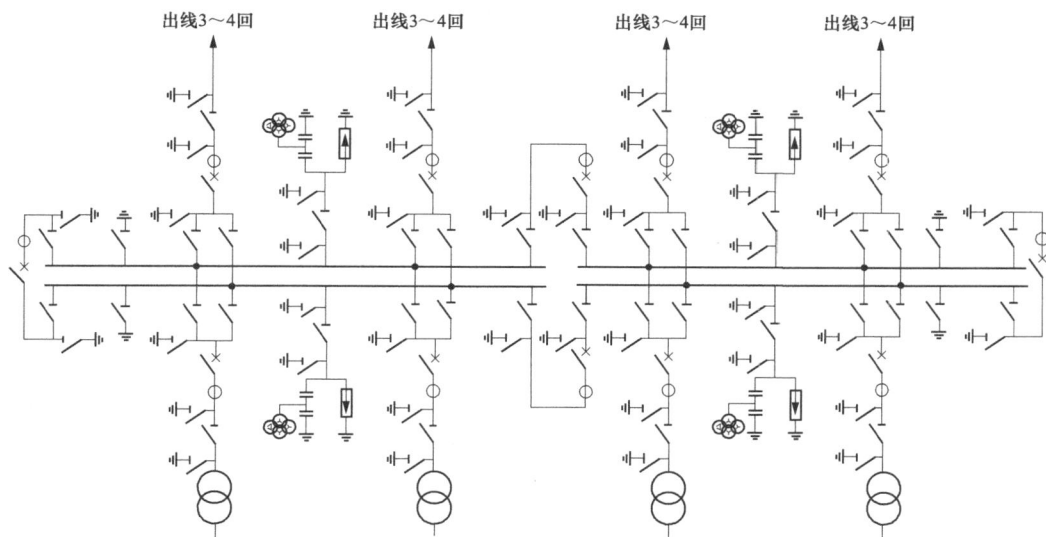

图 2-5　双母线四分段接线

（1）发电机电压配电装置，每段母线上的容量或负荷大于 25MW 时。

（2）220kV 配电装置，当进、出线回路数为 10～14 回时，采用双母线三分段接线；当进、出线回路数为 15 回及以上时，采用双母线四分段接线。

（3）330～500kV 配电装置，当进、出线回路数为 6～7 回时，采用双母线三分段接线；当进出线回路数为 8 回及以上时，采用双母线四分段接线。

三、一台半断路器接线

一台半断路器接线如图 2-6 所示。该接线中有两组母线，每一回路经一台断路器接至一组母线，两回路间设一台联络断路器，形成一个"串"。两个回路共用 3 台断路器，故又称 3/2 接线。有 3 台断路器两个回路的串称为完整串，而有两台断路器和一个回路的串则称为不完整串。在每串内还配有检修断路器用的隔离开关、接地开关、电流互感器，在每一回路配有三相电压互感器、避雷器，母线上配有单相电压互感器、避雷器等。正常运行时，所有断路器都是接通的，形成多环状供电，因此一台半断路器接线具有很高的可靠性和灵活性。

1. 一台半断路器接线的特点

（1）可靠性高。任意一组母线或任意一台断路器检修时，各回路仍按原接线方式运行，不需要切换任何回路，避免利用隔离开关进行大量倒闸操作；母线故障时，只是与故障母线相连的断路器自动分闸，任何回路不会停电；在两组母线同时故障或一组母线检修、一组母线故障的情况下，功率仍能继续输送；除了联络断路器内部故障时（同串中的两侧断路器将自动跳闸），与其相连的两回路短时停电外，联络断路器外部故障或其他任何断路器故障，最多停一个回路。

（2）运行调度灵活。正常情况下，两组母线和全部断路器均投入工作，从而形成多环形供电，两组母线之间各回路潮流可任意分配，其操作程序简单，只需操作断路器，无须操作隔离开关。

（3）运行检修方便。所有隔离开关仅供检修时用，避免将隔离开关当作操作电器时的倒

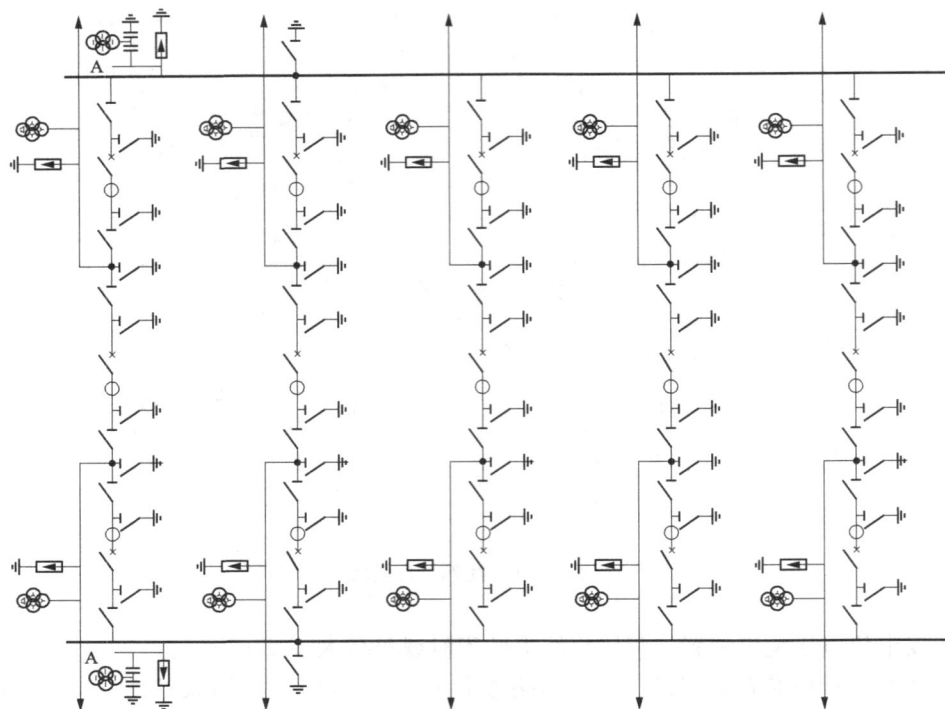

图 2-6　一台半断路器接线

闸操作。检修母线时，回路不需要切换。

（4）所用设备多，占地面积大，投资大，二次控制接线和继电保护较复杂。

2. 选用一台半断路器接线需注意的事项

（1）一台半断路器接线，各回路之间联系比较紧密，可通过联络断路器、母线断路器连接。如系统发生故障，为保障系统的安全、稳定运行，要将系统分成几个互不连接的部分，则在接线上不容易实现。部分双母线分段接线可通过母线联络断路器或分段断路器方便地实现系统接线的分割。当回路数较多时，根据系统运行的需要，可在母线上装设分段断路器，消除上述缺陷。

（2）采用一台半断路器接线的回路数一般为 6～10 回（即 3～5 串），较为经济、合理。当回路数少于 3 串时，在引出线的回路上要加隔离开关，因此增加了配电装置的占地面积。当回路数增加时（如超过 12 回），配电装置的造价要高于双母线分段接线的造价。

（3）为了进一步提高一台半断路器接线的可靠性、克服同名回路（双回路或两台变压器）同时停电的缺点，可按下述原则成串配置。

1）将电源回路和负荷回路配在一串中。

2）为防止在母线侧断路器停电检修时，一条回路故障同时，两个元件均停电，同名的两个元件不应配在同一串中。

3）对特别重要的同名回路，可考虑分别交替接入不同侧母线，即"交替布置"。这种布置可避免当一串中的联络断路器检修并发生同名回路串的母线侧断路器故障时，将配置在同侧母线的同名回路断开。因为这种同名回路同时停电的概率很小，而且一串常需占两个间隔，增加了构架和引线的复杂性，扩大了占地面积。所以，在我国仅在特别重要的同名回路中（如发电厂的初期仅两个串时）才采用这种交替布置，进、出线应装设隔离开关。

3. 一台半断路器接线的适用范围

一台半断路器接线，目前已广泛用于大型发电厂和变电站的超高压配电装置中，特别重要的高压配电装置也可采用该接线。

四、4/3 台断路器接线

4/3 台断路器接线是在一台半断路器接线的串内再串入一台断路器，就可再引出一个回路，也就是每 3 条回路共用 4 台断路器，如图 2-7 所示。

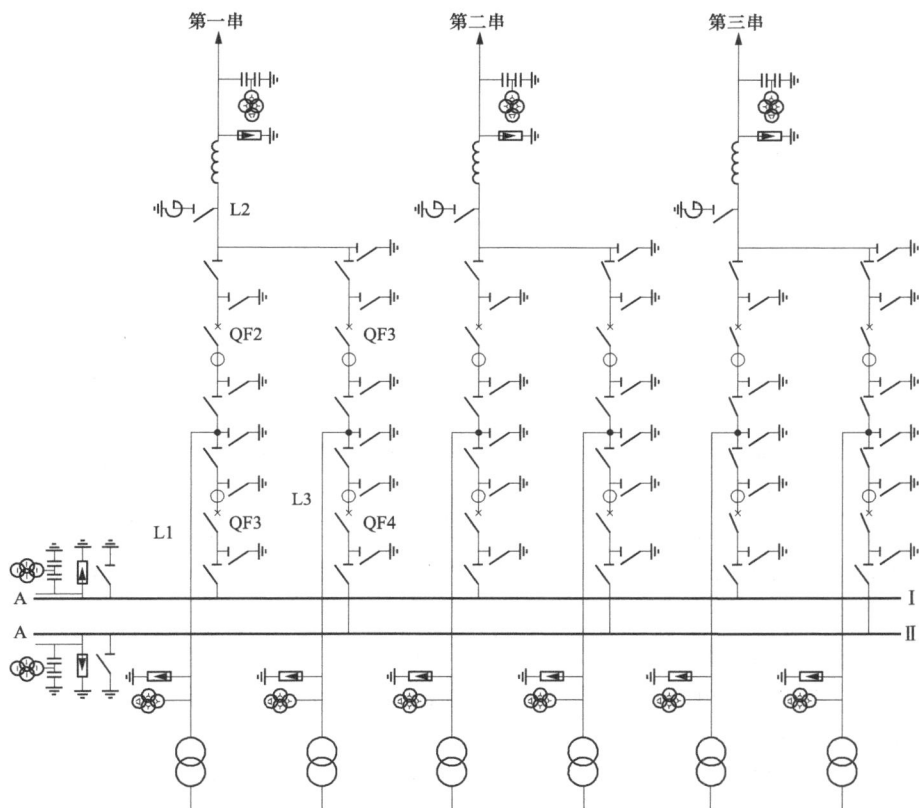

图 2-7　4/3 台断路器接线

正常运行时，两组母线和全部断路器都投入工作，形成多环状供电，因此 4/3 台断路器接线具有很高的可靠性和灵活性。与一台半断路器接线相比，在相同回路数下，4/3 台断路器接线所用断路器更少，投资更省，但可靠性有所降低，布置比较复杂，且要求同串的 3 个回路中，电源和负荷容量相匹配。这种接线目前很少采用。

五、双母线双断路器接线

双母线双断路器接线如图 2-8 所示。在接线中有两组母线，每一回路经两台断路器分别接到两组母线上。每一回路可以方便、灵活地运行在任一母线上。断路器检修和母线故障时，回路不需要停电。它具有一台半断路器接线的一些优点，当回路较多时，母线可以分段。这种接线的主要特点如下：

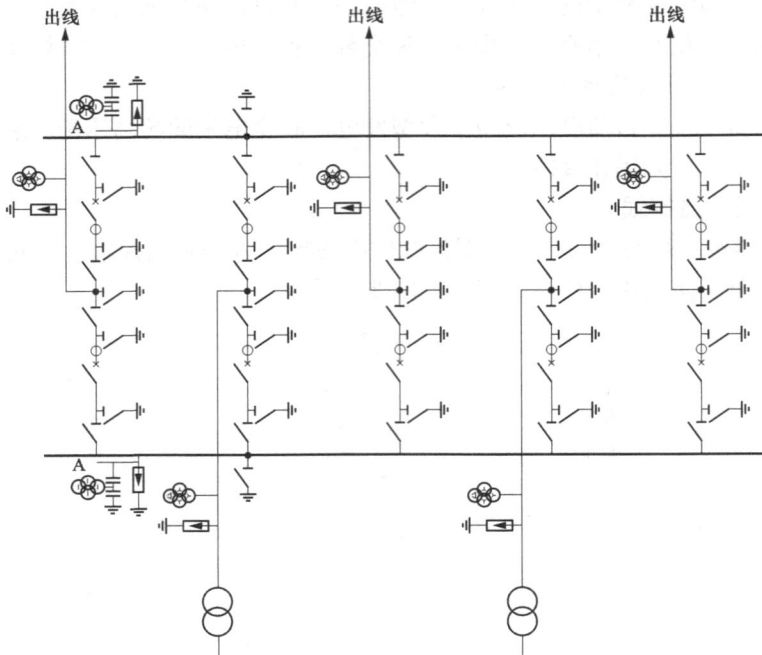

图 2-8　双母线双断路器接线

（1）较高的可靠性。断路器检修、母线检修、母线隔离开关检修、母线故障时，回路均可不停电。断路器故障时，仅一回路停电。

（2）运行方式灵活。每一回路经两台断路器分别接在两组母线上，可根据调整系统潮流、限制短路电流、限制故障范围的需要，灵活地改变接线。隔离开关不作为操作电器，处理事故、变换运行方式均用断路器，操作灵活快速、安全可靠。特别是对于超高压系统中的枢纽变电站，这种灵活性有利于快速处理系统故障，增加系统的安全性。

（3）分期扩建方便。可经过线路—变压器组、四角形接线、母线—变压器组等接线，过渡到双母线双断路器接线。

（4）利于运行维护。与一台半断路器接线相比，双母线双断路器接线较简单，单元性强，有利于运行维护。

（5）设备投资高。在相同回路数情况下，双母线双断路器接线使用断路器的数量比一台半断路器接线及双母线接线都多。采用常规设备户外布置时，这种接线的配电装置造价较高。如采用组合电器，减少设备占地面积，在地价高的地区，配电装置的综合造价可能降低。

六、变压器—母线组接线

变压器—母线组接线如图 2-9 所示。考虑到变压器是静止的设备，其运行可靠性较高，故障率较低，切换操作的次数也较少的特点，在采用双母线双断路器接线或一台半断路器接线时，为节省投资，变压器不接在串内，而经隔离开关接到母线上。正常运行时，两组母线和所有断路器均投入运行。这种接线的可靠性高，调度灵活，检修任意一台断路器时，均无须停电，电源和负荷可自由调配，且有利于扩建；一组母线故障或检修时，只减少输送功率，不会停电。当变压器故障（相当于母线故障）时，保护动作断开各母线侧断路器。当接线的回路数较多时，变压器故障要断开较多断路器，也可将变压器经一台断路器接到母线上。当变压器故障时，只断开一台断路器。

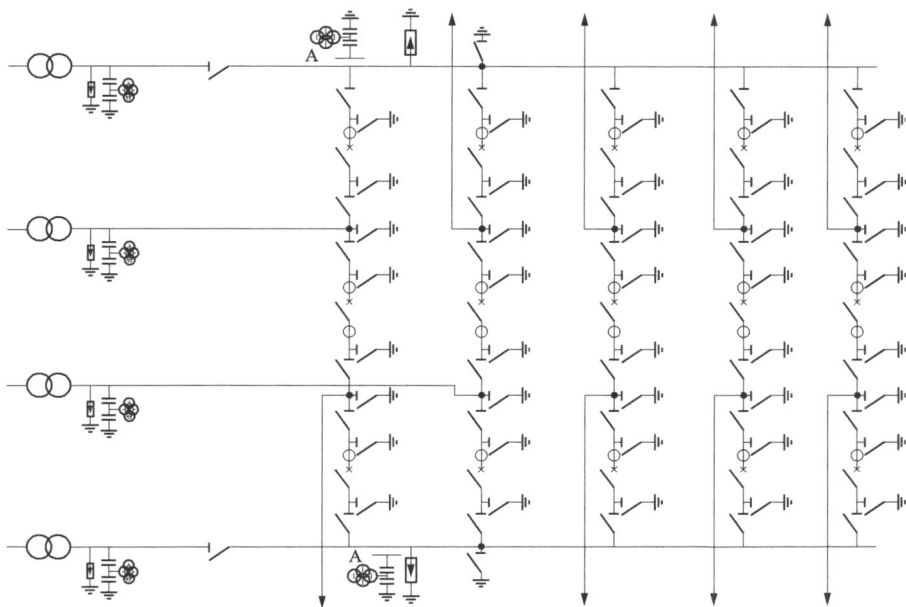

图 2-9　变压器—母线组接线

变压器台数较多的超高压变电站（如有 4 台变压器），可将两台变压器接在母线上，将另两台变压器接在串内。这种接线不仅可靠性高、灵活性好，而且布置上也较方便；适用于超高压系统中有长距离、大容量的输电线路，且变压器质量可靠、故障率低的配电装置中。

七、桥形接线

当仅有两台变压器和两条线路时，可采用桥形接线，如图 2-10 所示。桥形接线的 4 个回路仅有 3 台断路器，所用断路器数量最少。根据桥断路器的位置，桥形接线可分为内桥接线、外桥接线和扩大桥形接线。

1. 内桥接线

内桥接线如图 2-10（a）所示，桥断路器接在变压器侧。其主要运行特点如下：线路投入和切除时操作方便，变压器操作比较复杂；当线路故障时，仅故障线路侧的断路器断开，其余 3 条回路可继续工作；当变压器故障时，则需要断开两台断路器，致使一回未故障线路停电，扩大了故障停电范围；内桥接线一般适用于线路较长、变压器不需要经常切换操作及穿越功率不大的小容量配电装置中。

2. 外桥接线

外桥接线是桥断路器接在线路侧，另外两台断路器接在变压器回路中，如图 2-10（b）所示。其运行特点与内桥接线相反，线路投入和切除时操作复杂，变压器操作简单。因此，外桥接线一般适用于线路较短、变压器需要经常切换操作的情况。当系统中有穿越功率通过发电厂或变电站高压母线时，或当两回线接入环形电网时，也可采用外桥接线。

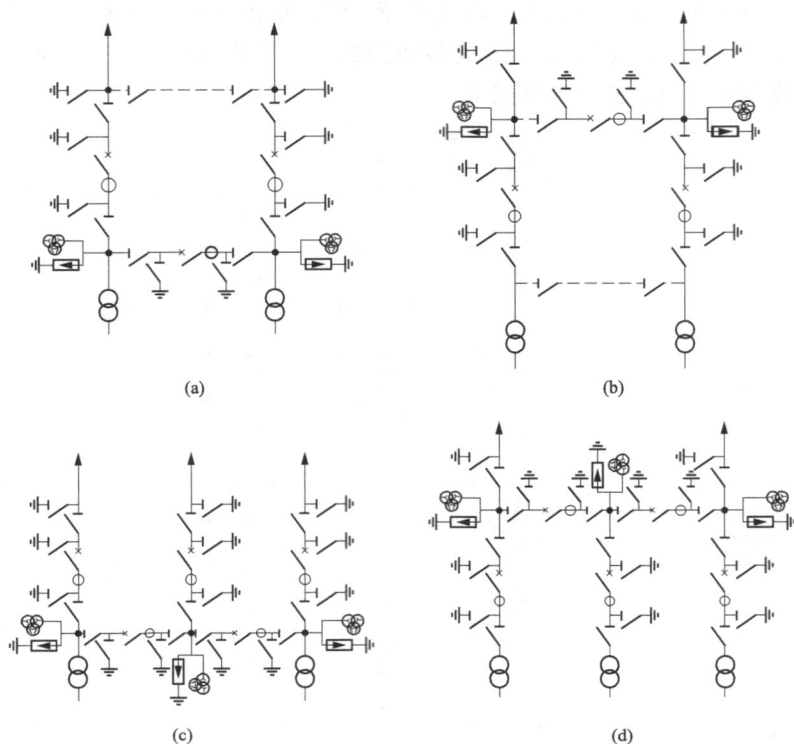

图 2-10 桥形接线

(a) 内桥接线；(b) 外桥接线；(c)、(d) 扩大桥形接线

线路或变压器回路断路器检修时，该回路需较长时间停止。此外，桥断路器检修时，两回路需解列运行。为克服此缺点，可增设正常断开的跨条，如图 2-10 (a)、(b) 中虚线所示。为了轮流停电检修任意一组隔离开关，在跨条上须装设两组隔离开关。

当有 3 条线路、2 台变压器或 2 条线路、3 台变压器时，也可采用扩大桥形接线，如图 2-10 (c)、(d) 所示。其接线特点与内桥接线或外桥接线基本相同。

桥形接线简单清晰、使用设备少、建造费用低，只要在布置上预留位置，桥形接线可过渡到单母线接线、单母线分段接线、双母线接线或双母线分段接线。桥形接线可作为最终接线，也可作为过渡接线。发电厂或变电站在建设初期，负荷小、出线少时，可先采用桥形接线。当负荷增大，出线数目增多时，再发展成为单母线分段接线、双母线接线或双母线分段接线。桥形接线一般仅用于中、小容量发电厂和变电站的 35～110kV 配电装置中。

八、单元接线

单元接线如图 2-11 所示。

1. 发电机—变压器单元接线

图 2-11 (a) 所示为发电机—双绕组变压器单元接线。发电机和变压器容量相同，同时工作，所以在发电机与变压器之间可不装设断路器，但为了发电机调试方便，可装设隔离开关。容量为 200MW 及以上的发电机，因采用分相封闭母线，不宜装隔离开关，但应有可拆的连触点，图 2-12 所示为发电机出线分相封闭母线接线。图 2-11 (b) 所示为发电机—三绕

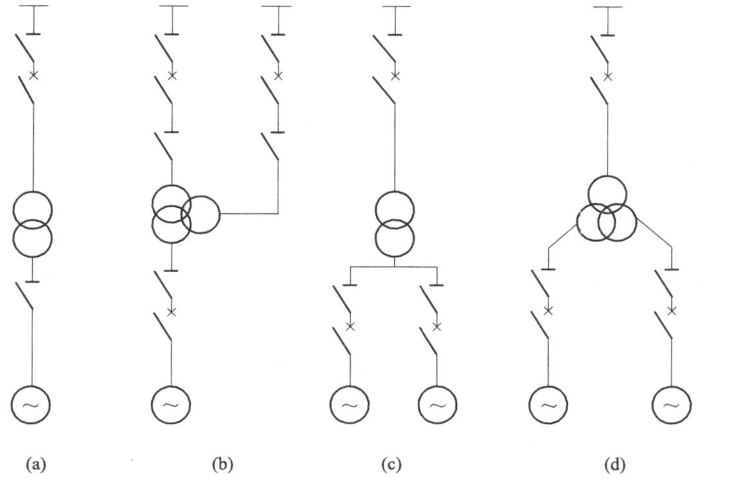

图 2-11 单元接线

（a）发电机—双绕组变压器单元接线；（b）发电机—三绕组变压器单元接线；
（c）发电机—变压器扩大单元接线；（d）发电机—分裂绕组变压器扩大单元接线

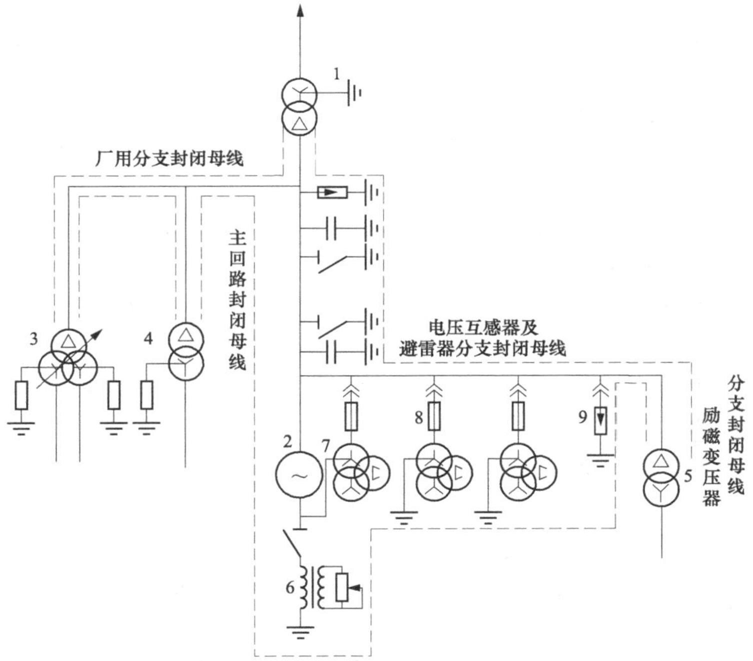

图 2-12 发电机出线分相封闭母线接线

1—主变压器；2—发电机；3—高压厂用变压器；4—高压公用变压器；5—励磁变压器；
6—中性点接地变压器；7—电压互感器；8—熔断器；9—避雷器

组变压器单元接线。为了在发电机停止工作时，变压器高压和中压侧仍能保持联系，在发电机与变压器之间装设断路器。但对大容量机组，断路器的选择困难，而且采用分相封闭母线后，安装也较复杂，故目前国内极少采用这种接线。

2. 扩大单元接线

为了减少变压器和断路器的台数，以及节省配电装置的占地面积，或者由于大型变压器暂时没有相应容量的发电机配套，或单机容量偏小，而发电厂与系统的连接电压又较高，考虑到用一般的单元接线在经济上不合算，可以将两台或 4 台发电机与一台变压器连接在一起，成为扩大单元接线。图 2-11（c）所示为发电机—变压器扩大单元接线；图 2-11（d）所示为发电机—分裂绕组变压器扩大单元接线。

单元接线具有接线简单，设备少，操作简便，没有发电机电压母线，可减小发电机出口侧的短路电流等优点，目前在大容量机组的水力、火力和核能发电厂中得到广泛应用。

第三节 电气主接线中的主要设备配置

一、隔离开关配置

（1）各种接线的断路器两侧应配置隔离开关，作为断路器检修时的隔离电源设备。

（2）各种接线的输电线路，在线路侧应配置隔离开关，作为线路停电时的隔离电源。

（3）中性点直接接地的普通型变压器均应通过隔离开关接地。

（4）接在母线上的避雷器和电压互感器可合用一组隔离开关。但对于 330～500kV 的避雷器，除限制大气过电压外，还应限制操作过电压，避雷器必须与线路同时运行，故不能在避雷器回路装隔离开关；一台半断路器接线方式的各回路的电压互感器回路不能装隔离开关，这是因为电压互感器必须与该回路同时运行。

二、接地开关和接地器配置

为保障电气设备检修时人身和设备的安全，在电气主接线设计中要配置大量的接地开关或接地器，通常按以下方式配置：

（1）断路器两侧的隔离开关在断路器侧应带有接地开关，作为断路器检修时接地用。

（2）线路隔离开关线路侧应带有接地开关，作为线路停电时接地用。

（3）母线可利用母线电压互感器前的隔离开关装设接地开关接地。220～500kV 母线接地点的设置要通过计算确定，需要时应装设独立接地器。

（4）变压器各侧的隔离开关在变压器侧应带有接地开关，作为变压器检修时接地用。

三、避雷器配置

（1）6～10kV 配电装置的母线和架空线进线处装设避雷器；对有电缆的架空线路，避雷器应装在电缆头附近。

（2）35～220kV 户外配电装置的每段母线装设避雷器，架空线路不装设避雷器；GIS 组合电器的架空线路侧应装避雷器；35kV 及以上电缆进线段，在电缆和架空线路的连接处装设避雷器。

（3）330～500kV 配电装置一般在线路侧装设避雷器，母线上是否装设避雷器要经过计算确定。

（4）变压器的 330～500kV 侧，高压并联电抗器应装设避雷器；变压器的 220kV 侧，如母线避雷器较远，经计算需要时，也应装设避雷器；三绕组变压器的低压侧一般在一相上装设避雷器。

（5）分级绝缘的变压器和非直接接地系统的变压器中性点应装设避雷器。

（6）电力电容器的出线端和不接地中性点应装设避雷器。

四、互感器配置

互感器在电气主接线中的配置与电气测量仪表、继电保护和自动装置的要求和同期点的选择等有关。图 2-13 所示为发电厂中电流、电压互感器的典型配置。图 2-14 所示为 220kV 变电站电流、电压互感器的典型配置。

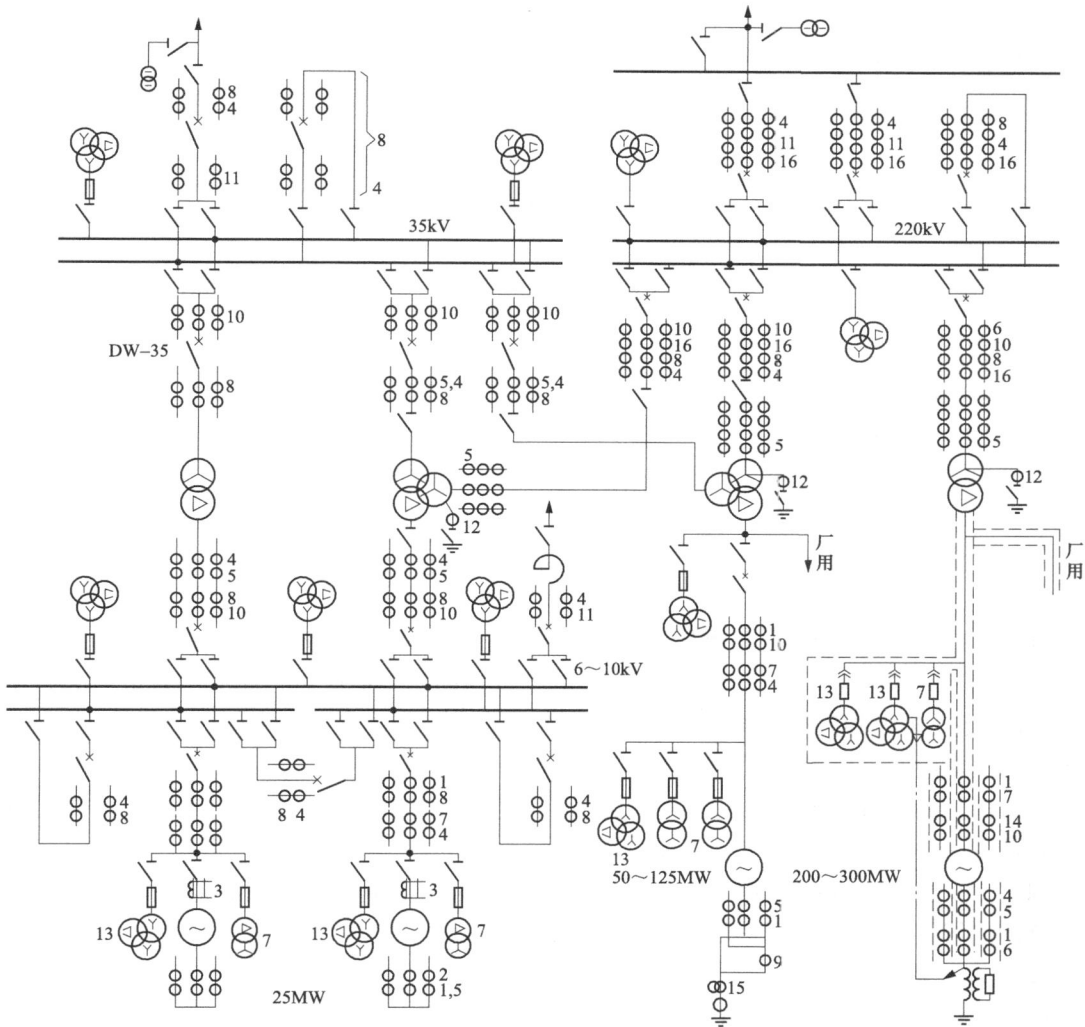

图 2-13 发电厂中电流、电压互感器的典型配置

1—发电机差动保护；2—测量仪表（机房）；3—接地保护；4—测量仪表；5—过电流保护；

6—发电机-变压器差动保护；7—自动调节励磁；8—母线保护；

9—发电机横联差动保护；10—变压器差动保护；11—线路保护；12—零序保护；

13—仪表和保护用电压互感器；14—发电机失步保护；15—发电机定子 100% 接地保护；16—断路器失灵保护

1. 电流互感器的配置

（1）凡装有断路器的回路均应配置电流互感器，当采用罐式断路器时，电流互感器布置在断路器断口的两侧；发电厂、变电站中的主变压器出线套管中应装设电流互感器；此外发电机和变压器的中性点、发电机-双绕组变压器单元接线的发电机出口、桥形接线的跨条上等也应

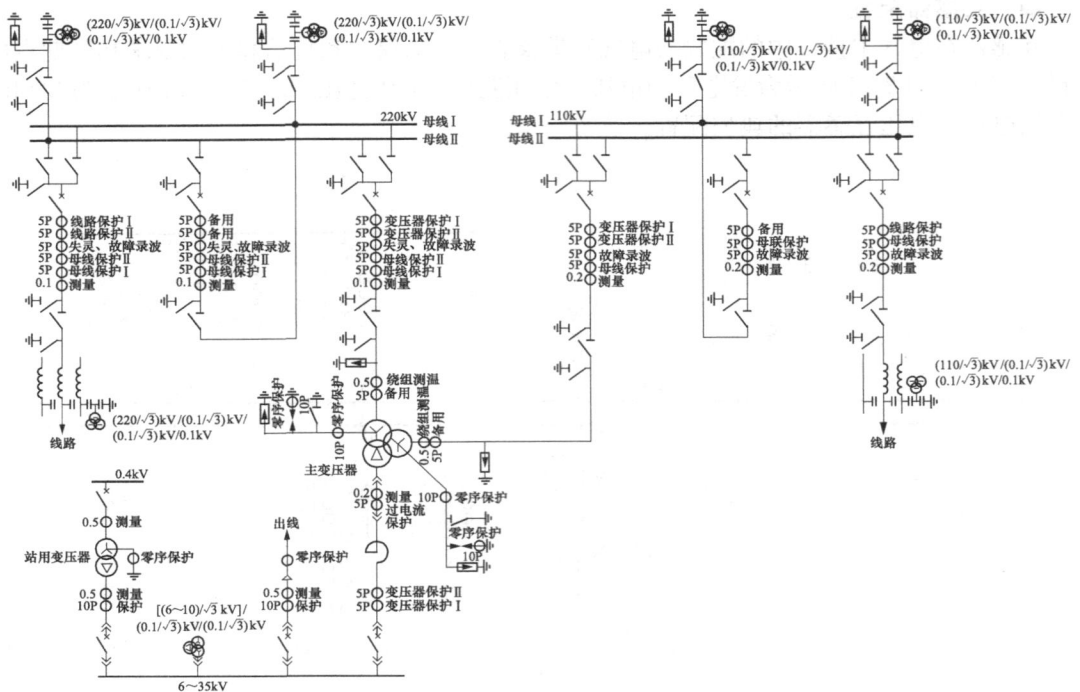

图 2-14　220kV 变电站电流、电压互感器的典型配置

配置电流互感器。其数量应满足测量仪表、继电保护和自动装置的要求。

（2）110kV 及以上大接地短路电流系统的各个回路，一般应按三相式配置电流互感器；35kV 及以下小接地短路电流系统一般按两相式配置，当不能满足继电保护灵敏度要求或有其他特殊要求时，也可采用三相式配置。

（3）保护用电流互感器的配置应使发电厂、变电站内各主保护的保护区之间互相覆盖或衔接，消除保护死区。

（4）为了防止支持式电流互感器的套管闪络造成母线故障，电流互感器通常布置在线路断路器的出线侧或变压器断路器的变压器侧。

2. 电压互感器的配置

（1）母线。一般每段工作母线或备用母线上各装一组电压互感器，必要时旁路母线也可装一组电压互感器；桥形接线中桥的两端应各装一组电压互感器。用于供电给母线、主变压器和出线的测量仪表、继电保护和自动装置、同步设备和绝缘监察装置等。6～220kV 母线在三相上配置。330～500kV 母线，当采用双母线分段带旁路母线接线时，在每组母线的三相上配置；当采用一台半断路器接线时，根据继电保护、自动装置和测量仪表的要求，在每组母线的一相或三相上配置。

（2）发电机、主变压器回路。发电机回路一般装设 2～4 组电压互感器，供电给发电机的测量仪表、继电保护和自动调节励磁及同步设备等。当采用发电机—三绕组变压器单元接线的主变压器回路中，一般在低压侧装一组电压互感器，供发电厂与系统在低压侧同步用，并供电给主变压器的测量仪表和保护。当发电厂与系统在高压侧同步，或利用 6～10kV 备用母线同步时，这组互感器可不装设。

（3）线路。当对侧有电源时，在出线侧上装设一组电压互感器，供监视线路有无电压、进行同步和设置重合闸用。应根据电气主接线形式，以及继电保护、自动装置和测量仪表的要求，来确定装设一相或三相电压互感器。如 220kV 常规变电站，线路装设单相电压互感器；500kV 变电站，线路装设三相电压互感器。

（4）主变压器。应根据电气主接线形式，以及继电保护、自动装置和测量仪表的要求，来确定装设一相或三相电压互感器。

第四节　汽轮发电机和主变压器的选择

一、汽轮发电机的选择

1. 汽轮发电机容量的选择

发电厂的机组容量应根据系统内总装机容量及备用容量、负荷增长速度、电网结构和制造厂供货情况等因素进行选择。在条件具备时，应优先采用大容量机组，但为使调度运行不致发生困难，最大机组一般不超过系统总容量的 8%～10%。为便于生产及管理，一个厂房内的机组台数不宜超过 6 台，同容量机、炉应尽量采用同一制造厂的同一型式。

2. 汽轮发电机的主要技术参数

目前，我国生产的汽轮发电机有 3、6、12、25、50、100、125、200、300MW 和 600MW 等系列，各系列的主要技术参数见表 2-1；部分国产大、中型汽轮发电机的主要技术参数见表 2-2；国内已运行的容量为 200MW 和 300MW 的汽轮发电机的主要技术参数见表 2-3 和表 2-4；部分进口汽轮发电机的主要技术参数见表 2-5；表 2-6 给出了 QFSN-1000-2-27 型汽轮发电机的主要技术参数。

表 2-1　　　　　　　　　　国产汽轮发电机各系列的主要技术参数

额定容量 S_N/有功功率 P_N (MVA/MW)	额定定子电压 U_N (kV)	额定功率因数 $\cos\varphi$	额定频率 (Hz)	短路比 SCR	电抗值（%）					时间常数（s）			效率（包括轴承损耗）η（%）	冷却方式
					X_d	X_d'	X_d''	X_0	X_2	T_{d0}	T_{d3}'	T_{d3}''		
3.75/3	6.3												＞96.0	定、转子空气表面冷却
7.5/6	6.3,10.5				180～195	18～24	12～15	5.5～7.8	12～20	6～11	0.6～1.3	0.1～0.14	＞96.4	
15/12	6.3,10.5	0.8	50	＞0.6									＞97.0	
31.3/25	6.3,10.5												＞98.2	
62.5/50	6.3,10.5												＞98.2	
117.7/100	10.5			＞0.55	180～220	20～30	14～21	7.8～11	18～22	6～8	0.8～1.0	0.1～0.12	＞98.4	空冷、氢冷
147/125	13.8	0.85	50										＞98.4	
235.3/200	15.75												＞98.6	氢冷、水冷
353/300	20.0			＞0.5									＞98.7	
667/600	20,24	0.9	50	＞0.45	200～220	25～35	17～25	7～11	14～28				＞98.75	

表 2-2 部分国产大、中型汽轮发电机的主要技术参数

型号	额定功率 (MW)	额定电压 (kV)	额定电流 (A)	功率因数 $\cos\varphi$	冷却方式	转速 (r/min)	直轴同步电抗 X_d (%)	直轴瞬变电抗 X_d' (%)	直轴超瞬变电抗 X_d'' (%)
QFSN-650-2YH	650	20	20 849	0.9	水氢氢	3000	233.509 * /232.79	32.582 * /32.25	21.142 * /21.99
QFSN-600-2	600	20	19 245	0.9	水氢氢	3000	216.6	26.5	20.5
QFSN-300-2	300	18	11 320	0.85	水氢氢	3000	235.8	31.86	19.1
QFS-300-2	300	18	11 320	0.8	水水空	3000	226.4	26.9	16.7
QFSN-300-2	300	20	10 190	0.85	水氢氢	3000	188.59	19.65	17.1
QFSN-210-2	210	15.75	9056	0.85	水氢氢	3000	203.5	24.5	14.8
QFSS-200-2	200	15.75	8825	0.85	水水空	3000	190.33	22	14.23
QFSN-200-2	200	15.75	8625	0.85	水氢氢	3000	203.5	24.3	14.8
QFS-125-2	125	13.8	6150	0.8	水水空	3000	186.7	25.7	18
QFN-125-2	125	13.8	6637	0.86	全氢	3000	175.75	21.91	14.26
QFN-100-2	100	10.5	6475	0.86	全氢	3000	168.8	28.6	18.3
QFS-100-2	100	10.5	6470	0.85	水水空	3000	162.8	22.8	15.77
QF-100-2	100	10.5	6469	0.85	空内空	3000	208.8	17.9	11
QF-25-2	25	6.3	2860	0.5	空	3000	182	19.44	12.15

型号	效率 (%)	短路比	静过载能力	定子接线	总损耗 (kW)	绝缘等级	定子绕组温升 (K)	定子铁芯温升 (K)	转子绕组温升 (K)
QFSN-650-2YH	98.92 * / 98.917	0.5 * / 0.498	1.684	Yy	7109 * / 7114.9	F、B	21 * / 21.37	47.8 * / 50.24	45.3 * /35
QFSN-600-2	98.94	0.542	1.71	Yy	6421	B (F)	27	27.8	40.4
QFSN-300-2	98.69	0.458	1.65	Yy	3973	B (F)	20	25.3	43.5
QFS-300-2	98.61	＞0.42	1.61	Y	4220	B、F			
QFSN-300-2	98.82	0.656	1.87	Yy	3816.2	B (F)	30	29	40.1
QFSN-210-2	98.66	0.522	1.675	Yy	2864.6	B	20	18	48
QFSS-200-2	98.32	0.568	1.7	Yy	3404	B	20	50.5	30
QFSN-200-2	98.96	0.52	1.875	Yy	2792	B	20	17.29	45.8
QFS-125-2	98.4	0.565	1.73	Y	2097	B、F	＜45	＜80	＜45
QFN-125-2	98.684	0.644	1.51	Yy	1694.6	B (F)	68.57	26.6	41.3
QFN-100-2	98.7	0.614	1.785	Yy	1316.9	B	58.5	21.2	60.4
QFS-100-2	98.43	0.67	1.80	Yy	1584	B、F	19	54.3	21
QF-100-2	98.74	0.61	1.84	Y	1276	F	72		51.8
QF-25-2	97.64	0.632	1.91	Y	603.6	B	60.1	36.14	72.4

续表

型号	励磁电压 (V)	励磁电流 (A)	定子铁芯长 (mm)	定子铁芯外径（mm）	气隙 (mm)	发电机总质量（t）	定子质量（t）	转子质量（t）
QFSN-650-2YH	460*/457	4503*/4552	6300	2673	93	460	320	72
QFSN-600-2	429	4202	6300	2673.4	93	466	320	72
QFSN-300-2	463	2203	5000	2550	85	344	244	50.67
QFS-300-2	483	1844	5360	2400	80	246	162	57
QFSN-300-2	365	2642	5200	2540	75	295	192	55
QFSN-210-2	470	1830	5370	2275	70	267.4	198	43
QFSS-200-2	384	1605	5420	2275	75	236	158.7	46
QFSN-200-2	475.4	1789.9	5370	2275	70	264.2	184	44.4
QFS-125-2	260	1653	3450	2350	70	140	93	32
QFN-125-2	370	1707.3	3700	2360	80	220	125	35
QFN-100-2	217	1641	3100	2400	64	188.2	110.7	29.3
QFS-100-2	245	1338	2972	2140	65	112	71.5	24.7
QF-100-2	264	986	4620	2190	42.6	144.72	109.47	29.96
QF-25-2	182	375	2700	1800	27	67.1	42	16

注 "*"表示设计值/实测值。

表 2-3　　　　国内已运行的容量为 200MW 的汽轮发电机的主要技术参数

项目	哈尔滨电机厂	哈尔滨电机厂	（苏联）哈尔科夫重型电机厂	（苏联）哈尔科夫重型电机厂	（苏联）某电力工厂	日立公司
发电机型号	QFQS-200-2 QFSN-200-2	QFSS-200-2	TBB-200-2A	TГB-200-э	TBB-200-2EYэ	TFLQQ-KD
额定容量 S_N (MVA)	235	235	235	247	252.8	294.12
额定功率 P_N (MW)	200	200	200	210	215	250
额定功率因数 $\cos\varphi$	0.85	0.85	0.85	0.85	0.85	0.85
定子额定电压 U_N (kV)	15.75	15.75	15.75	15.75	15.75	15
定子额定电流 I_N (A)	8625	8625	8625	9050	9270	11 321
额定频率 f_N (Hz)	50	50	50	50	50	50
额定转速 n_N (r/min)	3000	3000	3000	3000	3000	3000
额定励磁电压 $U_{e,N}$ (V)	445	384	300	420	310	440

续表

项目	哈尔滨电机厂	哈尔滨电机厂	（苏联）哈尔科夫重型电机厂	（苏联）哈尔科夫重型电机厂	（苏联）某电力工厂	日立公司
额定励磁电流 $I_{e,N}$(A)	1763	1605	2540	1930	2372	2420
定子绕组接线方式	Yy	Yy	Yy	Yy	Yy	3Y
冷却方式	水氢氢	水水空	水氢氢	全氢冷	水氢氢	全氢冷
定子铁芯外径（mm）	2275	2275	2500	2515	2500	—
定子铁芯内径（mm）	1150	1150	1215	1275	1215	1219
定子铁芯长度（mm）	5370	5420	4200	5000	4050	5300
转子外径（mm）	1010	1000	1075	1075	1075	1041
转子长度（mm）	5470	5400	4350	5100	4200	5400
定子槽数	54	54	60	60	60	72
定子绕组每相匝数	9	9	10	10	10	8
转子槽数/槽分度	32/48	30/48	36/52	36/52	36/52	28/39
转子每级匝数	80	90	63	90	72	
线负荷（A/cm）	1290	1290	1356.5	1292	1458	1420
气隙磁感应强度（T）	0.798	0.812	0.718	0.715	—	
短路比	0.549	0.563	0.51	0.572	0.48	0.57
效率（%）	98.63	98.32	98.6	98.79	98.6	98.86
直轴同步电抗 X_d（%）	194.5	190	210	184	223	174
直轴暂态电抗 X_d'（%）	23.6	22.2	27	29.5	26.7	25
直轴次暂态电抗 X_d''（%）	14.6	14.23	18	19	17.9	17.5
稳态负序能力 I_2（%）	8	8	5	5	8	9
暂态负序能力 $I_2^2 t$（s）	8	5	8	8～6.4	8	10
额定氢压（MPa）	0.3		0.3	0.35～0.4	0.3	0.2～0.3
定子绕组进水压力（MPa）	0.25	0.15	0.3	—	0.27	—
定子绕组允许温度（℃）	120	90	75	105	75	110
定子铁芯允许温度（℃）	120	120	105	105	105	120
转子绕组允许温度（℃）	110	70	100	100	115	110

续表

项目	哈尔滨电机厂	哈尔滨电机厂	（苏联）哈尔科夫重型电机厂	（苏联）哈尔科夫重型电机厂	（苏联）某电力工厂	日立公司
发电机进风温度（℃）	36~46	40	40	40	40	45
定子绕组进水温度（℃）	35~45	35	40	—	40	—
定子绕组出水允许温度（℃）	85	60	85	—	85	—

表 2-4　国内已运行的容量为 300MW 的汽轮发电机的主要技术参数

项目	东方电机股份有限公司	上海汽轮发电机有限公司	哈尔滨电机有限公司	北京汽轮电机电机有限公司
型号	QFSN-300-2	QFSN-300-2	QFSN-300-2	QFSN-330-2
冷却方式	水氢氢	水氢氢	水氢氢	水氢氢
额定容量（MVA）	353	353	353	388.2
额定功率（MW）	300	300	300	330
最大连续输出功率（MW）	330	338	330	347.1
额定功率因数（滞后）	0.85	0.85	0.85	0.85
额定电压（kV）	20	20	20	20
额定电流（A）	10 190	10 190	10 190	11 206
额定转速（r/min）	3000	3000	3000	3000
频率（Hz）	50	50	50	50
相数	3	3	3	3
额定氢压（MPa）	0.25	0.31	0.3	0.3
效率（%）	99.1	99	99.6	99.02
短路比	0.624 1	0.6	0.656	0.54
稳态负序能力	≤10%	≤10%	≤10%	≤10%
暂态负序能力（s）	10	10	10	10
直轴同步电抗 X_d（%）	204.7			
交轴同步电抗 X_q（%）	193			
直轴瞬变电抗 X_d'（%）	22.598	20.2	20	23
交轴瞬变电抗 X_q'（%）	22.598	31.6	33.3	
直轴超瞬变电抗 X_d''（%）	15.584	16	15.5	11.55
交轴超瞬变电抗 X_q''（%）	15.584	15.8	15.2	
负序电抗 X_2（%）	17.183	15.8	15.4	
零序电抗 X_0（%）	7.326	7.53	7.3	
允许频率偏差	−5%~+3%	—	2%	2%
允许电压偏差	5%	—	5%	5%
励磁方式	三相励磁或自并励静态	三相励磁或自并励静态	自并励静态	自并励静态
励磁电压（V）	455	302	365	424
励磁电流（A）	2075	2510	2642	2388
强行励磁电压倍数	2	2	2	2
AVR 形式	数字微机型	数字微机型	数字微机型	数字微机型

表 2-5　部分进口汽轮发电机的主要技术参数

项目	哈尔滨电机、上海电机优化设计 QFSN-600-2YH	引进西屋技术 2-105×234 (考核机组)	瑞士 BBC 50WT23E-128	日本日立	日本三菱	西德 KWU THDD115/67	法国大西洋 AA	日本东芝
冷却方式	水氢氢(气隙取气)	水氢氢	水氢氢	水氢氢	水氢氢	全氢冷	水氢氢	水氢氢
额定容量 (MW/MVA)	600/667, 650/722	600/667	600/667	600/667	600/667	600/667	600/667	600/667
最大输出功率 (MW/MVA)	654/727, 680/756		644/716	666/740	650/722	657/730	652/724	657/730
定子电压 (kV)	20	20	24	21	20	21	20	20
氢压 (MPa)	0.4	0.517	0.47	0.43	0.51	0.41	0.39	0.41
短路比	0.542	0.602	0.5	0.54	0.55	0.53	0.51	0.526
铁芯外径 (mm)/铁芯内径 (mm)	2673/1316	2673/1270	2934/1350	2514/1320	2800/1295	2950/1350	2830/1381	/1360
转子直径 (mm)/转子长度 (mm)	1130/6250	1092.2/5892.8	1150/6400	1079/6190	1100/5800	1150/6600	1165/6815	—
定子槽数/转子槽数	42/32	42/32	48/28	48/32	42/32	42/28	42/32	42/
励磁电流/励磁电压 (A/V)	4202/429	5898/478	5100/490	5450/457	5420/500	4520/453	3100/596	4760/
效率 (%)	98.94	98.67	98.91	98.87	98.84	98.91	98.92	98.90
铁耗 (kW)	577	623	820	780	650	755	502	650
定子铜耗 (kW)	1649	1675	1348	1630	1310	915	1901	1900
转子铜耗 (kW)	1720	2816	22 417	2220	2110	1855	1919	2150
通风损耗 (kW)	533	1200	928	650	700	1740	652	530
杂散损耗 (kW)	857	810	970	1200	1040	1035	1106	1340
轴承损耗 (kW)	756	628	595	350	685	510	826	650
电刷损耗 (kW)	0	0	27	50+10	0	0	0	70+10
励磁机损耗 (kW)	320	320	105	250	315	430	157	110
励磁方式	无刷	无刷	静止并励	静止并励	无刷	无刷	无刷	静止并励
负序 I_2/I_2^2t (%/sec)	8/10	8/10	8/10	8/10	8/10	8/10	12/10	8/10
$X_d/X_d'/X_d''$	2.15/0.265/0.205	2.08/0.259/0.218	1.89/0.27/0.18	2/0.28/0.23	2.15/0.336/0.259	2.29/0.305/0.24	2.098/0.321/0.223	1.9/0.3/0.237
$X_2/X_0/T_{d0}'$	0.203/0.096/8.62	0.216/0.102/6.06	0.22/0.1/6.6	0.23/0.17/6.4	0.259/0.161/6.95	0.25/0.139/8.7	0.233/0.094/6.115	0.237/0.12/7.45
风扇结构	两端布置单级轴流风扇	多级(汽端)风扇(5级)	励端离心	两端布置单级轴流风扇	多级风扇(3级)	多级风扇(6级)	两端布置单级轴流风扇	两端布置单级轴流风扇
通风形式	气隙取气 轴向径向	轴向径向	轴向径向	气隙取气 轴向径向	轴向径向	轴向径向	轴向径向	气隙取气 轴向径向
运输质量 (t)	320	326.4	321	300	327	347	290	310
转子质量 (t)	72	66.1	67.6	65	64.5	75.3	75	71

表 2-6　　　　　　　　　　QFSN-1000-2-27 型汽轮发电机的主要技术参数

发电机基本参数	形式	全封闭、自通风、强制润滑、水氢氢冷却、圆筒形转子、同步交流发电机
	型号	QFSN-1000-2-27
	额定功率	1008MW（1120MVA）
	最大连续输出功率	1100MW（1230MVA）
	额定电压	27kV
	额定电流	23 949A
	额定功率因数	0.9 滞后
	额定励磁电流	5272A（计算值）
	额定励磁电压（110℃）	501V（计算值）
	额定频率	50Hz
	额定转速	3000r/min
	相数	3
	极数	2
	定子绕组接法	Yy
	出线端子数目	6
	冷却方式	定子绕组：直接水冷；定、转子铁心及转子绕组：直接氢冷
	环境温度	5~40℃
	额定氢压	0.52MPa
	最高氢压	0.56MPa
	短路比（保证值）	≥0.50
	超瞬变电抗（保证值）	≥0.15
	效率	99.11%（在 1000MW、0.9 滞后功率因数时）
	轴承座振动（P-P）	≤0.025mm
	轴振（P-P）	≤0.06mm
	漏氢	≤12m³/d
	励磁方式	自并励静止晶闸管励磁
	强励顶值电倍数	≥2
	强励电压相应比	≥4 倍/s
	允许强励时间	20s
	发电机噪声（距机座 1m 处，高度 1.2m）	≤87dB（A）
	绝缘等级	定子、转子绕组：F 级 定子铁芯：F 级
	转子额定电压	501V
	转子额定电流	5272A
	转子空载电压	166V
	转子空载电流	1827A
	制造厂家	日立东方电机厂

	定子线负荷	1888A/cm
	不平衡负载能力	6%（持续，1436.94A）
	定子电压	24.3～29.7kV
	短路比	0.53
	定子每相直流电阻（95℃）	0.001 3Ω
	转子绕组直流电阻（95℃）	0.091Ω
	直轴同步电抗 X_d（饱和值/非饱和值）	188%/193.41%
	交轴同步电抗 X_q（饱和值/非饱和值）	188%/193.41%
	直轴瞬变电抗 X_d'（饱和值/非饱和值）	22%/26%
	交轴瞬变电抗 X_q'（饱和值/非饱和值）	35%/42%
	直轴超瞬变电抗 X_d''（饱和值/非饱和值）	18.26%/21%
	交轴超瞬变电抗 X_q''（饱和值/非饱和值）	19.32%/19.85%
	负序电抗 X_2（饱和值/非饱和值）	20%/24%
	零序电抗 X_0（饱和值/非饱和值）	11%/11%
	定子每相电容	0.197μF
	转子绕组电感	0.9H
发电机主要设计参数	定子开路转子绕组时间常数 T_{d0}	10.8s
	定子三相短路瞬变分量时间常数 T_{d3}'	1.135 1s
	定子二相短路瞬变分量时间常数 T_{d2}'	1.958 7s
	定子单相短路瞬变分量时间常数 T_{d1}'	2.347 5s
	定子三相、两相或单相短路电流超瞬变分量时间常数 T_d''	0.05s
	定子三相、两相短路电流非周期分量时间常数 T_{a3}	0.262 7s
	定子单相短路非周期分量时间常数 T_{a1}	0.243 8s
	灭磁时间常数	1.9s
	转子机械惯性时间常数	1.704s
	定子突然三相短路超瞬变电流初始值（有效值）	5.56（标幺值）
	定子突然三相短路瞬变电流初始值（有效值）	4.55（标幺值）
	定子突然二相短路超瞬变电流初始值（有效值）	4.56（标幺值）
	定子突然二相短路瞬变电流初始值（有效值）	4.12（标幺值）
	定子突然单相短路超瞬变电流初始值（有效值）	6.12（标幺值）
	定子突然单相短路瞬变电流初始值（有效值）	5.66（标幺值）
	发电机转动惯量	19 350kg·m²
	发电机飞轮力矩	77.4N·m
	发电机一阶临界转速	780r/min
	发电机二阶临界转速	2300r/min
	发电机转子热伸长量	6mm

二、主变压器的选择

发电厂和变电站中，用于向电力系统或用户输送功率的变压器，称为主变压器；用于两种升高电压等级之间交换功率的变压器，称为联络变压器；只供本厂（站）用电的变压器，称为厂（站）用变压器。

主变压器的容量、台数直接影响电气主接线的形式和配电装置的结构。它的选择除依据基础资料外，主要取决于输送功率的大小、与系统联系的紧密程度、运行方式及负荷的增长速度等因素，并至少要考虑 5~10 年负荷的发展需要。如果变压器容量选得过大、台数过多，则会增加投资，增大占地面积和损耗，不能充分发挥设备的效益，并增加运行和检修的工作量；如果容量选得过小、台数过少，则可能封锁发电厂剩余功率的输送，或限制变电站负荷的需要，影响系统不同电压等级之间的功率交换运行的可靠性等。因此，应合理选择变压器的容量和台数。

1. 主变压器的容量和台数的选择

（1）单元接线的主变压器。采用单元接线时，变压器容量 S_N（MVA）应按发电机额定容量扣除本机组的厂用负荷后，留有 10% 的裕度来选择。每单元的主变压器为一台，采用扩大单元接线时，应尽可能采用分裂绕组变压器，其容量为

$$S_N \approx 1.1 P_{NG}(1 - K_P)/\cos\varphi_G \tag{2-3}$$

式中　P_{NG}——发电机容量，在扩大单元接线中为两台发电机容量之和，MW。

　　　$\cos\varphi_G$——发电机额定功率因数。

　　　K_P——厂用电率。

（2）具有发电机电压母线接线的主变压器。接于发电机电压母线与升高电压母线之间的主变压器容量 S_N 按下列条件选择。

1）当发电机电压母线上的负荷最小时，应能将发电厂的最大剩余功率送至系统，计算中不考虑稀有的最小负荷情况，即

$$S_N \approx [\sum P_{NG}(1 - K_P)/\cos\varphi_G - P_{\min}/\cos\varphi]/n \tag{2-4}$$

式中　$\sum P_{NG}$——发电机电压母线上的发电机容量之和，MW；

　　　$P_{\min}$——发电机电压母线上的最小负荷，MW；

　　　$\cos\varphi$——负荷功率因数；

　　　n——发电机电压母线上的主变压器台数。

2）当发电机电压母线上的负荷最大，且其中容量最大的一台机组退出运行时，主变压器应能从系统倒送功率，以保证发电机电压母线上最大负荷的需要，即

$$S_N \approx [P_{\max}/\cos\varphi - \sum P'_{NG}(1 - K_P)/\cos\varphi_G]/n \tag{2-5}$$

式中　$\sum P'_{NG}$——发电机电压母线上除最大一台机组外，其他发电机容量之和，MW；

　　　$P_{\max}$——发电机电压母线上的最大负荷，MW。

3）若发电机电压母线上接有两台及以上主变压器，当负荷最小，且其中容量最大的一台变压器退出运行时，其他主变压器应能将母线剩余功率的 70% 以上送至系统，即

$$S_N \approx [\sum P_{NG}(1 - K_P)/\cos\varphi_G - P_{\min}/\cos\varphi] \times 70\%/(n-1) \tag{2-6}$$

4）对水电厂所占比例较大的系统，由于经济运行的要求，在丰水期应充分利用水能，这时有可能停用火电厂的部分或全部机组以节约燃料，火电厂的主变压器应能从系统倒送功率，以满足发电机电压母线上最大负荷的需要，即

$$S_N \approx [P_{max}/\cos\varphi - \sum P''_{NG}(1-K_P)/\cos\varphi_G]/n \qquad (2\text{-}7)$$

式中　$\sum P''_{NG}$——发电机电压母线上停用部分机组后，其他发电机容量之和，MW。

对式（2-2）～式（2-5）的计算结果进行比较，取其中最大者。

接于发电机电压母线上的主变压器一般不少于 2 台，但对主要向发电机电压供电的地方电厂、系统电源主要作为备用时，可以只装一台。

（3）联络变压器。联络变压器一般只装一台，最多不超过两台。联络变压器的容量应满足两种电压网络之间在各种运行方式下的功率交换；其容量一般不应小于接在两种电压母线上最大一台机组的容量，以保证在最大一台机组故障或检修时，通过联络变压器来满足本侧负荷的需要，同时也可在线路检修或故障时，通过联络变压器将剩余功率送入另一侧系统。

（4）变电站主变压器。变电站主变压器的容量一般按变电站建成后 5～10 年的规划负荷选择。对重要变电站，应考虑当一台主变压器停止运行时，其余变压器容量在计及过负荷能力的允许时间内，应满足 Ⅰ、Ⅱ 类负荷的供电；对一般性变电站，当一台主变压器停止运行时，其余变压器的容量应占全部负荷的 70%～80%，即

$$S_N \approx (0.7 \sim 0.8)S_{max}/(n-1) \qquad (2\text{-}8)$$

式中　S_{max}——变电站最大负荷，MVA；

　　　　n——变电站主变压器台数。

为保证供电的可靠性，变电站一般装设 2 台主变压器，枢纽变电站装设 2～4 台，地区性孤立的一次变电站或大型工业专用变电站可装设 3 台。

按照上述原则计算所需变压器容量后，应选择接近国家标准容量系列的变压器，这些变压器的主要技术参数❶见附录表 A-1～表 A-31。

2. 主变压器相数和冷却方式等的选择

（1）相数。在 330kV 及以下的发电厂和变电站中，一般选用三相式变压器。因为一台三相式变压器较同容量的三台单相式变压器投资小、占地少、运行损耗也较小，同时配电装置结构较简单，运行维护较方便。如果受到制造、运输等条件（如桥梁负重、隧道尺寸等）的限制，则可选用单相变压器组。在 500kV 及以上的发电厂和变电站中，应按其容量、可靠性要求、制造水平、运输条件、负荷和系统情况等，经技术经济比较后，采用单相变压器组。

采用单相变压器组时，因为备用单相式变压器一次性投资大，利用率不高，所以应综合考虑系统要求、设备质量及按变压器故障率引起的停电损失费用等因素，确定是否装设备用单相式变压器。

（2）绕组数与接线。电力变压器按每相的绕组数分为双绕组、三绕组或更多绕组等形式，按电磁结构分为普通双绕组、三绕组、自耦式及低压绕组分裂式等形式。当只有一种升高电压向用户供电或与系统连接的发电厂，以及只有两种电压的变电站时，可采用双绕组变压器；当有两种升高电压向用户供电或与系统连接的发电厂，以及有 3 种电压的变电站时，可以采用双绕组变压器或三绕组变压器（包括自耦变压器）。

有两种升高电压的发电厂接线如图 2-15 所示。

---

❶　因数据来源不同，各变压器给出的技术参数略有不同。

1）当最大机组容量为 125MW 及以下，而且变压器各侧绕组的通过容量均达到变压器额定容量的 15％及以上时，应优先考虑采用三绕组变压器，如图 2-15（a）所示。但一个电厂中的三绕组变压器一般不超过 2 台。当输电方向主要由低压侧送向中、高压侧，或由低、中压侧送向高压侧时，优先采用自耦变压器。

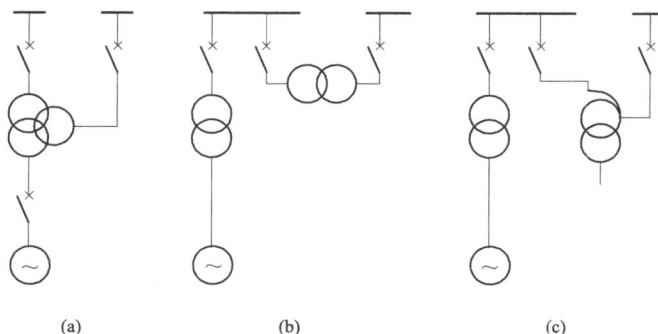

图 2-15　有两种升高电压的发电厂接线

（a）采用三绕组（或自耦）变压器；（b）采用双绕组变压器和双绕组联络变压器；

（c）采用双绕组变压器和自耦（或三绕组）联络变压器

2）当最大机组容量为 125MW 及以下，但变压器某侧绕组的通过容量小于变压器的额定容量的 15％时，可采用双绕组变压器和双绕组联络变压器，如图 2-15（b）所示。

3）当最大机组容量为 200MW 及以上时，采用双绕组变压器和三绕组联络变压器。其联络变压器宜选用三绕组或自耦变压器，低压绕组可作为厂用备用电源或启动电源，也可用来连接无功功率补偿装置，如图 2-15（c）所示。

4）当采用扩大单元接线时，应优先采用低压分裂绕组变压器，以限制短路电流。

5）在有 3 种电压的变电站中，当变压器各侧绕组的通过容量均达到变压器额定容量的 15％及以上，或低压侧无负荷，但需在该侧装设无功功率补偿设备时，可采用三绕组变压器。当变压器需要与 110kV 及以上的两个中性点直接接地系统相连接时，可优先选用自耦变压器。

（3）绕组联结组别。电力系统变压器采用的绕组连接方式有星形"Y"和三角形"d"两种。变压器三相绕组的连接方式必须使其线电压与系统线电压相位一致，否则不能并列运行。可根据具体工程来确定。

（4）结构形式。三绕组变压器或自耦变压器在结构上有两种基本形式，即升压型和降压型。升压型的绕组排列为铁芯—中压绕组—低压绕组—高压绕组，高、中压绕组间相距较远、阻抗较大、传输功率时损耗较大；降压型的绕组排列为铁芯—低压绕组—中压绕组—高压绕组，高、低压绕组间相距较远、阻抗较大、传输功率时损耗较大。

发电厂的三绕组变压器，一般为低压侧向高、中压侧供电，应选用升压型。变电站的三绕组变压器，如果以高压侧向中压侧供电为主、向低压侧供电为辅，则选用降压型；如果以高压侧向低压侧供电为主、向中压侧供电为辅，也可选用升压型。

（5）调压方式。变压器的电压调整是用分接开关切换变压器的分接头，从而改变其变比来实现的。无励磁调压变压器的分接头较少，调压范围只有 10％（±2×2.5％），且分接头必须在停电的情况下才能调节；有载调压变压器的分接头较多，调压范围可达 30％，且分接头可在带负荷的情况下调节，但其结构复杂、价格贵，在下述情况下可考虑采用。

1) 输出功率变化大或发电机经常在低功率因数运行的发电厂的主变压器。

2) 具有可逆工作特点的联络变压器。

3) 电网电压可能有较大变化的 220kV 及以上的降压变压器。

4) 电力潮流变化大和电压偏移大的 110kV 变电站的主变压器。

(6) 冷却方式。电力变压器的冷却方式，因其形式和容量的不同而异，一般冷却方式有以下几种类型。

1) 自然风冷却。无风扇，仅借助冷却器（又称散热器）热辐射和空气自然对流冷却，额定容量在 10 000kVA 及以下。

2) 强迫风冷却。简称风冷式，在冷却器间加装数台电风扇，使油迅速冷却，额定容量在 8000kVA 及以上。

3) 强迫油循环风冷却。采用潜油泵强迫油循环，并用风扇对油管进行冷却，额定容量在 40 000kVA 及以上。

4) 强迫油循环水冷却。采用潜油泵强迫油循环，并用水对油管进行冷却，额定容量在 120 000kVA 及以上。由于铜管质量难以达标，目前国内很少使用。

5) 强迫油循环导向冷却。采用潜油泵将油压入线圈之间、线饼之间和铁芯预先设计好的油道中进行冷却。

6) 水内冷。将纯水注入空心绕组中，借助水的不断循环，将变压器的热量带走。

第三章　厂（站）用电设计

　　厂（站）用电的可靠性，对电力系统的安全运行非常重要。厂（站）用电系统的接线是否合理，对保证厂（站）用负荷的连续供电和发电厂、变电站的安全、经济运行至关重要。随着大容量机组及核电厂的出现，要求其生产过程自动化，以及计算机实时控制的采用，对厂（站）用电的可靠性提出了更高的要求。由于厂用电负荷多、分布广、工作环境差和操作频繁等原因，厂用电事故在电厂事故中占有很大比例。为此，必须合理地选择厂用电电源及电源取得的方式、供电电压和接线方式，配备完善的继电保护与自动装置，合理配置厂用机械，并正确选择电动机的类型、容量和台数。

第一节　厂（站）用电设计简介

一、负荷分类

1. 厂用电负荷分类

　　厂用电负荷根据其用电设备在生产中的作用，以及中断供电时对设备、人身造成的危害程度，按其重要性可分为 4 类。

　　（1）Ⅰ类负荷：凡短时（包括手动切换恢复供电所需的时间）停电，可能影响人身和设备安全，使主设备生产停顿或发电量大量下降的负荷。例如火电厂的给水泵、凝结水泵、循环水泵、引风机、送风机、给粉机、主变压器的强油水冷电源等，水电厂的水轮发电机组的调速和润滑油泵、空气压缩机等，对Ⅰ类负荷，应有两个独立电源的母线供电，当一个电源失电后，另一个电源应立即自动投入。对Ⅰ类厂用电动机应保证自启动。

　　（2）Ⅱ类负荷：允许短时停电（几秒钟至几分钟），停电时间过长可能损坏设备或引起生产混乱的负荷，如火电厂的工业水泵、疏水泵、灰浆泵、输煤机械和化学水处理设备等；水电厂的大部分厂用电负荷。对Ⅱ类负荷，应由两个独立电源供电，一般允许采用手动切换。

　　（3）Ⅲ类负荷：长时间停电不会直接影响生产的负荷，如中央修配厂、试验室、油处理室等的用电设备。对Ⅲ类负荷，一般由一个电源供电，但在大型发电厂，也常采用两个电源供电。

　　（4）事故保安负荷：在容量为 200MW 及以上机组的大容量电厂中，自动化程度较高，要求在事故停机过程中及停机后的一段时间内，仍必须保证供电，否则可能引起主要设备损坏、重要的自动控制失灵或危及人身安全的负荷，称为事故保安负荷。按对电源要求的不同，事故保安负荷又可分为：

　　1）直流保安负荷，简称 0Ⅱ类负荷。例如，发电机的直流润滑油泵、事故氢密封油泵等。

　　2）交流保安负荷，简称 0Ⅲ类负荷。例如，盘车电动机、交流润滑油泵、交流密封油泵、消防水泵等。为满足事故保安负荷的供电要求，对大容量机组应设置事故保安电源。通常，由蓄电池组、柴油发电机组、燃气轮机组或可靠的外部独立电源作为事故保安负荷的备用电源。

（5）交流不停电电源负荷，简称0Ⅰ类负荷。这类负荷对电源可靠性的要求很高，即使电厂交流电源消失，也能继续供电，如实时控制用的计算机、热工保护、自动控制和调节装置、调度通信等。

火电厂主要厂用负荷特性见表3-1。

表 3-1　　　　　　　　　　　　　　　火电厂主要厂用负荷特性

项目	序号	负荷名称	负荷类别	是否易过负荷	控制地点	有无联锁要求	运行方式①	备注
一、锅炉部分	1	引风机	Ⅰ	易	锅炉控制屏	有	经常、连续	
	2	送风机	Ⅰ	不易	锅炉控制屏	有	经常、连续	
	3	排粉机	Ⅰ或Ⅱ	易	锅炉控制屏	有	经常、连续	用于送粉时为Ⅰ类
	4	磨煤机	Ⅰ或Ⅱ	易	锅炉控制屏	有	经常、连续	无煤粉仓时为Ⅰ类
	5	给煤机	Ⅰ或Ⅱ	易	锅炉控制屏	有	经常、连续	无煤粉仓时为Ⅰ类
	6	给粉机	Ⅰ	易	锅炉控制屏	有	经常、连续	
	7	烟气再循环风机	Ⅱ	不易	锅炉控制屏	无	经常、连续	
	8	回转式空气预热器	Ⅰ	易	锅炉控制屏	有	经常、连续	
	9	回转式空气预热器盘车	0Ⅲ	不易	锅炉控制屏	有	不经常、连续	
	10	辅机交流润滑油泵	Ⅰ、Ⅱ或0Ⅲ	不易	集中或同相应辅机	有	经常、连续	③
	11	一次风机	Ⅰ	易	锅炉控制屏	有	经常、连续	
	12	二次风机	Ⅱ	不易	锅炉控制屏	无	经常、连续	
	13	三次风机	Ⅱ	不易	锅炉控制屏	无	经常、连续	
	14	螺旋输粉机	Ⅱ	易	就地	无	经常、连续	
	15	疏水泵	Ⅱ	不易	就地	有	经常、短时	
	16	加药泵	Ⅱ	不易	就地	无	经常、连续	
	17	仪用空压机	Ⅰ	不易			经常、短时或连续	
	18	空压机	Ⅰ或Ⅱ	不易	就地	无	经常、短时或连续	用于控制气源时为Ⅱ类
	19	吹灰电动机	Ⅲ	易	锅炉控制屏	无	不经常、断续	
	20	启动锅炉送风机	Ⅱ	不易	锅炉控制屏	有	不经常、连续	
	21	启动锅炉引风机	Ⅱ	不易		有	不经常、连续	
	22	酸洗泵	Ⅲ	不易	就地	无	不经常、连续	
	23	轻油供油泵	Ⅱ	不易	锅炉控制屏	无	不经常、短时	轻油点火时用
	24	卸油泵	Ⅱ	不易	就地	无	经常、连续或不经常、短时	
	25	炉水循环泵	Ⅰ	不易	锅炉控制屏	有	经常、连续	
	26	抛煤机	Ⅱ	易	锅炉控制屏	有	经常、连续	
	27	炉排电动机	Ⅱ	易	锅炉控制屏	有	经常、连续	
	28	锅炉直流电动发电机组	Ⅰ	不易	就地	有	经常、连续	
	29	点火电焊机	Ⅱ	不易	就地	无	不经常、短时	

续表

项目	序号	负荷名称	负荷类别	是否易过负荷	控制地点	有无联锁要求	运行方式①	备注
二、汽机部分	30	射水泵	I	不易	汽轮机控制屏	有	经常、连续	
	31	射水回收泵	II	不易	汽轮机控制屏	有	经常、短时	
	32	胶球清洗泵	III	不易	就地	无	不经常、短时	
	33	凝结水泵	I	不易	汽轮机控制屏	有	经常、连续	
	34	凝结水升压泵	I	不易	汽轮机控制屏	有	经常、连续	
	35	循环水泵	I	不易	汽轮机控制屏	有	经常、连续	
	36	给水泵	I	不易	给水除氧屏	有	经常、连续	
	37	备用给水泵	I	不易	给水除氧屏	有	不经常、连续	
	38	给水泵油泵	I	不易	给水除氧屏	有	经常、连续	给水泵带有主轴泵时
	39	给水泵备用油泵	II	不易	给水除氧屏	有	不经常、短时	
	40	汽动给水泵凝结水泵	I	不易	给水除氧屏	有	经常、连续	
	41	汽动给水泵盘车电动机	0 III	不易	就地	有	不经常、连续	
	42	汽动给水泵直流润滑油泵	0 III	不易	给水除氧屏	有	不经常、短时	
	43	电动给水泵直流润滑油泵	0 III	不易	给水除氧屏	有	不经常、短时	
	44	除氧器中继水泵	I	不易	给水除氧屏	有	经常、连续	
	45	高压调速油泵	II	不易	汽轮机控制屏	无	不经常、短时	
	46	交流润滑油泵	II 或 0 III	不易	汽轮机控制屏	有	不经常、短时或连续	②
	47	汽轮机直流润滑油泵	0 III	不易	汽轮机控制屏	有	不经常、短时	
	48	盘车电动机	II 或 0 III	不易	就地	有	不经常、短时或连续	②
	49	顶轴油泵	II 或 0 III	不易	就地	有	不经常、短时或连续	②
	50	油箱排油烟风机	III	不易	就地	无	经常、断续	
	51	备用励磁机	I	不易	主（单元）控制室	无	不经常、连续	
	52	硅整流通风机	I	不易	就地	有	经常、连续	
	53	氢冷水泵	I	不易	氢冷操作屏	有	经常、连续	
	54	交流氢密封油泵	II 或 0 III	不易	氢冷操作屏	有	经常、连续或不经常、短时	②
	55	发电机直流氢密封油泵	0 III	不易	氢冷操作屏	有	不经常、短时	
	56	氢冷用排氢风机	II	不易	氢冷操作屏	无	经常、连续	
	57	氢冷用真空泵	II	不易	氢冷操作屏	有	经常、连续	
	58	水冷用冷却水泵	I	不易	水冷操作屏	有	经常、连续	
	59	空冷升压泵	I	不易	就地	有	经常、连续	
	60	热网水泵	II	不易	热网操作屏	有	经常、连续	
	61	热网凝结水泵	II	不易	热网操作屏	有	经常、连续	
	62	热网补给水泵	II	不易	热网操作屏	有	经常、连续	
	63	生产回水中继泵	II	不易	热网操作屏	有	经常、连续	
	64	高压加热器疏水泵	II	不易	集中	有	经常、连续	
	65	低压加热器疏水泵	II	不易	就地	无	经常、连续	
	66	生产预热器疏水泵	II	不易	就地	无	经常、连续	
	67	净水加热器疏水泵	II	不易	就地	无	经常、连续	
	68	生水泵	II	不易	就地	无	经常、连续	
	69	工业水泵	II	不易	汽轮机控制屏或就地	有	经常、连续	
	70	低位水箱水泵	II	不易	就地	有	经常、短时	
	71	蒸发器给水泵	II	不易	就地	有	经常、连续	
	72	蒸发器凝结水泵	II	不易	就地	无	经常、连续	
	73	蒸发器排污泵	III	不易	就地	无	经常、短时	
	74	采暖回收泵	III	不易	就地	无	经常、连续或短时	

续表

项目	序号	负荷名称	负荷类别	是否易过负荷	控制地点	有无联锁要求	运行方式①	备注
三、电气及公用部分	75	充电装置	Ⅱ	不易	主（单元）控制室或就地	无	不经常、连续	
	76	浮充电装置	Ⅱ或0Ⅲ	不易	主（单元）控制室或就地	无	不经常、连续	②
	77	空气压缩机	Ⅱ	不易	就地	有	经常、连续	
	78	变压器冷却风机	Ⅱ	不易	就地	有	经常、连续	
	79	变压器强油水冷电源	Ⅰ	不易	变压器控制箱	有	经常、连续	
	80	机炉自动控制电源	Ⅰ或0Ⅲ	不易			经常、连续	②
	81	自动化电动阀门	Ⅰ或0Ⅲ	不易			经常、连续	②
	82	仪用空气压缩机	Ⅰ	不易			经常、短时	
	83	火焰检测器冷却风机	Ⅰ或0Ⅲ	不易			经常、连续	②
	84	火焰检测器冷却风机直流油泵	0Ⅲ	不易			不经常、短时	
	85	交流励磁机备用励磁电源	Ⅰ	不易	发电机控制屏	有	不经常、连续	
	86	硅整流装置通风机	Ⅰ	不易	硅整流装置控制屏		经常、连续	
	87	通信电源	Ⅰ或0Ⅱ	不易			经常、连续	
	88	调度通信	0Ⅰ	不易			经常、连续	
	89	远动通信	0Ⅰ	不易			经常、连续	
	90	柴油发电机组辅机	0Ⅲ	不易	柴油机房	有	不经常、连续	②
	91	主厂房事故照明	0Ⅲ	不易	主（单元）控制室	有	经常、连续	②
	92	实时控制用计算机	0Ⅰ	不易			经常、连续	
	93	电动执行机构	0Ⅰ	易			经常、连续	
	94	热工测量和信号	0Ⅰ	不易			经常、连续	
	95	自动控制和调节装置	0Ⅰ	不易			经常、断续	
	96	热工保护	0Ⅰ	不易			不经常、短时	
	97	航空标志灯	0Ⅲ	不易			经常、连续	②
	98	电梯	0Ⅲ				经常、短时	②
四、输煤部分	99	输煤破带	Ⅱ	易	就地或集中	有	经常、连续	
	100	碎煤机	Ⅱ	易	就地或集中	有	经常、连续	
	101	筛煤机	Ⅱ	不易	就地或集中	有	经常、连续	
	102	磁铁分离器	Ⅱ	不易	就地或集中	有	经常、连续	
	103	叶轮给煤机	Ⅱ	不易	就地或集中	有	经常、连续	
	104	斗链运煤机	Ⅱ	易	就地或集中	有	经常、连续	
	105	移动式给煤式	Ⅱ	易	就地	有	经常、连续	
	106	煤场抓煤机	Ⅱ	不易	就地	无	经常、连续	
	107	移动式皮带机	Ⅱ	易	就地	无	经常、连续	
	108	卸煤小车	Ⅱ	不易	就地	无	经常、断续	

续表

项目	序号	负荷名称	负荷类别	是否易过负荷	控制地点	有无联锁要求	运行方式①	备注
五、除灰部分	109	冲灰水泵	Ⅱ	不易	就地或除灰操作屏	有		
	110	灰浆泵	Ⅱ	易	就地集中	有		
	111	碎渣机	Ⅱ	易	就地集中	有		
	112	轴封水泵	Ⅱ	不易	就地集中	有	经常、连续	
	113	除灰水泵	Ⅰ	不易	就地集中	有		
	114	马丁除灰机	Ⅱ	易	就地	无		
	115	除灰皮带机	Ⅱ	易	就地	有		
	116	电气除尘器	Ⅱ	不易	就地	无		
六、厂外水工部分	117	中央循环水泵	Ⅰ	不易	泵房集控	有	经常、连续	
	118	真空泵	Ⅱ	不易	就地			
	119	滤网及冲洗水泵	Ⅲ	不易	就地		经常、连续	
	120	消防水泵	Ⅰ	不易	就地及主（单元）控制室	有	不经常、短时	
	121	补给水深井泵	Ⅱ	不易	就地或遥控	无	经常、连续	
	122	江岸补给水泵	Ⅱ	不易	就地	无	经常、连续	
	123	生活水泵	Ⅱ或Ⅲ	不易	就地	有	经常、短时	与工业水泵合用时为Ⅱ类
	124	冷却塔通风机	Ⅱ	不易	汽机或冷却塔控制屏	有	经常、连续	
七、化学水处理部分	125	清水泵	Ⅰ或Ⅱ	不易	化水集控台或就地	无	经常、连续	④
	126	中间水泵	Ⅰ或Ⅱ	不易	化水集控台或就地	无	经常、连续	④
	127	除盐水泵	Ⅰ或Ⅱ	不易	化水集控台或就地	无	经常、连续	④
	128	自用水泵	Ⅱ	不易	化水集控台	无	经常、短时	
	129	废水泵	Ⅱ	不易	化水集控台或就地	无	经常、短时	④
	130	罗茨风机	Ⅱ	不易	化水集控台或就地	无	经常、短时	
	131	除二氧化碳风机	Ⅰ、Ⅱ	不易	化水集控台或就地	无	经常、连续	
	132	混床酸计量泵	Ⅱ	不易	化水集控台或就地	无	经常、短时	
	133	阳床酸计量泵	Ⅱ	不易	化水集控台或就地	无	经常、短时	
	134	混床碱计量泵	Ⅱ	不易	化水集控台或就地	无	经常、短时	
	135	阴床碱计量泵	Ⅱ	不易	化水集控台或就地	无	经常、短时	
	136	磷酸盐溶液泵	Ⅱ	不易	化水集控台或就地	无	经常、短时	
	137	盐溶液泵	Ⅱ	不易	化水集控台或就地	无	经常、短时	
	138	混床自用泵	Ⅱ	不易	化水集控台或就地	无	经常、短时	
	139	覆盖自用泵	Ⅱ	不易	化水集控台或就地	无	经常、短时	
	140	反洗泵	Ⅱ	不易	化水集控台或就地	无	经常、短时	
	141	辅料泵	Ⅱ	不易	就地	无	经常、短时	
	142	活性炭反洗泵	Ⅱ	不易	就地	无	经常、短时	
	143	碱液稀释泵	Ⅱ	不易	就地	无	经常、短时	
	144	覆盖护膜泵	Ⅱ	不易	就地	无	经常、短时	
	145	水池搅拌泵	Ⅱ	易	就地	无	经常、短时	
	146	酸磁力泵	Ⅱ	不易	就地	无	经常、短时	
	147	碱磁力泵	Ⅱ	不易	就地	无	经常、短时	
	148	次氯酸钠注入泵	Ⅱ	不易	就地	无	经常、短时	
	149	盐酸注入泵	Ⅱ	不易	就地	无	经常、短时	
	150	循环水加氯升压泵	Ⅲ	不易	就地	无	不经常、短时	
	151	循环水加稳定剂升压泵	Ⅱ	不易	就地	无	经常、连续	
	152	空气压缩机	Ⅱ	不易	就地	无	经常、短时	

项目	序号	负荷名称	负荷类别	是否易过负荷	控制地点	有无联锁要求	运行方式①	备注
	153	废水处理输送泵	Ⅱ	不易	集控或就地	无	经常、连续	
	154	pH调整池机械搅拌器	Ⅱ	不易	集控或就地	无	经常、连续	
	155	凝聚澄清池刮泥机	Ⅱ	易	集控或就地	无	经常、连续	
	156	焚烧液输送泵	Ⅱ	不易	集控或就地	无	经常、连续	
	157	凝聚澄清池排泥泵	Ⅱ	易	集控或就地	无	经常、连续	
	158	浓缩池排泥泵	Ⅱ	易	集控或就地	无	经常、连续	
	159	浓缩池刮泥机	Ⅱ	不易	集控或就地	无	经常、连续	
	160	泥渣泵房坑泵	Ⅱ	不易	集控或就地	无	经常、短时	
	161	泥渣脱水机	Ⅱ	不易	集控或就地	无	经常、连续	
	162	冲洗水泵	Ⅱ	不易	集控或就地	无	经常、短时	
	163	污水泵	Ⅱ	不易	集控或就地	无	经常、短时	
	164	浓碱计量泵	Ⅱ	不易	集控或就地	无	经常、短时	
	165	稀碱计量泵	Ⅱ	不易	集控或就地	无	经常、短时	
	166	硫酸计量泵	Ⅱ	不易	集控或就地	无	经常、短时	
八、废水处理部分	167	回水排放水泵	Ⅱ	不易		无	经常、短时	
	168	次氯酸钠溶液输送泵	Ⅱ	不易		无	经常、短时	
	169	次氯酸钠计量泵	Ⅱ	不易		无	经常、短时	
	170	凝聚剂输送泵	Ⅱ	不易		无	经常、短时	
	171	凝聚剂计量泵	Ⅱ	不易		无	经常、短时	
	172	凝聚助剂计量泵	Ⅱ	不易	集控或就地	无	经常、短时	
	173	排水贮槽搅拌风机	Ⅱ	不易		无	经常、短时	
	174	杂用搅拌风机	Ⅱ	不易		无	经常、短时	
	175	混合槽搅拌机	Ⅱ	易		无	经常、短时	
	176	最终中和槽搅拌机	Ⅱ	易		无	经常、短时	
	177	凝聚剂溶剂池搅拌机	Ⅱ	易		无	经常、短时	
	178	次氯酸钠贮箱搅拌机	Ⅱ	不易		无	经常、短时	
	179	凝聚助剂箱搅拌机	Ⅱ	不易		无	经常、短时	
	180	汽水集中取样冷却水泵	Ⅱ	不易		无	经常、短时	
九、辅助车间及其他	181	油处理设备	Ⅲ			无	经常、连续	燃油电厂为Ⅰ类
	182	重油泵房设备	Ⅰ或Ⅱ			无	经常、连续	
	183	中央修配厂设备	Ⅲ			无	经常、连续	
	184	电气试验室	Ⅲ			无	不经常、短时	
	185	制氢室设备	Ⅱ	不易	就地	无	经常、连续	
	186	通风机	Ⅲ			无	经常、连续	
	187	事故通风机	Ⅱ			无	不经常、连续	
	188	电焊机	Ⅲ			无	不经常、断续	
	189	起重机械	Ⅲ			无	不经常、连续	
	190	排水泵	Ⅱ或Ⅲ			有或无	不经常、连续	用于中央循环水泵或灰浆泵房时为Ⅱ类
十、暖通	191	中央空调机组	Ⅱ				经常、连续	
	192	屋顶风机	Ⅱ				经常、连续	

续表

项目	序号	负荷名称	负荷类别	是否易过负荷	控制地点	有无联锁要求	运行方式①	备注
十一、脱硫（部分负荷）	193	脱硫风机	Ⅰ或Ⅱ				经常、连续	
	194	脱硫风机辅助油泵	0Ⅲ、Ⅰ或Ⅱ				经常、连续	
	195	出入口吸旁路挡板	0Ⅱ				不经常、连续	
	196	氧化风机	Ⅱ				经常、连续	
	197	吸收塔浆液循环泵	Ⅰ或Ⅱ				经常、连续	
	198	石灰石粉碎机	Ⅱ				经常、连续	
	199	石膏浆液给料泵	Ⅱ				经常、连续	
	200	湿式球磨机	Ⅱ				经常、连续	
	201	真空泵	Ⅱ				经常、连续	
	202	吸收塔搅拌机	Ⅰ				经常、连续	
	203	石灰石浆液箱搅拌机	Ⅰ				经常、连续	
十二、其他	204	不停电源装置	0Ⅲ				不经常、短时	
	205	停机冷却水泵	0Ⅲ	不易	汽轮机控制屏	有	经常、连续	

①"经常"与"不经常"指电动机的使用机会，"连续"、"短时"与"断续"指电动机每次使用时间的长短，定义如下：经常—与正常生产密切相关，每天都要使用的电动机；不经常—正常不用，仅在检修、事故或机炉启停期间使用的电动机；连续—每次使用连续带负荷运转2h以上；短时—每次使用连续带负荷运转2h以内，10min以上；断续—每次使用从带负荷到空载或停止，反复周期性地工作，每个工作周期不超过10min。

②当用于容量为200MW及以上的机组时，才作为允许短时停电的交流保安负荷。

③容量为200MW及以上的机组，当辅机润滑系统未设置高位油箱等保安设施时，其润滑油泵应作为保安负荷。一台辅机配有两台油泵时，其中一台列入保安负荷。

④热电厂和容量为300MW及以上的机组为Ⅰ类负荷。

2. 站用电负荷分类

站用电负荷按所用负荷的重要性，可分为以下3类。

（1）Ⅰ类负荷：指短时停电可能影响人身或设备安全，使生产运行停顿或主变压器减载的负荷。例如，主变压器冷却系统、变电站的消防系统、计算机监控系统、微机保护、系统通信、系统远动装置等。一般220～500kV变电站都设有不间断交流电源系统。计算机监控系统、微机保护、系统通信、系统远动装置都由不间断交流电源系统供电。

（2）Ⅱ类负荷：指允许短时停电，但停电时间过长，有可能影响正常生产运行的负荷。例如，蓄电池充电、断路器和隔离开关的操作，以及加热电源、给排水系统的水泵电动机、事故通风机、变压器带电滤油装置等。

（3）Ⅲ类负荷：指长时间停电不会直接影响生产运行的负荷。例如，采暖、通风、空调的电源，检修、试验电源，正常照明和生活用电等。

从上述负荷分类不难看出，在站用电负荷中，Ⅰ类负荷占的比率较小。但是对于220～500kV的变电站，由于其在系统中的地位和作用非常重要，总体上认为变电站的站用交流电属于Ⅰ类负荷，在任何情况下不允许停电，必须有两路以上电源供电。但在具体的负荷供电回路的设计上，可根据其重要性的不同而采用不同的供电方案。

二、设计步骤

（1）确定厂（站）用高压和低压电压等级。

（2）选择全厂（站）用电接线，并确定厂（站）用工作电源、备用电源或启动电源、事故保安电源的引接方式。

（3）统计和计算各段厂（站）用母线的负荷。

（4）选择厂（站）用变压器（电抗器）。

（5）进行重要电动机成组自启动校验。

（6）厂（站）用电系统短路电流计算。

（7）选择厂（站）用电气设备。

（8）绘制厂（站）用电接线图。

第二节　厂用电的设计原则

一、厂用电接线设计的基本要求

厂用电接线的设计应按照运行、检修和施工的要求，考虑全厂发展规划，积极慎重地采用成熟的新技术和新设备，使设计达到经济合理、技术先进，保证机组安全、经济地运行。对厂用电接线设计的基本要求如下：

（1）保证厂用电源的可靠性，各机组的厂用系统应该相对独立，防止一台机组厂用电母线故障，影响其他机组的正常运行。

（2）根据用电设备的要求，必须保证厂用工作电源、启动/备用电源、事故保安电源和交流不停电电源等工作可靠、容量充裕，全厂性公用负荷应分散接于不同机组的厂用母线或公共负荷母线。限制故障波及范围，避免引起全厂停电事故。各台机组的厂用电系统应独立，以保证在一台机组故障而停止运行或其辅机发生电气故障时，不影响其他机组的正常运行。

（3）充分考虑全厂的扩建和发展规划，厂用配电装置布置合理，便于维护管理。全厂公用系统的容量应满足扩建的需要，适当留有裕度，尽量少地改变接线和更换设置。满足发电厂正常、事故、检修、启动等运行方式下的供电要求，尽可能地使切换操作简便，启动（备用）电源能在短时间内投入。

（4）调度灵活、可靠，检修调试安全、方便，系统接线简单、清晰，便于机组的启停操作及事故处理。

（5）设备选用合理，技术先进，投资节省，电缆用量少。

二、厂用电的电压等级

厂用电的电压等级是根据发电机的容量和额定电压、厂用电动机的额定电压和厂用电供电网络等因素，经过技术经济综合比较后确定的。

目前国内生产的电动机，电压为 380V 时，额定功率在 200kW 以下；电压为 3～6kV 时，最小额定功率分别为 75kW 和 200kW；额定功率为 1000kW 及以上的电动机，电压一般为 6kV 或 10kV。同功率的电动机，一般当电压高时，尺寸和质量大，价格高，效率低，功率因数也低。但从供电网络方面来看，电压高时可以减小供电电缆的截面积，减少变压器和线路等元件的电能损耗，使年运行费用减小。所以，发电厂中厂用电动机的功率范围很大，可从几千瓦到几千千瓦。发电机组容量越大，所需厂用电动机的功率也越大，因此，选用一种电压等级的电动机，往往不能满足要求。为简化厂用电接线，且使运行维护方便，厂用电电压等级也不宜过多。经综合比较，厂用电供电电压一般选用高压和低压两级。

根据 DL/T 5153—2014《火力发电厂用电设计技术规程》的规定："发电厂可采用 3、6、10kV 作为高压厂用电压。容量为 60MW 及以下机组，发电机电压为 10.5kV 时，可采用 3kV；发电机电压为 6kV 时，可采用 6kV；容量为 100MW～300MW 的机组，宜采用 6kV；容量为 600MW 的机组，根据工程具体条件可采用 6kV 一级或 3、10kV 两级高压厂用电压。"

低压厂用电电压，动力宜采用 380V，照明采用 220V。容量为 200MW 及以上的机组，主厂房内的低压厂用电系统应采用动力与照明分开供电的方式。其他可采用动力和照明共用的 380/220V 网络供电。

对水力发电厂，由于水轮发电机组辅助设备使用的电动机容量均不大，通常只设 380V 一个厂用电电压等级，由动力和照明共用的三相四线制系统供电。大型水力发电厂中，在坝区和水利枢纽装设有大型机械，如船闸和升船机、闸门启闭装置等，这些设备距主厂房较远，需在那里设专用变压器，采用 6kV 或 10kV 供电。

三、厂用电系统中性点接地方式

1. 高压厂用电系统的中性点接地方式

高压厂用电系统中性点接地方式的选择，与接地电容电流的大小有关：当接地电容电流小于 10A 时，可采用不接地方式，也可采用经高电阻接地方式；当接地电容电流大于 10A 时，可采用经消弧线圈或消弧线圈并联高电阻的接地方式。一般发电厂的高压厂用电系统多采用中性点经高电阻接地方式。高压厂用电系统中性点接地方式如图 3-1 所示。

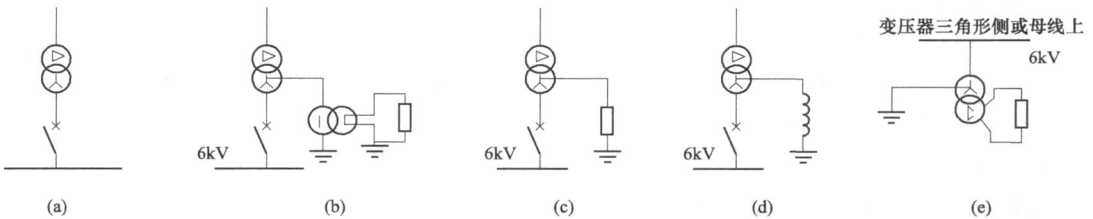

图 3-1　高压厂用电系统中性点接地方式示意图
(a) 不接地方式；(b) 经高电阻接地方式；(c) 经中电阻接地方式；
(d) 经消弧线圈接地方式；(e) 经接地变压器接地方式

（1）中性点不接地方式。该接地方式如图 3-1（a）所示，当单相接地故障电容电流小于 10A 时采用。其优点是单相接地故障时可继续运行 1～2h，不需立即跳闸，但发生单相稳态电弧接地、金属性接地和断续电弧接地时，电压提高，发生间歇性电弧接地时，过电压一般为 3 倍额定电压，可能使绝缘损坏，同时单相接地保护比较复杂，有时灵敏度不够，不能及时发现故障，使接地时间延长。当系统单相接地电容电流在 10A 及以上时，接地处的电弧不能自动熄灭，并易发展成为多相短路，厂用电动机回路的单相接地保护应瞬时动作于跳闸。当系统单相接地电流在 15A 及以上时，其他馈线回路的单相接地保护也动作于跳闸。这种中性点不接地方式曾广泛应用于火力发电机组的高压厂用电系统，今后仍会在接地电容电流小于 10A 的高压厂用电系统中采用。

（2）中性点经高电阻接地方式。该接地方式如图 3-1（b）所示。中性点经过适当的电阻接地，使单相接地故障限制过电压不超过 2.7 倍，降低间歇性电弧接地过电压，避免事故扩大。中性点接地电阻可接入电阻器，因电阻器电阻大，选择与布置都较困难，现更多地采用二次侧接电阻的配电变压器接地方式，无须设置大电阻器就可达到预期目的。当发生单相接地故障时，短路点流过固定的电阻性电流，有利于馈线的零序保护动作。中性点经高电阻接地方式适用于高压厂用电系统接地电容电流小于 10A，且为了降低间歇性弧光接地过电压水平和便于寻找接地故障点的情况。

（3）中性点经中电阻接地方式。该接地方式如图 3-1（c）所示，当单相接地电容电流大于 10A 时，可在中性点加入中电阻，接地电流为 40～1000A。采用这种接地方式可减少接地通路中流过接地故障电流的电弧气流或飞弧对人身的伤害，同时可控制暂态过电压对设备的危害及清除接地故障造成的线电压偏移。

（4）中性点经消弧线圈接地方式。该接地方式如图 3-1（d）所示，在这种接地方式下，厂用电系统发生单相接地故障时，中性点的位移电压产生感性电流流过接地点，补偿电容电流，将接地点的综合电流限制到 10A 以下，达到自动熄弧、继续供电的目的。对于间歇性电弧接地，消弧线圈可使故障相电压恢复速度减慢，从而降低电弧重燃的可能性，也抑制了间歇性电弧接地过电压的幅值，这种中性点接地方式在电缆直配线的小容量发电厂中采用较多。在正常运行时，消弧线圈和电网对地电容构成串联回路，可能引起串联谐振过电压。为此可采用电阻和消弧线圈并联的接地方式，进一步限制过电压水平，同时还可提高接地保护的灵敏度和选择性。当机组的负荷变化时，需改变消弧线圈的分接头，以适应厂用电系统电容电流的变化。消弧线圈变比的变化又改变了接地点的电流值，为保持接地故障电流不变，必须相应地调节二次侧的电阻，所以二次侧电阻应有与消弧线圈分接头相匹配的调节分接头。这一接地方式的运行比较复杂，需增加接地设备投资，而且接地保护也比较复杂，适用于大机组高压厂用电系统接地电容电流大于 10A 的情况。

（5）中性点经接地变压器接地方式。在没有中性点可供接地用的高压厂用电系统中，通常采用专用接地变压器，即在接地变压器一次侧星形绕组中性点直接接地，在其二次侧开口三角形的两个端子上接入电阻，如图 3-1（e）所示，这就相当于在电网中性点接入电阻。

目前，大容量机组发电厂中，6kV 厂用网络较大，电容电流也较大，故 6kV 中性点不接地方式或经消弧线圈接地方式较少，多采用经高电阻接地或经中电阻接地方式。

2. 低压厂用电系统的中性点接地方式

低压厂用电系统的中性点接地方式主要有中性点经高电阻接地和中性点直接接地两种接地方式。主厂房内的低压厂用电系统宜采用三相三线制，中性点经高电阻接地。当为三相四线制时，中性点采用直接接地方式。

（1）中性点经高电阻接地方式。接地电阻的大小以满足所选用的接地指示装置动作为原则，但不能超过电动机带单相接地运行的允许电流值（一般按 10A 考虑）。在低压厂用电系统中，发生单相接地故障时，由于单相接地电流较小，允许继续运行一段时间，不要求回路熔断器动作，避免断路器立即跳闸和电动机停止运行，也防止了由于熔断器一相熔断所造成的电动机两相运转，提高了低压厂用电系统的运行可靠性。容量为 600MW 的机组单元厂用电 400V 系统多采用中性点经高电阻接地方式。

（2）中性点直接接地方式。在低压厂用电系统中，发生单相接地故障时，保护装置立即动作于跳闸，将故障部分切除。低压厂用网络比较简单，动力、照明、检修回路可以共用，但照明、检修回路的故障往往危及动力回路的正常运行，降低了厂用电系统的可靠性；同时，额定功率为100kW以上的低压电动机启动时，会使灯光变暗，高压荧光灯可能由于电压降低而熄灭，影响工作。火力发电厂低压厂用电系统，特别是原有低压厂用电系统采用中性点直接接地的扩建电厂和主厂房外供给Ⅱ、Ⅲ类负荷的辅助车间，宜采用中性点直接接地方式。

四、厂用电接线形式

发电厂的厂用电系统通常采用单母线接线形式，并多以成套配电装置接受和分配电能。火电厂的厂用电负荷容量较大，分布面较广，尤以锅炉的辅助机械设备耗电量大，如吸风机、送风机、排粉机、磨煤机、给粉机、电动给水泵等大型设备，其用电量占厂用电量的60%以上。为了保证厂用电系统的供电可靠性和经济性，高压厂用母线均按锅炉台数分成若干独立段，凡属同一台锅炉的厂用负荷均接在同一段母线上，与锅炉同组的汽轮机的厂用负荷一般也接在该段母线上，而该段母线由其对应的发电机组供电。全厂公用负荷，应根据负荷功率及可靠性的要求，分别接到各段母线上，各段母线上的负荷应尽可能均匀分配。当公用负荷较大时，可设公用母线段。对于容量在400t/h及以上的大型锅炉，每台锅炉设两段高压厂用母线。

低压厂用母线，当锅炉容量在230t/h及以下时，一般也按锅炉炉台数对应分段，并用隔离开关将母线分为两段；锅炉容量在400t/h及以上时，每台锅炉一般由两段母线供电，两段母线可由同一台变压器供电。锅炉容量为1000t/h时，每段母线可由一台变压器供电。当公用负荷较多、容量较大时，如果采用集中供电方式合理，则可设置公用母线段，但应保证重要公用负荷的供电可靠性。

五、厂用电源及其引接方式

发电厂的厂用电源必须供电可靠，且能满足各种工作状态的要求，除应具有正常的工作电源外，还应设置备用电源、启动电源和事故保安电源。一般电厂中，都以启动电源兼作备用电源。

1. 工作电源

发电厂的厂用工作电源是保证正常运行的基本电源。通常工作电源应不少于两个。

容量小于60MW的发电机组多为直接接于6~10kV发电机电压母线，6kV的高压电动机很少，可由6~10kV母线上直接取得电源，低压厂用设备由6~10kV母线上引接6、10kV/0.38kV厂用变压器供电，故一般无高压厂用母线。

100MW及以上容量的发电机多为单元接线，高压厂用工作电源可从发电机电压回路通过厂用高压变压器取得。容量为125~300MW的机组高压厂用工作电源引接方式如图3-2所示。即使发电机组全部停止运行，仍可从电力系统倒输电能供给厂用电源。这种引接方式，供电可靠、操作简单、调度方便、投资和运行费用都比较省，故被广泛采用。

厂用分支上一般都应装设高压断路器。该断路器应按发电机机端短路进行选择，其开断电流可能比发电机出口处的断路器的开断电流还要大，对大容量机组可能选不到合适的断路器，可加装电抗器或选低压分裂绕组变压器，以限制短路电流。如仍选不出时，对容量为125MW及以下的机组，一般可在厂用分支上按额定电流装设断路器、隔离开关或连接片，

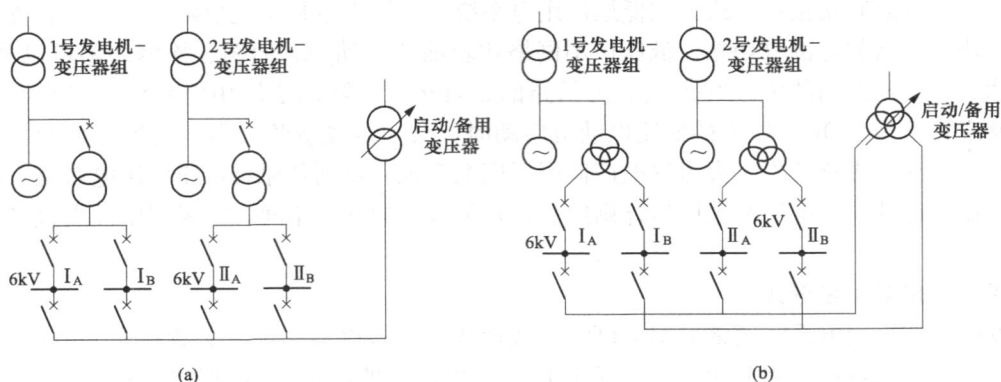

图 3-2　容量为 125～300MW 的机组高压厂用工作电源引接方式

(a) 容量为 125MW 及以下的机组；(b) 容量为 200～300MW 的机组

此时若发生故障，应立即停机，如图 3-2（a）所示。6kV 厂用母线为单母线接线（两段），由厂用双绕组变压器经断路器供电，并由全厂多台机组公用的启动/备用变压器作为备用电源。对容量为 200MW 及以上的机组，厂用分支都采用分相封闭母线，故障率较小，可不装设断路器和隔离开关，但应有可拆连接点，以供检修和调试用，这时在变压器低压侧务必装设断路器，如图 3-2（b）所示。6kV 厂用母线为单母线接线（两段），采用一台分裂绕组变压器供电，并由全厂多台机组公用的启动/备用变压器作为备用电源。

低压 400V 厂用工作电源由高压厂用母线通过低压厂用变压器引接。若高压厂用电设有 10kV 和 3kV 两个电压等级，则 400V 工作电源一般从 10kV 厂用母线引接。

2. 备用电源和启动电源

厂用备用电源用于工作电源因事故或检修而失电时替代工作电源，起后备作用。备用电源应具有独立性和足够的供电容量，最好能与电力系统紧密联系，在全厂停电情况下仍能从系统取得厂用电源。

启动电源一般指机组在启动或停止运行的过程中，工作电源不可能供电的工况下为该机组的厂用负荷提供的电源。因此，启动电源实质上也是一个备用电源。目前，我国对容量为 200MW 以上的大型发电机组，为了确保机组安全和厂用电的可靠才设置厂用启动电源，且以启动电源兼作事故备用电源，故又称为启动/备用电源。

（1）启动/备用电源的要求。

1）启动/备用电源由与电厂厂用电源相对独立的系统引接，所引接的系统应由两个以上电源，并具有足够的容量。

2）为保证厂用电源的质量，当启动/备用变压器的阻抗大于 10.5% 或所接系统的电压波动超过 ±5% 时，应考虑采用有载调压设施。

3）厂用启动/备用电源操作灵活，不论电厂是否由启动/备用变压器做公用段，都有相应的接线方式。当做公用段时，低压侧要设断路器，引至工作段的断路器要设计备用电源自动投入装置。

4）启动/备用电源的布置和接线需与施工、调试电源综合考虑，一般在 1 号机组启动前要先建成。

（2）启动/备用变压器的台数及接线。容量为 300MW 及以下的机组高压厂用启动/备用变压器引接方式如图 3-3 所示。启动/备用变压器的台数和接线应满足以下要求。

1）中、小容量机组发电厂，当有发电机电压母线时，可由该母线引接一个备用电源。容量为 100MW 及以下的机组高压厂用工作变压器（电抗器）的数量为 6 台及以上时，可设置第二台高压厂用备用变压器（电抗器），接线如图 3-3（a）所示，两台备用变压器（电抗器）的二次侧宜相互连接。

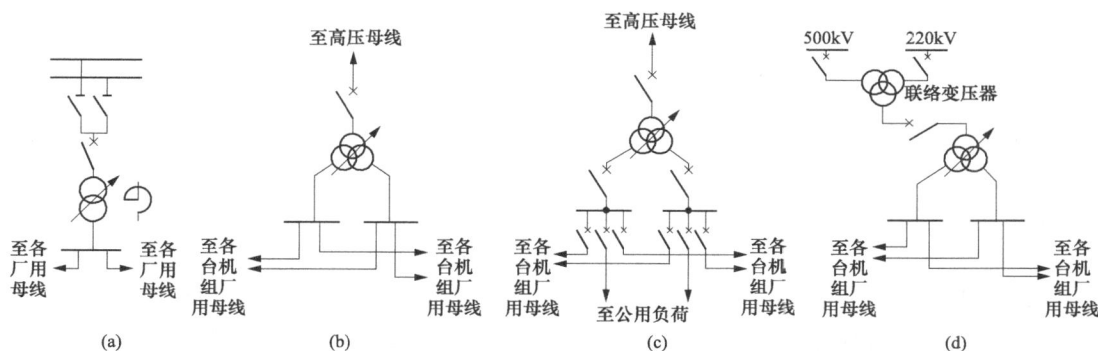

图 3-3　容量为 300MW 及以下的机组高压厂用启动/备用变压器引接方式
（a）由发电机电压母线引接备用电源；（b）、（c）由高压母线引接启动/备用电源；
（d）由联络变压器的低压绕组引接启动/备用电源

2）当无发电机电压母线时，由高压母线中电源可靠的最低一级电压母线引接备用电源，如图 3-3（b）、图 3-3（c）所示。还可由联络变压器的低压绕组引接，并应保证在全厂停电的情况下，能从外部电力系统取得足够的电源，如图 3-3（d）所示。

图 3-3（c）与图 3-3（b）的不同之处在于，图 3-3（c）中的启动/备用电源可接公用负荷电源母线，低压侧设断路器。图 3-3（d）也可与图 3-3（c）一样，低压侧接公用母线。

3）当技术经济比较合理时，可由外部电网引接专用线路供电。

4）全厂有两个及以上高压厂用备用或启动/备用电源时，应引自两个相对独立的电源。容量为 200MW 以下的机组采用单元接线，高压厂用工作变压器的数量在 5 台及以上时，可增设第二台高压厂用启动/备用变压器，两台高压厂用启动/备用变压器的二次侧宜相互连接。容量为 200～300MW 的机组，每两台机组可设一台高压启动/备用变压器。

3. 事故保安电源

对容量为 200MW 及以上的大容量机组，当厂用工作电源和备用电源都消失时，为确保在严重事故状态下能安全停机，事故消除后又能及时恢复供电，应设置事故保安电源，以保证事故保安负荷，如润滑油泵、密封油泵、热工仪表及自动装置、盘车装置、顶轴油泵、事故照明和计算机等设施的连续供电。

事故保安电源必须是一种独立而又十分可靠的电源，通常采用快速启动的柴油发电机组、蓄电池组及逆变器将直流变为交流作为交流事故保安电源。对容量为 300MW 及以上的机组还应由附近 110kV 及以上的变电站或发电厂引入独立、可靠的专用线路，作为事故备用保安电源。

六、厂用公用负荷的引接方式

为全厂服务的公用系统负荷称为公用负荷，如输煤系统、化学水处理系统、灰渣系统、污水处理及修配厂等的负荷。这类负荷的供电由全厂统一规划，防止因某台机组停止运行而使公用负荷停电，造成全厂停电的事故。公用段的特点如下：

（1）公用段一般分两段，由双电源供电，以便将互为备用的负荷接于不同母线段上。对有Ⅰ、Ⅱ类负荷的公用负荷，公用段应设有工作和备用两个电源。也可将两个电源分别接至不同的母线上，两段母线要互为备用。与只有一个独立负荷时，也可设一段母线，由两电源引至双投刀开关供电。

（2）一般在将一台机组投入运行前，公用负荷就必须先建成投产，以保证第一台机组在公用段建成后便能运行。

（3）公用段母线侧电源引线和两分段之间一般不设断路器，只设隔离开关。两分段之间的隔离开关与供电隔离开关之间设闭锁，不允许两电源合环运行。如果公用段离主厂房 6kV 厂用配电装置很远，就地控制要求能控制电源侧断路器，如操作电缆很长，技术上有困难或很不经济时，也可设断路器。

（4）容量为 200MW 及以上的机组，公用负荷的容量增加，而且其高压负荷的成分也增加，所以是否有必要设专门的高压公用段，需经技术经济比较决定，当公用负荷距离主厂房较远时，则可将公用段设在公用负荷较为集中的地区，以减少电缆的长度及供电网络产生的电容电流。

中、小容量机组发电厂的公用负荷非常少，一般不设公用段，公用负荷接在厂用母线段上，仅影响某 1~2 段厂用母线，当全厂停电检修时，可一并检修带有公用负荷的厂用段。而大型电厂极少允许全厂停止运行并检修，当公用负荷分接到多台机组的厂用段时，接有公用负荷的母线就很难停止运行并检修，使公用负荷管理困难，故大型电厂多设公用段。公用段可由启动/备用变压器低压侧引接两段母线，也可由厂用母线段分别提供 2 个或 4 个电源，公用段为单母线或单母线分段（可用断路器或隔离开关分段）接线。

第三节　站用电的设计原则

变电站用电设备的用电统称为站用电。站用电比厂用电少得多，主要负荷如下：

（1）主变压器冷却系统、强迫油循环油泵电动机、冷却器风扇电动机、水冷变压器的水循环系统电动机。

（2）变电站的消防系统，包括消防水泵、变压器的水喷雾系统的水泵电动机。

（3）变电站的采暖、通风、空调系统的电源。在采暖地区变电站的电锅炉、电暖气等电采暖设备；各户内配电装置室，电抗器室、蓄电池室的通风机；主控室、继电保护小室、值班人员休息室的空调。

（4）变电站给排水系统的水泵电动机。

（5）变电站的户内外照明。

（6）电气设备控制箱的加热、通风、去湿。

（7）蓄电池充电。

（8）变电站的检修、试验电源。

（9）生活用电。

一、对站用电源的要求

（1）330～500kV 的变电站，有两台（组）及以上主变压器时，从主变压器低压侧引接的站用工作变压器不少于两台，并应装设一台从站外可靠电源引接的专用备用变压器。每台工作变压器的容量至少考虑两台（组）主变压器的冷却用电负荷，专用备用变压器的容量应与最大的工作变压器的容量相同；初期只有一台（组）主变压器时，除由站内引接一台工作变压器外，应再设置一台由站外可靠电源引接的站用工作变压器。

（2）220kV 变电站，有两台及以上主变压器时，宜从变压器低压侧分别引接两台容量相同、可互为备用、分裂运行的站用工作变压器，每台工作变压器按全站计算负荷选择；只有一台主变压器时，其中一台站用变压器宜从站外电源引接。

（3）35～110kV 变电站，有两台及以上主变压器时，宜装设两台容量相同、可互为备用的站用工作变压器，每台工作变压器按全站计算负荷选择，两台站用变压器可分别由主变压器最低电压级的不同母线段引接，如有可靠的 6～35kV 电源联络线，也可将一台工作变压器接于联络线断路器外侧；如能从变电站外引入可靠的低压站用备用电源，也可装设一台站用变压器；如果采用直流控制电源，并且主变压器为自冷式时，可在主变压器最低电压级母线上装设一台站用变压器。

（4）变电站的交流不停电电源宜采用成套交流不停电电源负荷装置，还可由直流系统和逆变器联合组成。

（5）为保证对直流系统负荷可靠供电，变电站应设置直流电源。

1）500kV 变电站，装设两组 110V 或 220V 蓄电池组。当采用弱电控制、信号时，还应装设两组 48V 蓄电池组。

2）220～330kV 变电站、重要的 35～110kV 变电站及无人值班变电站，装设一组 110V 或 220V 蓄电池组；一般的 35～110kV 变电站，装设一组成套的小容量镉镍电池装置或电容储能装置。

二、站用变压器的引接方式

变电站站用变压器的引接方式如图 3-4 所示，具体描述如下：

（1）当站内有较低电压母线时，一般由较低电压母线上引接 1～2 台站用变压器，如图 3-4（a）～（c）所示。这种引接方式具有较好的经济性和较高的可靠性。

（2）当有可靠的 6～35kV 电源联络线时，可将一台站用变压器接于联络线断路器外侧，更能保证站用电的不间断供电，如图 3-4（d）所示。这种引接方式对采用交流操作的变电站及取消蓄电池而采用硅整流或复式整流装置取得直流电源的变电站尤为必要。

（3）由主变压器第三绕组引接，如图 3-4（e）中的 1 号站用变压器。站用变压器的高压侧要选用断流容量大的开关设备，否则要加装限流电抗器。图 3-4（e）中的 2 号站用变压器及调相机的启动变压器由站外电源引接。

三、站用电接线

变电站站用电一般采用 380/220V 中性点直接接地的三相四线制，动力与照明合用一个电源。380V 作为动力电源为各种电动机提供电能，220V 主要为照明和加热提供电能。

1. 中、小型变电站

站用电接线简单，母线采用按工作变压器划分的分段单母线，相邻两段工作母线可配置分段或联络断路器，各段同时供电、分裂运行。由于其负荷允许短时停电，工作母线段间不

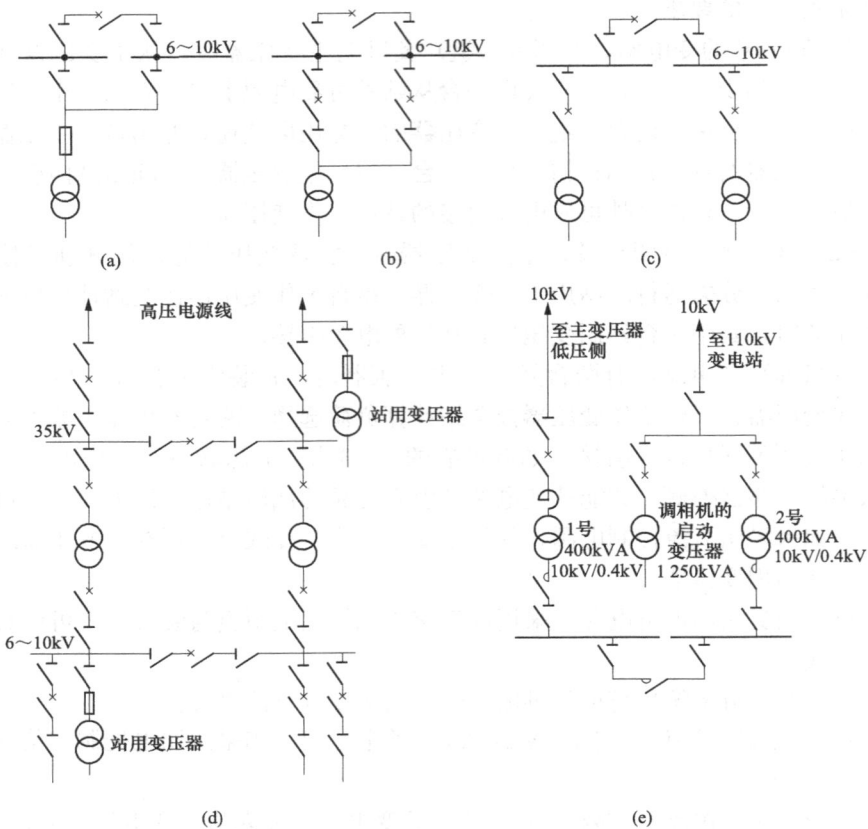

图 3-4　站用变压器的引接方式

（a）、（b）一台站用变压器从两段低压母线上引接；（c）两台站用变压器分别从两段低压母线上引接；
（d）一台站用变压器从低压母线上引接，另一台从联络线的断路器外侧引接；
（e）一台站用变压器从主变压器低压侧引接，另一台站用变压器及调相机的启动变压器从站外电源引接

装设自动投入装置，以避免备用电源投合在故障母线上时，扩大为全部站用电停电事故。

2. 大型变电站

站用电较多，一般装设两台或 3 台站用变压器。380/220V 侧通常采用分为两段的单母线接线。每台站用变压器接一段母线，两段母线之间设分段断路器正常分裂运行。

（1）站用电负荷由站用配电屏供电，对重要负荷采用分别接在两段母线上的双回路供电方式。

（2）当只有两台站用变压器时，每台站用变压器各接一段工作母线，两台变压器互为备用，当任意一台站用变压器故障退出运行时，可合上分段断路器，由一台变压器供电给两段工作母线。分段断路器通常采用手动合闸方式。对无人值班的变电站，可通过自动装置或远方遥控合闸。对 330～500kV 的变电站，当任意一台工作变压器退出时，专用备用变压器应能自动切换至失电的工作母线段继续供电。

（3）当有 3 台站用变压器时，其中一台接站外电源作为专用备用变压器，站用电工作母线也分成两段，每一段接一台工作变压器，备用变压器低压侧分别经断路器接到两段母线上。备用变压器接到工作母线上的断路器正常断开。当任意一台工作变压器退出运行时，专

用备用变压器能自动地接入工作母线段。

（4）无论是两台站用变压器，还是有专用备用变压器的 3 台站用变压器，380/220V 站用母线都宜采用分裂运行方式，主要原因如下：

1）分裂运行可限制故障范围。当发生故障或越级跳闸时，只能使一段母线停电，重要负荷都从两段母线上提供双回路电源，不影响对重要负荷的供电，供电的可靠性较高。

2）有利于降低 380/220V 侧短路电流，有利于选择轻型电气设备。

3）有效地避免站用电全停电事故。如两段母线并联运行，一段母线短路或馈线故障越级跳闸，不会引起两段母线全停电。

第四节 厂（站）用变压器的选择

厂（站）用变压器的选择内容包括变压器的台数、形式、额定电压、容量和阻抗等。为了正确选择厂（站）用变压器的容量，首先应对厂（站）用主要用电设备的容量、数量及其运行方式有所了解，并予以分类和统计，最后确定厂（站）用变压器的容量。

一、厂（站）用变压器选择的基本原则

（1）变压器一、二次额定电压应分别与引接点和厂（站）用电系统的额定电压相适应。

（2）联结组别的选择，宜使同一电压级的厂（站）用工作、备用变压器输出电压的相位一致。

（3）阻抗电压及调压形式的选择，宜使在引接点电压及厂（站）用电负荷正常波动范围内，厂（站）用电各级母线的电压偏移不超过额定电压的±5%。

（4）变压器的容量必须保证厂（站）用机械及设备能从电源获得足够的功率。

二、厂用电负荷的计算

要正确选择厂用变压器的容量，首先应对厂用主要用电设备的数量、容量及特性有所了解，在此基础上，按照主机满发的要求及厂用电母线按炉分段的原则，进行厂用变压器的选择。

1. 计算原则

（1）经常、连续运行的设备应予以计算。

（2）机组运行时，不经常、连续运行的设备也应予以计算。

（3）经常、短时及经常、断续运行的设备应适当计算，不经常、短时及不经常、断续运行的设备应不予计算。但由电抗器供电的应全部计算。

（4）由同一厂用电源供电的互为备用的设备，只计算运行部分。但对于分裂变压器，应分别计算其高、低压绕组的负荷。当两低压分裂绕组接有互为备用的设备时，高压绕组的容量只计入运行部分，低压绕组的容量则应分别计入运行部分。

（5）由不同厂用电源供电的互为备用的设备应全部计算。

（6）对于分裂电抗器，应分别计算每臂中通过的负荷。

2. 计算方法

厂用电的负荷计算有换算系数法和轴功率法两种。

（1）换算系数法。换算系数是将负荷的运行状况和相互间的关系用系数归纳起来，使其与负荷的容量组合后，能正确反映电厂的实际运行情况，通常用 K 表示。厂用母线上的计

算负荷及换算系数的计算公式分别为

$$S_c = \sum(KP) \tag{3-1}$$

$$K = \frac{K_m K_L}{\eta_M \eta_l \cos\varphi} \tag{3-2}$$

式中 S_c ——厂用母线上的计算负荷，kVA；

   P ——电动机的计算功率，kW；

   K ——换算系数，可参考表 3-2 所列的数值；

   K_m ——同时系数（同时率）；

   K_L ——负荷率；

   η_l ——使用线路效率，厂用电线路较短，一般可取 $\eta_l = 1.0$；

   η_M ——电动机效率。

   $\cos\varphi$ ——功率因数。

表 3-2 换算系数

机组容量（MW）	≤125	≥200
给水泵、循环水泵电动机	1.0	1.0
凝结水泵电动机	0.8	1.0
其他高压电动机及厂用低压变压器（kVA）	0.8	0.85
其他低压电动机	0.8	0.7

电动机的计算功率 P 应根据负荷的运行方式及特点确定。

1）对经常、连续运行的设备和连续、不经常运行的设备（即连续运行的电动机），均应全部计入，其计算功率按下式计算

$$P = P_N \tag{3-3}$$

式中 P_N ——电动机额定功率，kW。

2）对经常、短时及经常、断续运行的电动机，其计算功率应按下式计算

$$P = 0.5 P_N \tag{3-4}$$

3）对不经常、短时及不经常、断续运行的设备，其计算功率一般可不予计算，即

$$P = 0 \tag{3-5}$$

这类负荷有行车、电焊机等。在选择变压器容量时，由于留有裕度，同时考虑到变压器具有较大的过载能力，该类负荷可不予计入。但是，若经电抗器供电时，因电抗器一般为空气自然冷却，过载能力很小，这些设备的负荷均应全部计算在内。

4）对中央修配厂的计算功率，通常按下式计算

$$P = 0.14 P_\Sigma + 0.4 P_{\Sigma5} \tag{3-6}$$

式中 P_Σ ——全部电动机的额定功率总和，kW；

   $P_{\Sigma5}$ ——其中额定功率最大的 5 台电动机的额定功率之和，kW。

5）煤场机械负荷中，对大型机械应根据机械的具体工作情况分析确定。对中、小型机

械，其计算功率按下式计算

$$P = 0.35 P_\Sigma + 0.6 P_{\Sigma 3} \tag{3-7}$$

对大型机械，其计算功率分别按以下各式计算。

a. 翻斗机的计算功率为

$$P = 0.22 P_\Sigma + 0.5 P_{\Sigma 5} \tag{3-8}$$

b. 悬臂式轮斗机的计算功率为

$$P = 0.13 P_\Sigma + 0.3 P_{\Sigma 5} \tag{3-9}$$

c. 门式轮斗机的计算功率为

$$P = 0.1 P_\Sigma + 0.3 P_{\Sigma 5} \tag{3-10}$$

式中　$P_{\Sigma 3}$——其中功率最大的 3 台电动机的额定功率之和，kW。

6）对照明负荷可按下式计算

$$P = K_d P_i \tag{3-11}$$

式中　K_d——照明换算系数，一般取 0.8～1.0；

　　　P_i——照明安装功率，kW。

（2）轴功率法。选择设备的机械轴功率 S_c 后，还要考虑电动机的效率等因素，不能按电动机规格选择变压器，因为电动机容量较机械轴功率大些，将机械轴功率 S_c(kVA) 作为计算基数的计算方法称为轴功率法，计算公式为

$$S_c = K_m \sum \frac{P_{max}}{\eta \cos\varphi} + \Sigma S_L \tag{3-12}$$

式中　K_m——同时率，新建电厂取 0.9，扩建电厂取 0.95；

　　　P_{max}——最大运行轴功率，kW；

　　　η——对应于轴功率的电动机效率；

　　$\cos\varphi$——对应于轴功率的电动机功率因数；

　　　ΣS_L——厂用低压计算负荷之和，kVA。

三、厂用变压器选择的具体依据

1. 额定电压

厂用变压器的额定电压应根据厂用电系统的电压等级和电源引接处的电压确定，变压器一、二次额定电压必须与引接电源电压和厂用网络电压相一致。

2. 工作变压器的台数和形式

工作变压器的台数和形式主要与厂用高压母线的段数有关，而母线的段数又与厂用高压母线的电压等级有关。当只有 6kV 一种电压等级时，一般分两段；当 10kV 与 3kV 电压等级同时存在时，则分为 4 段（10kV 两段，3kV 两段）。当只有 6kV 一种电压等级时，厂用高压工作变压器可选用一台全容量的分裂绕组变压器，两个分裂支路分别供两段母线；还可选用两台 50％容量的双绕组变压器，分别供两段母线。当出现 10kV 和 3kV 两种电压等级时，厂用高压工作变压器可选用两台 50％容量的三绕组变压器，分别供 4 段母线。

3. 厂用变压器的容量

将接于一段母线上的各种负荷，按上述计算方法并相加，即为该段母线的计算负荷，并按此负荷来选择变压器的容量。

厂用变压器的容量必须满足厂用电负荷从电源获得足够的功率。因此，对厂用高压工作变压器的容量应按厂用电高压计算负荷的 110% 与厂用电低压计算负荷之和进行选择。如公用负荷正常由一台（组）高压厂用启动/备用变压器供电，则应考虑该高压厂用启动/备用变压器检修时，由第一台（组）高压厂用工作变压器带全部公用负荷，也可由第一台（组）与第二台（组）高压厂用工作变压器各带 50% 公用负荷。厂用备用变压器（电抗器）或启动/备用变压器的容量不应小于最大一台（组）备用高压厂用工作变压器（电抗器）的容量，当启动/备用变压器带有公用负荷时，其容量还应满足作为最大一台（组）备用高压厂用工作变压器（电抗器）的要求。而厂用低压工作变压器的容量应留有 10% 左右的裕度。

（1）厂用高压工作变压器的容量。

1）双绕组变压器的额定容量的计算式为

$$S_t \geqslant 1.1 S_h + S_l \tag{3-13}$$

式中　S_t ——双绕组变压器的额定容量，kVA；

　　　S_h ——高压厂用电计算负荷之和，kVA；

　　　S_l ——低压厂用电计算负荷之和，kVA。

2）分裂绕组变压器的容量。

a. 厂用变压器高压绕组容量的计算式为

$$S_{1Ts} \geqslant \sum S_c - S_r = \sum S_c - (1.1 S_{hr} + S_{lr}) \tag{3-14}$$

b. 厂用变压器分裂绕组

$$S_{2Ts} \geqslant S_c = 1.1 S_h + S_l \tag{3-15}$$

式中　S_{1Ts} ——厂用变压器高压绕组容量，kVA；

　　　S_{2Ts} ——厂用变压器分裂绕组容量，kVA；

　　　S_c ——一个分裂绕组的计算负荷，kVA；

　　　$\sum S_c$ ——两个分裂绕组的计算负荷之和，kVA；

　　　S_r ——两个分裂绕组的重复计算负荷，kVA；

　S_{hr}，S_{lr} ——两个分裂绕组的高、低压重复计算负荷，kVA。

（2）厂用高压备用变压器的容量。厂用高压备用变压器或启动变压器的容量应与最大一台厂用高压工作变压器的容量相同，厂用低压备用变压器的容量应与最大一台厂用低压工作变压器的容量相同。

（3）厂用低压工作变压器的容量。其计算式为

$$S_{Tl} \geqslant S_l / K_\theta \tag{3-16}$$

式中　S_{Tl} ——厂用低压工作变压器的容量，kVA；

　　　K_θ ——变压器温度修正系数。一般取 1，但宜将小间进出风温差控制在 10℃ 以内；对由主厂房进风小间内的变压器，当温度变化较大时，随地区而异，应当考虑对温度进行修正。

四、站用变压器容量的选择

1. 主要站用电负荷特性

220~500kV 变电站的主要站用电负荷特性见表 3-3。

表 3-3 主要站用电负荷特性

名 称	负荷类别	运行方式	名 称	负荷类别	运行方式
充电装置	Ⅱ	不经常、连续	远动装置	Ⅰ	经常、连接
浮充电装置	Ⅱ	经常、连续	微机监控系统		
变压器强油风（水）冷却装置	Ⅰ		微机保护、检测装置电源		
变压器有载调压装置	Ⅱ	经常、断续	空压机	Ⅱ	经常、短时
有载调压装置的带电滤油装置		经常、连续	深井水泵或给水泵		
断路器、隔离开关操作电源		经常、断续	生活水泵		
断路器、隔离开关、端子箱加热	Ⅱ	经常、连续	雨水泵	Ⅱ	不经常、短时
通风机	Ⅲ		消防水泵、变压器水喷雾装置	Ⅰ	
事故通风机	Ⅱ	不经常、连续	配电装置检修电源	Ⅲ	
空调机、电热锅炉	Ⅲ	经常、连续	电气检修间（行车、电动门）		
载波、微波通信电源	Ⅰ		所区生活用电	Ⅲ	经常、连续

2. 站用变压器负荷的计算原则

（1）连续运行及经常、短时运行的设备应予以计算。

（2）不经常、短时及不经常、断续运行的设备不予计算。

3. 站用变压器容量选择

负荷计算采用换算系数法，站用变压器容量 S_T(kVA) 按下式计算

$$S_T \geqslant K_1 P_1 + P_2 + P_3 \tag{3-17}$$

式中　　K_1——站用动力负荷换算系数，一般取 0.85；

P_1，P_2，P_3——站用动力、电热、照明负荷之和，kW。

五、厂（站）用变压器容量选择实例

1. 厂用变压器容量选择实例

某火电厂（容量 2×300MW 的机组）6kV 厂用负荷分配及高压厂用工作变压器容量选择实例见表 3-4。

表 3-4　某火电厂（2×300MW 机组）6kV 厂用负荷分配及高压厂用工作变压器容量选择实例

序号	设备名称	额定容量(kW)	1号高压厂用变压器					2号高压厂用变压器				
			6kVⅠA段		6kVⅠB段		重复容量(kW)	6kVⅡ型		6kVⅡB型		重复容量(kW)
			台数	容量(kW)	台数	容量(kW)		台数	容量(kW)	台数	容量(kW)	
1	电动给水泵	5500			1	5500				1	5500	
2	凝结水泵	315	1	315	1	315	315	1	315	1	315	315
3	凝结水升压泵	630	1	630	1	630	630	1	630	1	630	630
4	循环水泵	3150	1	3150	1	3150		1	3150	1	3150	
	$\sum P_1$、P_{lr}（kW）			4095		9595	945		4095		9595	945
5	一次风机	500	1	500	1	500		1	500	1	500	
6	送风机	1000	1	1000	1	1000		1	1000	1	1000	

续表

序号	设备名称	额定容量(kW)	1号高压厂用变压器					2号高压厂用变压器				
			6kVⅠA段		6kVⅠB段		重复容量(kW)	6kVⅡA型		6kVⅡB型		重复容量(kW)
			台数	容量(kW)	台数	容量(kW)		台数	容量(kW)	台数	容量(kW)	
7	磨煤机	1120	2	2240	2	2240		2	2240	2	2240	
8	排粉机	900	2	1800	2	1800		2	1800	2	1800	
9	酸洗炉清洗泵	350	1	350				1	350			
10	引风机	1800	1	1800	1	1800		1	1800	1	1800	
11	一级灰渣泵	250	1	250	1	250		1	250			
12	二级灰渣泵	250	1	250	1	250		1	250			
13	三级灰渣泵	250	1	250	1	250		1	250			
14	斗轮取料机	120								1	120	
15	碎煤机	355	1	355				1	355			
16	1号胶带机	315			1	315				1	315	
17	3号胶带机	220			1	220				1	220	
18	4号胶带机AB传动1	200	1	200				1	200			
19	4号胶带机AB传动2	280	1	280				1	280			
20	7号胶带机AB传动1	200			1	200				1	200	
21	7号胶带机AB传动2	250			1	250				1	250	
$\sum P_2$、P_{hr}(kW)				9395		9075			9275		8445	
$S_h=1.0\sum P_1+0.85\sum P_2$，$S_{hr}=1.0P_{hr}$ (kVA)				12 080.8		17 308.8	945		11 978.8		16 773.3	945
22	主厂房低压工作变压器	1250	1	1097.9	1	1054.5	606.8	1	991.6	1	1023.8	609.8
23	低压公用变压器	1250	1	1151.5				1	1168			
24	照明变压器	400			1	225.6				1	112.3	
25	主厂房低压备用变压器	1250			1	1151.5	1151.5			1	1168	1168
26	化水变压器	800	1	648.5				1	648.5			
27	除尘变压器	1000	1	913.4				1	903.8	1	613.4	
28	检修变压器	400	1	250								
29	金工变压器	500			1	300						
30	1号输煤、输煤备用变压器	1250	1	1092.7	1	1134	108.5					
31	2号输煤变压器	1250						1	1134			
32	3、4号输煤变压器	1250	1	1033.7						1	1033.7	
33	江边变压器	500						1	423			
S_1(kVA)、S_{1r}(kVA)				6610.7		3865.5	1866.8		5268.9		4251.2	1777
分裂绕组负荷　$S_c=1.1S_h+S_1$(kVA) 重复容量　$S_r=1.1S_{hr}+S_{1r}$(kVA)				19 899.6		22 905.2	2906.3		18 445.6		22 701.8	2816.5
高压绕组负荷　$\sum S_c-S_r$(kVA)				39 898.5					38 330.9			
选择分裂绕组变压器（kVA）				40 000/25 000—25 000					40 000/25 000—25 000			

2. 站用变压器容量选择实例

某 500kV 变电站站用变压器负荷计算及容量选择实例见表 3-5，选择变压器容量为 800kVA。

表 3-5   某 500kV 变电站站用变压器负荷计算及容量选择实例

序号	设备名称	额定容量（kW）	运行容量（kW）	序号	设备名称	额定容量（kW）	运行容量（kW）
1	充电装置	33	33	12	35kV 配电装置加热	5.5	5.5
2	浮充电装置	16.2×2 4.5×2	42	13	电热锅炉①	150×2 2.6×2	152.6
3	主变压器冷却装置	60×2	120	14	空调机②	74.22	74.22
4	500kV 保护屏室分屏	90	90		小计 P_2（10～14 项）	359.7	207.1
5	220kV 保护屏室分屏	90	90	15	500kV 配电装置照明	20	20
6	通信电源	30	30	16	220kV 配电装置照明	11.8	11.8
7	逆变器及交流不停电电源负荷	15	15	17	35kV 配电装置照明	10	10
8	深井水泵	22	22	18	屋外道路照明	4	4
9	生活水泵	5.5	5.5	19	综合楼照明	30	30
	小计 P_1（1～9 项）	447.5	447.5	20	辅助建筑照明	12	12
10	500kV 配电装置加热	21	21		小计 P_3（15～20 项）	87.8	87.8
11	220kV 配电装置加热	28	28		计算负荷（按运行容量）$S=0.85P_1+P_2+P_3$		675.3（kVA）

①两台电热锅炉分别接在两段母线上运行，计算负荷时按一台考虑。

②空调机为单冷，该负荷仅在夏季使用。

第五节 厂用电动机的选择

一、厂用电动机的类型及其特性

发电厂中，各种厂用机械设备所使用的电动机有异步电动机、同步电动机和直流电动机三类。

1. 异步电动机

异步电动机结构简单、运行可靠、操作维护方便、过载能力强且价格便宜，但启动电流大，调速困难。

（1）鼠笼式。鼠笼式异步电动机的最大优点是不用任何特殊启动设备，可以在电网电压下直接启动，操作简单，可靠性很高。因此，在电压降低或失去电压时，电动机不必从电网切除，当电压恢复时，便可自行启动。其主要缺点如下：

1）启动电流大，可达到额定电流的 4.5～7 倍。因此，启动时不仅会引起电动机发热，而且当有许多电动机同时启动时，可能引起电源方面过负荷和电压的显著下降。

2）启动转矩较小，为其额定转矩的 0.5～2 倍，因此不能用来拖动起始负载转矩很大的机械。

3）难于调速，不能用来拖动要求在很大范围内调速的机械（如给粉机）。

（2）绕线式。绕线式异步电动机的优点是可调节转速（为均匀无级调速）、启动转矩和启动电流，启动电流小（仅为额定电流的2～3倍），启动转矩大。其缺点是启动操作麻烦，维护复杂（有电刷、滑环），价格较贵，运行中变阻器的电能损耗较大。发电厂中只用于反复启动且启动条件沉重，或需要均匀无级调速的机械，如吊车、抓斗机、起重机等。

2. 同步电动机

同步电动机的优点是效率高，转速恒定，而且可作为无功发电机来提高发电厂厂用电系统的功率因数，同时减少厂用电系统的能量损失。目前，同步电动机常用异步启动法，可以不用复杂的启动设备而直接启动；对电压波动不十分敏感。其缺点是结构较复杂，并需附加一套励磁系统；启动、控制均较麻烦，启动转矩不大；与鼠笼式比较，价格贵，工作可靠性较低，运行也较复杂。因此，同步电动机用得很少。当技术经济上合理时，也可用大功率、高转速的同步电动机拖动某些厂用机械，如大型锅炉的给水泵。

3. 直流电动机

直流电动机的优点是可以借助于调节励磁电流在很大范围内均匀平滑调速，且消耗电能少；启动转矩较大，启动电流较小；不依赖厂用交流电源。其缺点是与鼠笼式比较，制造工艺复杂、价格贵、启动复杂、维护量大，需要有专门的直流电源，运行可靠性低。

二、厂用电动机的选择

1. 形式的选择

厂用电动机一般采用交流电动机。只有要求在很大范围内调节转速及当厂用交流电源消失后仍要求工作的设备才选择直流电动机。只有对反复、重载启动或需要小范围内调速的机械（如吊车等），才选用绕线式电动机或同步电动机。另外，根据环境条件选择电动机外壳的防护形式。例如，空气清洁而有水滴落入电动机的场所（汽机房低层、水泵房、化学水处理室等），应选择防护式；尘埃较多、潮湿、水土飞溅的场所（输煤系统、锅炉运转层、制粉间、引风机室、除灰间及灰浆泵房等），应选择封闭式；有爆炸性气体的场所（油库、制氢系统、蓄电池室等），应选择防爆式。

2. 额定电压的选择

电动机的额定电压应与厂用电系统的额定供电电压一致，即交流高压电动机采用3、6kV或10kV，低压电动机采用380V，直流电动机一般采用220V。

3. 额定转速的选择

电动机的额定转速应与被拖动机械的正常转速相配合。如果两者的转速相等或相近，可采用联轴器直接传动，这种方式的传动效率高、成本低、设备简单、运行可靠，发电厂多采用这种传动方式。

4. 额定功率的选择

电动机的额定功率 P_N 必须满足在额定电压和额定转速下大于满载工作的机械设备轴功率 P_S ，并留有适当的裕度，即

$$P_N > P_S \tag{3-18}$$

第四章　导体和电气设备的选择

第一节　导体和电气设备选择的一般条件

导体和电气设备的选择，必须执行国家有关的技术经济政策，并应做到技术先进合理、安全可靠、运行方便和适当留有发展余地，以满足电力系统安全、经济运行的需要。

一、一般原则

（1）应满足正常运行、检修、短路和过电压情况下的要求，并考虑远景发展。

（2）应按当地环境条件校核。

（3）应力求技术先进和经济合理。

（4）与整个工程的建设标准应协调一致。

（5）同类设备应尽量减少品种。

（6）选用的新产品均应有可靠的试验数据，并经正式鉴定合格。在特殊情况下，选用未经正式鉴定的新产品时，应经上级批准。

二、技术条件

选择的导体和电气设备应能在正常工作条件下和发生过电压、过电流等情况下保持可靠运行。

（一）长期工作条件

1. 最高工作电压

一般可按导体和电气设备的最高工作电压 U_N 不低于系统最高电压 U_{NW} 的条件选择，即

$$U_N > U_{NW} \tag{4-1}$$

裸导体承受电压的能力由绝缘子及安全净距保证，无最高工作电压选择问题。

电气设备安装地点的海拔对绝缘介质强度有影响。随着海拔的增加，空气密度和湿度相对减少，使空气间隙和外绝缘的放电特性下降，设备外绝缘强度将随着海拔的升高而降低，导致设备允许的最高工作电压下降。当海拔在 1000～4000m 时，一般按海拔每增加 100m，最高工作电压下降 1‰ 予以修正。当最高工作电压不能满足要求时，应选用高原型产品或外绝缘提高一级的产品。对现有 110kV 及以下的设备，由于其外绝缘有较大裕度，可在海拔 2000m 以下使用。

2. 额定电流

所选电气设备的额定电流 I_N 或载流导体的长期允许电流 I_{al}，经校正以后不得小于装设回路的最大持续工作电流 I_{max}，即应满足条件

$$KI_N（或 KI_{al}）> I_{max} \tag{4-2}$$

（1）K 为综合校正系数。当仅计及环境温度影响时，K 的取值规则如下：

1）对于裸导体和电缆：$K = \sqrt{\dfrac{\theta_{al} - \theta}{\theta_{al} - 25}}$。

2）对于电气设备：当 $40℃ \leqslant \theta \leqslant 60℃$ 时，$K = 1 - (\theta - 40) \times 0.018$；当 $0℃ \leqslant \theta \leqslant 40℃$ 时，$K = 1 + (40 - \theta) \times 0.005$；当 $\theta < 0℃$ 时，$K = 1.2$。

（2）计算回路的最大持续工作电流 I_{max} 时，应考虑该回路在各种运行方式下的持续工作电流，选用其最大者。可按表 4-1 的原则计算。

表 4-1 回路最大持续工作电流

回路名称	I_{max}	说 明
发电机、调相机回路	1.05 倍发电机、调相机额定电流	当发电机冷却气体温度低于额定值时，允许每低 1℃，电流增加 0.5%
变压器回路	（1）1.05 倍变压器额定电流 （2）1.3~2.0 倍变压器额定电流	变压器通常允许正常或事故过负荷，必要时按 1.3~2.0 倍计算
母线联络回路、主母线	母线上最大一台发电机或变压器的 I_{max}	
母线分段回路	（1）发电厂为最大一台发电机额定电流的 50%~80%。 （2）变压器应满足用户的一级负荷和大部分二级负荷	考虑电源元件事故跳闸后仍能保证该段母线负荷
出线	（1）单回路：线路最大负荷电流	包括线路损耗和事故时转移过来的负荷
	（2）双回路：1.2~2 倍一回线的正常最大负荷电流	包括线路损耗和事故时转移过来的负荷
	（3）环形与一台半断路器接线：两个相邻回路正常负荷电流	考虑断路器事故或检修时，一个回路加另一最大回路负荷电流的可能
	（4）桥形接线：最大元件的负荷电流	桥回路尚需考虑系统穿越功率
电动机回路	电动机的额定电流	

（二）短路校验条件

1. 校验的一般原则

（1）电气设备在选定后应按最大可能通过的短路电流进行动、热稳定校验。校验用的短路电流，其电源容量应按具体工程的设计规划容量计算，并应考虑电力系统的远景发展规划（宜为该期工程建成后 5~10 年）；计算用电路应按可能发生最大短路电流的正常接线方式接线，而不应按仅在切换过程中可能并列运行的接线方式接线；短路种类一般按三相短路校验；若发电机出口的两相短路或中性点直接接地系统、自耦变压器等回路中的单相、两相接地短路较三相短路更严重时，应按严重情况校验。

（2）用熔断器保护的电气设备和载流导体可不校验热稳定，除用有限流作用的熔断器保护外，它们仍应校验动稳定；电缆不校验动稳定；用熔断器保护的电压互感器回路可不校验动、热稳定。

2. 热稳定校验

当短路电流通过被选择的电气设备和载流导体时，其热效应不应超过允许值，即应满足下列条件

$$Q_k \leqslant Q_{al} \tag{4-3}$$

或

$$Q_k \leqslant I_t^2 t \tag{4-4}$$

式中　Q_k——短路电流的热效应；

Q_{al}——电气设备和载流导体允许的热效应；

I_t——设备给定的在时间 t 内允许的热稳定电流（有效值）。

短路电流持续时间 t 应为继电保护动作时间 t_{pr} 与断路器全分闸时间 t_{ab} 之和，即

$$t = t_{pr} + t_{ab} \qquad (4\text{-}5)$$

式中　t_{ab}——断路器固有分闸时间与灭弧时间之和。

校验裸导体及 110kV 以下电缆的短路热稳定时，短路持续时间一般采用主保护动作时间加断路器全分闸时间。当主保护有死区时，采用能对该死区起作用的后备保护动作时间，并采用在该死区短路时的短路电流。

校验电气设备及 110kV 及以上电缆热稳定时，其短路持续时间，一般采用后备保护动作时间加断路器全分闸时间。

做热稳定校验时，导体的最高允许温度可参照表 4-2 所列数值。

表 4-2　　　　导体长期工作时的最高允许温度和短路时的最高允许温度

导体种类和材料		导体短路时的最高允许温度（℃）	导体长期工作时的最高允许温度（℃）	热稳定系数 C 值
母线	铝	200	70	87
	铜	300	70	171
10kV 油浸纸绝缘电缆	铝芯	200	60	95
	铜芯	220	60	165
6kV 油浸纸绝缘电缆及 10kV 不滴流电缆	铝芯	200	65	90
	铜芯	220	65	150
交联聚乙烯绝缘电缆	铝芯	200	90	80
	铜芯	230	90	135
聚氯乙烯绝缘电缆	铝芯	130	65	65
	铜芯	130	65	100

3. 动稳定校验

被选择的电气设备和载流导体，通过可能最大的短路电流值时，不应因短路电流的电动力效应而造成变形或损坏，即应该满足条件

$$i_{sh} \leqslant i_{es} \qquad (4\text{-}6)$$

或

$$I_{sh} \leqslant I_{es} \qquad (4\text{-}7)$$

式中　i_{sh}，I_{sh}——三相短路冲击电流的幅值和有效值。

i_{es}，I_{es}——设备允许通过的动稳定电流（极限电流）峰值和有效值。

校验硬导体的动稳定时，其最大应力不应大于表 4-3 所列数值。重要回路的硬导体应力计算还应考虑共振的影响。

表 4-3　　　　　　　　硬导体的最大允许应力 σ_{al}　　　　　　　　（Pa）

材料	硬铜	硬铝	钢
最大允许应力	137×10^6	69×10^6	157×10^6

三、环境条件

（一）温度

选择电气设备用的环境温度按表 4-4 选取。

表 4-4   选择导体和电气设备时所用的环境温度

类　型	安装地点	环境温度	
		最高	最低
裸导体	屋外	最热月平均最高温度	
	屋内	该处通风设计温度，当无资料时，可取最热月平均最高温度加 5℃	
电缆	屋外电缆沟	最热月平均最高温度	年最低温度
	屋内电缆沟	屋内通风设计温度，当无资料时，可取最热月平均最高温度	
	电缆隧道	该处通风设计温度，当无资料时，可取最热月平均最高温度	
电气设备	屋外	年最高温度	年最低温度
	屋内电气设备	该处通风设计最高排风温度	
	屋外其他电气设备	该处通风设计温度，当无资料时，可取最热月平均最高温度加 5℃	

注　1. 年最高（或最低）温度为一年中所测得的最高（或最低）温度的多年平均值。
　　2. 最热月平均最高温度为最热月每日最高温度的月平均值，取多年平均值。

普通电气设备所在环境温度与基准环境温度不同时，其额定电流应根据温度校验，校验方法详见式（4-2）。

普通电气设备一般可在环境最低温度为 −30℃ 时正常运行。在高寒地区，应选择能适应环境最低温度为 −40℃ 的高寒电气设备。在年最高温度超过 40℃，而长期处于低湿度的干热地区，应选用干热带型产品。

（二）海拔

电气设备的一般使用条件为海拔不超过 1000m。海拔超过 1000m 的地区称为高原地区。

高原环境条件的特点：气压低、气温低、日温差大、绝对湿度低、日照强。对电气设备的绝缘、温升、灭弧、老化等的影响是多方面的。

在高原地区，由于气温降低足够补偿海拔对温度的影响，在实际使用中其额定电流值可与一般地区相同。

对安装在海拔超过 1000m 地区的电气设备外绝缘一般应予加强，可选用高原型产品或外绝缘提高一级的产品。因为现有 110kV 及以下大多数电气设备的外绝缘有一定裕度，所以可使用在海拔 2000m 以下的地区。在海拔 3000m 以下的地区，220kV 及以下的配电装置也可选用性能优良的避雷器来保护一般电气设备的外绝缘。海拔超过 4000m 时，应与制造部门协商。

全国主要城市的温度及海拔数据可参照表 4-5。

表 4-5 全国主要城市的气象资料数据

地 名	海拔（m）	累年最热月（七月）温度（℃）		极端最高温度（℃）	极端最低温度（℃）	雷暴日数（日/年）	最热月地面下 0.8m 处土壤的平均温度（℃）
		平均	平均最高				
北 京	30.5	26.0	31.1	40.6	−27.4	36.7	25.0
天 津	5.2	26.4	30.6	39.7	−22.9	26.8	24.5
上 海	5.5	27.9	31.9	38.9	−9.4	32.2	27.2
石家庄	82.3	26.7	32.2	42.7	−26.5	27.9	27.3
太 原	779.3	23.7	29.9	39.4	−25.5	37.1	24.7
呼和浩特	1063.0	21.8	28.0	37.3	−32.8	39.5	20.1
沈 阳	43.3	24.6	29.3	38.3	−30.6	31.5	21.7
长 春	215.7	22.9	27.9	38.0	−36.5	35.8	19.3
哈尔滨	146.6	22.7	27.7	36.4	−38.1	28.9	18.4
合 肥	32.3	28.5	32.6	41.0	−20.6	30.4	
福 州	92.0	28.7	34.0	39.3	−1.2	63.2	
南 昌	49.9	29.7	34.0	40.6	−9.3	58.4	29.9
南 京	12.5	28.2	32.5	40.7	−14.0	34.4	27.7
杭 州	8.0	28.7	33.9	39.6	−9.6	43.2	27.7
贵 阳	1071.2	23.8	28.5	37.5	−7.8	48.9	24.1
昆 明	1892.5	19.9	23.9	31.5	−5.4	62.8	22.9
成 都	507.4	25.8	29.9	37.3	−5.9	36.9	26.7
重 庆	260.6	27.8	32.7	40.2	−1.8	58.0	28.2
南 宁	72.2	28.3	33.5	40.4	−2.1	88.6	
广 州	7.3	28.3	32.0	38.7	−0.0	87.6	30.4
长 沙	81.3	29.4	34.1	40.6	−11.3	48.7	29.1
武 汉	23.3	28.1	33.8	39.4	−17.3	36.7	
郑 州	111.4	27.5	33.2	43.0	−17.9	21.0	26.3
济 南	57.8	27.6	32.3	42.5	−19.7	25.0	28.7
西 安	396.8	26.7	32.5	41.7	−20.6	15.4	
兰 州	1518.3	22.4	29.0	39.1	−21.7	25.1	21.5
西 宁	2296.3	17.2	24.5	33.5	−26.3	39.1	17.4
银 川	1113.1	23.5	29.4	39.3	−30.6	23.2	21.5
乌鲁木齐	654.0	25.7	32.3	40.9	−32.0	9.4	22.1
拉 萨	3659.4	15.5（六月）	21.8	29.4	−16.5	75.4	
台 北	9.0	28.4		37.0	−2.0		

（三）日照

屋外高压电器在日照影响下将产生附加温升，但高压电器的发热试验是在避免阳光直射的条件下进行的。对于按经济电流密度选择的屋外导体，如发电机引出的封闭母线、组合导线等，可不考虑日照的影响。

计算导体日照的附加温升时，日照强度取 $0.1W/cm^2$，风速取 $0.5m/s$。在此参数下，裸钢芯铝绞线的附加温升为 10～15℃，管母线为 12～18℃。

日照对屋外导体电气设备的影响，应由制造部门在产品设计中考虑。当缺乏数据时，在设计中可暂按电气设备额定电流的 80% 选择设备。

（四）风速

一般高压电器可在风速不大于 35m/s 的环境条件下使用。

选择电气设备所用的最大风速，可取离地 10m 高、30 年一遇的 10min 平均最大风速。最大设计风速超过 35m/s 的地区，可在屋外配电装置的布置中采取措施。阵风对屋外电气设备及电瓷产品的影响，应由制造部门在产品设计中考虑，可不作为选择导体的依据。考虑到 500kV 电气设备的体积较大，而且重要，宜采用离地 10m 高、50 年一遇的 10min 平均最大风速。

对于台风经常侵袭或最大风速超过 35m/s 的地区，除向制造部门提出特殊要求外，在设计布置时应采取有效防护措施，如降低安装高度、加强基础固定。

（五）冰雪

在积雪和覆冰严重的地区，应采取措施防止冰串引起瓷件绝缘对地闪络。

隔离开关的破冰厚度一般为 10mm。在重冰区（如云贵高原、山东、河南部分地区，湘中、粤北重冰地带及东北部分地区），所选隔离开关的破冰厚度应大于安装场所的最大覆冰厚度。

（六）湿度

选择电气设备的湿度，应采用当地相对湿度最高月份的平均相对湿度。相对湿度是在一定温度下，空气中实际水汽压强值与饱和水汽压强值之比。对湿度较高的场所，应采用该处实际相对湿度。当无资料时，可取比当地湿度最高月份平均值高 5% 的相对湿度。

一般高压电器可使用在温度为 20℃，相对湿度为 90% 的环境中（电流互感器为 85%）。在长江以南和沿海地区，当相对湿度超过一般产品使用标准时，应选用湿热带型高压电器。

（七）污秽

在污秽比较严重的地区（如盐场、火电厂、炼油厂、冶炼厂、化工厂和水泥厂等），应根据污秽情况选用下列措施：

（1）增大电瓷外绝缘的有效爬电比距或选用有利于防污的电瓷造型，如采用半导体、大小伞、大倾角、钟罩式等特制绝缘子。

（2）采用屋内配电装置。2 级及以上污秽地区的 63～110kV 的配电装置采用屋内型。当技术经济合理时，污秽区 220kV 配电装置也可采用屋内型。

发电厂、变电站和线路的污秽等级见表 4-6，各污秽等级下的爬电比距分级数值按表 4-7 选取。

表 4-6　　　　　　　　　　发电厂、变电站和线路的污秽等级

污秽等级	污湿特征	盐密（mg/cm²）	
		发电厂和变电站	线路
0	大气清洁地区及离海岸盐场 50km 以上的无明显污染地区	—	≤0.03
1	大气轻度污染地区，工业区和人口低密度区，离海岸盐场 10～50km 的地区。在污闪季节中干燥少雾（含毛毛雨）或雨量较多时	≤0.06	>0.03～0.06
2	大气中等污染地区，轻盐碱和炉烟污秽地区，离海岸盐场 3～10km 的地区，在污闪季节中潮湿多雾（含毛毛雨）但雨量较少时	>0.06～0.10	>0.06～0.10

续表

污秽等级	污湿特征	盐密（mg/cm²）	
		发电厂和变电站	线路
3	大气污染较严重地区，重雾和重盐碱地区，近海岸盐场1～3km的地区，工业区与人口密度较大的地区，离化学污染源和炉烟污秽300～1500m的较严重污秽地区	>0.10～0.25	>0.10～0.25
4	大气污染特别严重地区，离海岸盐场1km以内，离化学污染源和炉烟污秽300m以内的地区	>0.25～0.35	>0.25～0.35

注　1. 化工厂及冶炼厂附近的发电站、变电站，可根据污染源所排放的导电气体和导电金属粉尘的严重程度分别列为2级或3级污秽。

　　2. 有冷水塔的发电厂，其污秽等级可根据电厂烟囱的除尘效率及冷水塔是否装设除水器等条件，确定为2级或3级污秽。

表 4-7　　　　　　　　　　　　各污秽等级下的爬电比距分级数值

污秽等级	爬电比距（cm/kV）			
	发电厂和变电站		线路	
	220kV及以下	330kV及以上	220kV及以下	330kV及以上
0	—	—	1.39 (1.60)	1.45 (1.60)
1	1.60 (1.84)	1.60 (1.76)	1.39～1.71 (1.60～2.00)	1.45～1.82 (1.60～2.00)
2	2.00 (2.30)	2.00 (2.20)	1.74～2.17 (2.00～2.50)	1.82～2.27 (2.00～2.50)
3	2.50 (2.88)	2.50 (2.75)	2.17～2.78 (2.50～3.20)	2.27～2.91 (2.50～3.20)
4	3.10 (3.57)	3.10 (3.41)	2.78～3.30 (3.20～3.80)	2.91～3.45 (3.20～3.80)

注　1. 发电厂、变电站和线路爬电比距计算时取系统最高工作电压，括号内数字为按额定电压计算的值。

　　2. 计算各污秽等级下的绝缘强度时仍用几何爬电距离。

　　3. 对电站设备，目前保留0级作为过渡时期的污秽等级。220kV及以下爬电比距取1.48cm/kV，330kV及以上爬电比距取1.55cm/kV。

（八）地震

地震对电气设备的影响主要是地震波的频率和地震振动的加速度。一般电气设备的固有频率与地震频率很接近，应设法防止共振的发生，并加大电气设备的阻尼比。地震振动的加速度与地震烈度和地基有关，通常用重力加速度 g 的倍数表示。

选择电气设备时，应根据当地的地震烈度选用能够满足地震要求的产品。电气设备的辅助设备应具有与主设备相同的抗振能力。一般电气设备可以耐受地震烈度为8度的地震力。在安装时，应考虑支架对地震力的放大作用。根据有关规程的规定，地震基本烈度为7度及以下地区的电气设备可不采取防振措施。在地震基本烈度为7度以上的地区，电气设备应能承受的地震力可按表4-8所列加速度值和电气设备的质量进行计算。

表 4-8　　　　　　　　　　　计算电气设备承受地震力时用的加速度值

地震烈度（度）	8	9	地震烈度（度）	8	9
地面水平加速度	0.2g	0.4g	地面垂直加速度	0.1g	0.2g

四、环境保护

选用电气设备时，除了考虑环境对电气设备的影响外，还应注意电气设备对周围环境的影响。根据周围环境的控制标准，要对制造部门提出必要的技术要求。

（一）电磁干扰

电气设备及金具在 1.1 倍最高工作电压下，晴天的夜晚不应出现可见电晕；在 110kV 及以上工作电压下，户外晴天无线电干扰电压不应大于 2500μV，并应由制造部门在产品设计中考虑。

（二）噪声

为了减少噪声对工作场所和附近居民的影响，所选高压电器在运行中或操作时产生的噪声，在距电气设备 2m 处不应大于下面规定的数值。

（1）连续性噪声水平：85dB。

（2）非连续性噪声水平：屋内为 90dB，屋外为 110dB。

第二节　裸导体的选择

一、硬导体的选择

（一）导体的材料和形式的选择

导体通常由铜、铝、铝合金及钢材制成，各种导体材料的基本特性见表 4-9。

表 4-9　　　　　　　　　　　导体材料的基本特性

基本特性	材　料　名　称				
	铜	铝	铝锰合金	铝镁合金	钢
20℃时的电阻率（Ω·m）	0.017 9	0.029 0	0.037 9	0.045 8	0.139 0
20℃时电阻的温度系数（1/℃）	0.003 85	0.004 03	0.004 2	0.004	0.004 55
密度（g/cm³）	8.89	2.71	2.73	2.68	7.85
熔点（℃）	1083	653			1536
比热容 [J/(g·℃)]	0.384 3	0.929 5			0.452 2
导热系数 [J/(cm·s·℃)]	3.864 4	2.177 1			0.803 8
温度线膨胀系数（1/℃）	16.42×10^{-6}	24×10^{-6}	23.2×10^{-6}	23.8×10^{-6}	12×10^{-6}
抗拉强度（N/mm²）	210～250	＞120	160	300	＞280
伸长率（%）	＞3	＞3	10	24	＞25
最大允许应力（N/mm²）	140	70	90	170	160
弹性模数（N/mm²）	100 000	70 000	71 000	70 000	200 000
允许最高加热温度（℃）	300	200	200	200	600

载流导体一般使用铝或铝合金材料。纯铝的成型导体一般为矩形、槽形和管形。由于纯铝的管形导体的机械强度稍低，110kV 及以上的配电装置敞露布置时不宜采用。

铝合金导体有铝锰合金和铝镁合金两种，形状均为管形。铝锰合金导体载流量大，但机械强度较差，采用一定的补偿措施后可广泛使用；铝镁合金的机械强度大，但载流量小，主要缺点是焊接困难，因此使用受限制。

铜导体一般使用在下列情况：

（1）位于化工厂（其排出大量腐蚀性气体对铝材料有影响）附近的屋外配电装置。

（2）发电机出线端子处位置特别狭窄及铝排截面太大穿过套管有困难时。

（3）持续工作电流在 4000A 以上的矩形导体，由于安装有要求，且采用其他形式的导体有困难时。

（二）导体形式和适用范围

我国常用的硬导体形式有矩形、槽形和管形等。

1. 矩形导体

矩形导体散热条件好，有一定的机械强度，便于固定和连接，但集肤效应较大，所以单条矩形导体的截面积不超过 1250mm^2。当工作电流大于最大单条矩形导体的允许电流时，每相可用 2～4 条矩形导体并列使用，但由于邻近效应的影响，多条矩形导体的允许电流并不随条数成比例增加。矩形导体一般只用于电压在 35kV 及以下，电流在 4000A 及以下的配电装置中。

2. 槽形导体

槽形导体的电流分布比较均匀，与相同截面积的矩形导体相比，其优点是散热条件好、机械强度高、允许载流量大、安装较方便。因此，槽形导体一般只用于电压在 35kV 及以下，电流在 4000～8000A 的配电装置中。当电流大于 8000A 时，因为会引起钢构件严重发热，所以不推荐使用。

3. 管形导体

管形导体是空心导体，集肤效应小，机械强度高，管内可用水或风冷却，因此可用于 8000A 以上的大电流母线。此外，圆形母线表面光滑，电晕放电电压高，因此 110kV 及以上的配电装置中多用管形导体。

（三）导体截面积的选择

（1）按回路最大持续工作电流选择导体截面积 S，即

$$I_{al} \geqslant I_{max} \tag{4-8}$$

$$I_{al} = KI_{alN}$$

式中　I_{max}——回路最大持续工作电流，按表 4-1 确定；

　　　I_{alN}——对应于某一母线布置方式和环境温度为 25℃时的导体长期允许载流量，可由表 4-10～表 4-12 查出；

　　　K——温度修正系数，可按式（4-2）计算，也可查表 4-13。

（2）按经济电流密度 J 选择截面积 S。在选择导体截面积 S 时，除配电装置的汇流母线、厂用电动机的电缆外，长度在 20m 以上的导体，其截面积除了按最大持续工作电流选择外，还应按经济电流密度选择，即

表 4-10 矩形导体长期允许载流量（A）和集肤效应系数 K_s

导体尺寸 $b \times h$ (mm×mm)	铝 导 体								
	单条			双条			三条		
	平放	竖放	K_s	平放	竖放	K_s	平放	竖放	K_s
25×4	292	308							
25×5	332	350							
40×4	456	480		631	665	1.01			
40×5	515	543		719	756	1.02			
50×4	565	594		779	820	1.01			
50×5	637	671		884	930	1.03			
63×6.3	872	949	1.02	1211	1319	1.07			
63×8	995	1082	1.03	1511	1644	1.10	1908	2075	1.20
63×10	1129	1227	1.04	1800	1954	1.14	2107	2290	1.26
80×6.3	1100	1193	1.03	1517	1649	1.18			
80×8	1249	1358	1.04	1858	2020	1.27	2355	2560	1.44
80×10	1411	1535	1.05	2185	2375	1.30	2806	3050	1.60
100×6.3	1363	1481	1.04	1840	2000	1.26			
100×8	1547	1682	1.05	2259	2455	1.30	2778	3020	1.50
100×10	1663	1807	1.08	2613	2840	1.42	3284	3570	1.70
125×6.3	1693	1840	1.05	2276	2474	1.28			
125×8	1920	2087	1.08	2670	2900	1.40	3206	3485	1.60
125×10	2063	2242	1.12	3152	3426	1.45	3903	4243	1.80

导体尺寸 $b \times h$ (mm×mm)	铜 导 体								
	单条			双条			三条		
	平放	竖放	K_s	平放	竖放	K_s	平放	竖放	K_s
25×3	323	340							
30×4	451	475							
40×4	593	625							
40×5	665	700							
50×5	816	800							
50×6	906	955							
60×6	1069	1125		1650	1740		2060	2240	
60×8	1251	1320		2050	2160		2565	2790	
60×10	1395	1475		2430	2560		3135	3300	
80×6	1360	1480		1940	2110	1.15	2500	2720	
80×8	1553	1690	1.10	2410	2620	1.27	3100	3370	1.44
80×10	1747	1900	1.14	2850	3100	1.30	3670	3990	1.60
100×6	1665	1810	1.10	2270	2470		2920	3170	
100×8	1911	2080	1.14	2810	3060	1.30	3610	3930	1.50
100×10	2121	2310	1.14	3320	3610	1.42	4280	4650	1.70
125×8	2210	2400		3130	3400		3995	4340	
125×10	2435	2650	1.18	3770	4100	1.42	4780	5200	1.78

注 1. 载流量是按最高允许温度 70℃、基准环境温度 25℃、无风、无日照条件计算的。

2. b 为宽度，h 为厚度。

表 4-11　槽形铝导体长期允许载流量及计算用数据

截面尺寸 (mm)				双槽导体截面积 (mm²)	集肤效应系数 K_s	导体载流量 (A)	截面系数 W_Y (cm³)	惯性矩 I_Y (cm⁴)	惯性半径 r_Y (cm)	截面系数 W_X (cm³)	惯性矩 I_X (cm⁴)	惯性半径 r_X (cm)	双槽焊成整体时				共振最大允许距离 (cm)	
h	b	t	r										截面系数 W_{Y0} (cm³)	惯性矩 I_{Y0} (cm⁴)	惯性半径 r_{Y0} (cm)	惯性矩 S_{Y0} (cm³)	双槽实联	双槽不实联
75	35	4	6	1040	1.02	2280	2.52	6.2	1.09	10.1	41.6	2.83	23.7	89	2.93	14.1		
75	35	5.5	6	1390	1.04	2620	3.17	7.6	1.05	14.1	53.1	2.76	30.1	113	2.85	18.4	178	114
100	45	4.5	8	1550	1.038	2740	4.51	14.5	1.33	22.2	111	3.78	48.6	243	3.96	28.8	205	125
100	45	6	8	2020	1.074	3590	5.9	18.5	1.37	27	135	3.7	58	290	3.85	36	203	123
125	55	6.5	10	2740	1.085	4620	9.5	37	1.65	50	290	4.7	100	620	4.8	63	228	139
150	65	7	10	3570	1.126	5650	14.7	68	1.97	74	560	5.65	167	1260	6.0	98	252	150
175	80	8	12	4880	1.195	6600	25	144	2.4	122	1070	6.65	250	2300	6.9	156	263	147
200	90	10	14	6870	1.32	7550	40	254	2.75	193	1930	7.55	422	4220	7.9	252	285	157
200	90	12	16	8080	1.465	8800	46.5	294	2.7	225	2250	7.6	490	4900	7.9	290	283	157
225	105	12.5	16	9760	1.575	10 150	66.5	490	3.2	307	3400	8.5	645	7240	8.7	390	299	163
250	115	12.5	16	10 900	1.563	11 200	81	660	3.52	360	4500	9.2	824	10 300	9.82	495	321	200

注：1. 载流量是按最高允许温度 70℃、基准环境温度 25℃、无风、无日照条件计算的。

　　2. h 为槽形铝导体高度，b 为宽度，t 为壁厚，c 为弯曲半径。

表 4-12　　　　　　　　　**铝锰合金管形导体长期允许载流量及计算用数据**

导体尺寸 D/d (mm)	导体截面积 (mm²)	导体最高允许温度为下列值时的载流量（A）		截面系数 W (cm³)	惯性半径 r_i (cm)	惯性矩 I (cm⁴)
		70℃	80℃			
$\phi30/25$	216	572	565	1.37	0.976	2.06
$\phi40/35$	294	770	712	2.60	1.33	5.20
$\phi50/45$	373	970	850	4.22	1.68	10.6
$\phi60/54$	539	1240	1072	7.29	2.02	21.9
$\phi70/64$	631	1413	1211	10.2	2.37	35.5
$\phi80/72$	954	1900	1545	17.3	2.69	69.2
$\phi100/90$	1491	2350	2054	33.8	3.36	169
$\phi110/100$	1649	2569	2217	41.4	3.72	228
$\phi120/110$	1806	2782	2377	49.9	4.07	299
$\phi130/116$	2705	3511	2976	79.0	4.36	513

注　1. 最高允许温度 70℃的载流量，是按基准环境温度 25℃、无风、无日照、辐射散热系数与吸热系数为 0.5、不涂漆条件计算的。

2. 最高允许温度 80℃的载流量，是按基准环境温度 25℃、日照 0.1W/cm²、风速 0.5m/s、海拔 1000m、辐射散热系数与吸热系数为 0.5、不涂漆条件计算的。

3. D 为外径，d 为内径。

表 4-13　　　　　　**裸导体载流量在不同海拔及环境温度下的综合校正系数 K**

导体允许最高温度（℃）	适应范围	海拔 (m)	实际环境温度（℃）						
			20	25	30	35	40	45	50
70	屋内矩形、槽形、管形导体和不计日照的屋外软导线		1.05	1.00	0.94	0.88	0.81	0.74	0.67
80	计及日照的屋外软导线	1000 及以下	1.05	1.00	0.95	0.89	0.83	0.76	0.69
		2000	1.01	0.96	0.91	0.85	0.79		
		3000	0.97	0.92	0.87	0.81	0.75		
		4000	0.93	0.89	0.84	0.77	0.71		
	计及日照的屋外管形导体	1000 及以下	1.05	1.00	0.94	0.87	0.80	0.72	0.63
		2000	1.00	0.94	0.88	0.81	0.74		
		3000	0.95	0.90	0.84	0.76	0.69		
		4000	0.91	0.86	0.80	0.72	0.65		

$$S_J = \frac{I_{max}}{J} \qquad (4-9)$$

式中　S_j——按经济电流密度计算的导体截面积，mm²；

　　　J——经济电流密度，A/mm²；

　　I_{max}——正常工作时最大持续工作电流，A。

　　载流导体的经济电流密度曲线如图 4-1 所示。当无合适规格时，导体截面积允许按小于经济截面积的相邻下一档选取。按经济电流密度选择的导体截面积，还必须满足式（4-8）的要求。

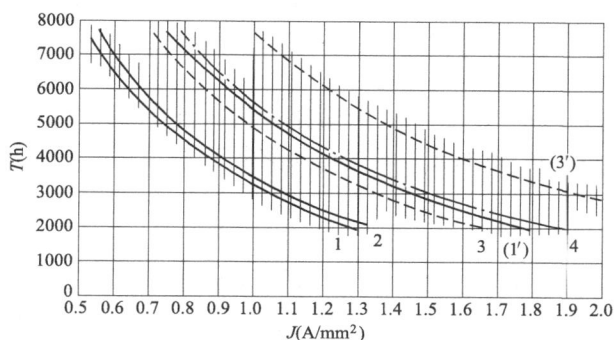

图 4-1　载流导体的经济电流密度曲线

1、(1′)—变电站站用及工矿用电缆线路的铝（铜）纸绝缘铅包、铝包、塑料护套及各种铠装电缆；2—铝矩形、槽形及组合导线；3、(3′)—火电厂厂用的铝（铜）纸绝缘铅包、铝包、塑料护套及各种铠装电缆；4—35～220kV 线路的 LGJ、LGJQ 型钢芯铝绞线

　　火力发电厂的最大负荷利用小时数 T 平均可取 5000h；水力发电厂平均可取 3200h；变电站应根据负荷性质确定。不同负荷的最大利用小时数 T 的取值见表 4-14。

表 4-14　　　　　　　　　　不同负荷的最大利用小时数 T 的取值

负荷性质	T 值（h）	负荷性质	T 值（h）	负荷性质	T 值（h）	负荷性质	T 值（h）
煤炭工业	6000	食品工业	4500	铁合金工业	7700	上下水道	5500
黑色金属工业	6500	交通运输	3000	有色金属冶炼	7500	农村工业	3500
有色金属采选业	5800	城市生活用电	2500	机械制造工业	5000	原子能工业	7800
电铝工业	8200	农业排灌	2800	建筑材料工业	6500	其他工业	4000
化学工业	7300	农村照明	1500	纺织工业	6000		
造纸工业	6500	石油工业	7000	电气化铁道	6000		

（四）电晕电压校验

对 110kV 及以上电压的母线应按电晕电压校验，详见后面软导线的电晕电压校验。

（五）热稳定校验

所选择母线的截面积为

$$S \geqslant \frac{\sqrt{Q_k}}{C} \qquad (4\text{-}10)$$

式中　S——所选择母线的截面积，mm^2；

　　　Q_k——短路电流热效应，$(kA)^2 s$；

　　　C——热稳定系数。

在不同的工作温度下，对于不同母线材料，C 值可取表 4-15 所列数值。

表 4-15　　　　　　　　不同母线材料在不同工作温度下的 C 值

工作温度（℃）	40	45	50	55	60	65	70	75	80	85	90
硬铝及铝锰合金	99	97	95	93	91	89	87	85	83	81	79
硬铜	186	183	181	176	176	174	171	169	166	164	161

当热稳定校验不满足要求时，可选较大截面积的母线。

（六）动稳定校验

1. 一般要求

导体短路时产生的机械应力一般按三相短路验算。当发电机出口的两相或中性点直接接地系统中自耦变压器回路中的单相或两相接地短路较三相短路严重时，应按严重情况验算，其验算结果应满足

$$\sigma_{\max} \leqslant \sigma_{al} \tag{4-11}$$

式中　$\sigma_{\max}$ ——短路时作用在母线上的最大计算应力；

　　　　σ_{al} ——母线材料的最大允许应力，Pa，其中硬铝为 70×10^6 Pa，硬铜为 140×10^6 Pa。

2. 母线短路时的最大应力计算

（1）单条矩形母线在母线短路时的最大应力为

$$\sigma_{\max} = 1.73\, i_{sh}^2 \frac{\beta L^2}{aW} \times 10^{-8} \tag{4-12}$$

式中　L ——支柱绝缘子间的跨距，m；

　　　　a ——母线相间距离，m；

　　　　β ——振动系数；

　　　　W ——母线截面的抗弯矩（也称截面系数），m³，可按表 4-16 中的公式计算。

表 4-16　　　　　　　　　不同形状和布置方式的母线截面系数及惯性半径

母线布置草图及其截面形状	截面系统 W(cm³)	惯性半径 r_i （cm）
	$0.167bh^2$	$0.289h$
	$0.167hb^2$	$0.289b$
	$0.333bh^2$	$0.289h$
	$1.44hb^2$	$1.04b$
	$0.5bh^2$	$0.289h$

母线布置草图及其截面形状	截面系统 W（cm³）	惯性半径 r_i（cm）
	$3.3hb^2$	$1.66b$
	$0.667bh^2$	$0.289h$
	$5.8hb^2$	$2.25b$
	$0.667bh^2$	$0.289h$
	$12.4hb^2$	$4.13b$
	$\sim 0.1d^3$	$0.25d$
	$\sim 0.1\dfrac{D^4-d^4}{D}$	$\dfrac{\sqrt{D^4+d^2}}{4}$

振动系数 β 的值与导体的一阶固有频率 f_1 有关，下面是振动系数 β 的简单算法。

将支持于绝缘子上的硬导体看成是多跨连续梁，则有多阶固有频率，其一阶固有频率为

$$f_1 = \frac{N_f}{L^2} \sqrt{\frac{EJ}{m}} \tag{4-13}$$

式中　N_f——频率系数，与导体跨数及支撑方式有关，其值见表 4-17；

　　　L——绝缘子跨距，m；

　　　E——导体材料的弹性模量，Pa，表征导体在拉伸或压缩时材料对弹性变形的抵抗
　　　　　能力，铜为 11.28×10^{10} Pa，铝为 7×10^{10} Pa；

　　　J——导体截面对垂直于弯曲方向的轴的截面二次距（或称惯性矩），由截面的形
　　　　　状、尺寸及布置方式决定，矩形导体的惯性矩 J 的计算见表 4-18；

　　　m——导体单位长度的质量，kg/m。

表 4-17　　　　　　　　　导体不同固定方式下的频率系数 N_f 值

跨数及支撑方式	N_f	跨数及支撑方式	N_f
单跨、两端简支	1.57	单跨、两端固定，多等跨、简支	3.56
单跨、一端固定、一端简支、两等跨、简支	2.45	单跨、一端固定、一端活动	0.56

表 4-18　　　　　　　　　矩形导体截面二次距 I 的计算

每相条数	1	2	3	备注
三相水平布置、导体竖放	$b^3h/12$	$2.167b^3h$	$8.25b^3h$	力作用在 h 面
三相水平布置、导体平放或垂直布置、导体竖放	$bh^3/12$	$bh^3/6$	$bh^3/4$	力作用在 b 面

　　注　管形导体的惯性矩 $I = \pi(D^4 - d^4)/64$，其中 D、d 分别为管形的外直径和内直径；槽形导体的惯性矩 I 的取值
　　　　见表 4-11。

振动系统 β 与 f_1 的关系如图 4-2 所示，可供设计使用。由图 4-2 可见，当在中间范围内（30～160Hz）变化时，$\beta > 1$，其中 f_1 接近 50Hz 或 100Hz 时，与电动力中的工频或 2 倍工频发生共振，β 有极大值；当 f_1 较低时，$\beta < 1$；当 f_1 较高（≥160Hz）时，$\beta \approx 1$。实际计算中，当 f_1 较低或较高时，均取 $\beta = 1$；当 f_1 在中间频率范围内（30～160Hz）时，则据 f_1 由图 4-2 查出相应的 β 值。对屋外配电装置的管形导体，其 L 很大，f_1 很低（一般为 2.5Hz 以下），取 $\beta = 0.58$。

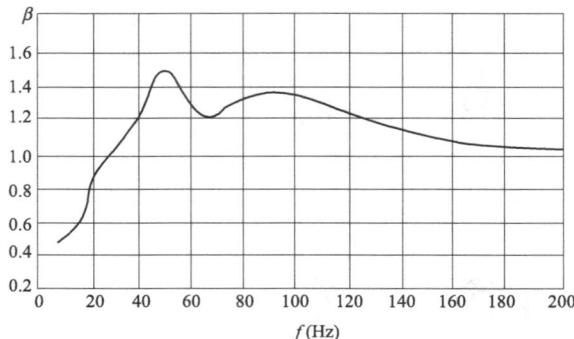

图 4-2　振动系统 β 与 f_1 的关系

（2）多条矩形母线在母线短路时的最大应力为

$$\sigma_{\max} = \sigma_x + \sigma_t \qquad (4\text{-}14)$$

$$\sigma_t = \frac{f_t L_t^2}{2b^2 h} \qquad (4\text{-}15)$$

式中　σ_x——相间作用力，计算公式与单条矩形母线相同；

　　　σ_t——同相各条母线之间的作用力；

　　　L_t——衬垫中心线间的距离，m；

　　　h——矩形母线的宽度，m；

　　　b——矩形母线的厚度，m；

　　　f_t——同相母线条间的作用力，N/m。

当每相有两条母线时

$$f_t = 2.5 K_{12}\, i_{sh}^2\, \frac{1}{b} \times 10^{-8} \qquad (4\text{-}16)$$

当每相有三条母线时

$$f_t = 0.8 (K_{12} + K_{13})\, i_{sh}^2\, \frac{1}{b} \times 10^{-8} \qquad (4\text{-}17)$$

式中　K_x——母线形状系数（下标为 12、13 时，分别指第 1、2 条导体间，第 1、3 条导体间），可由图 4-3 查出。

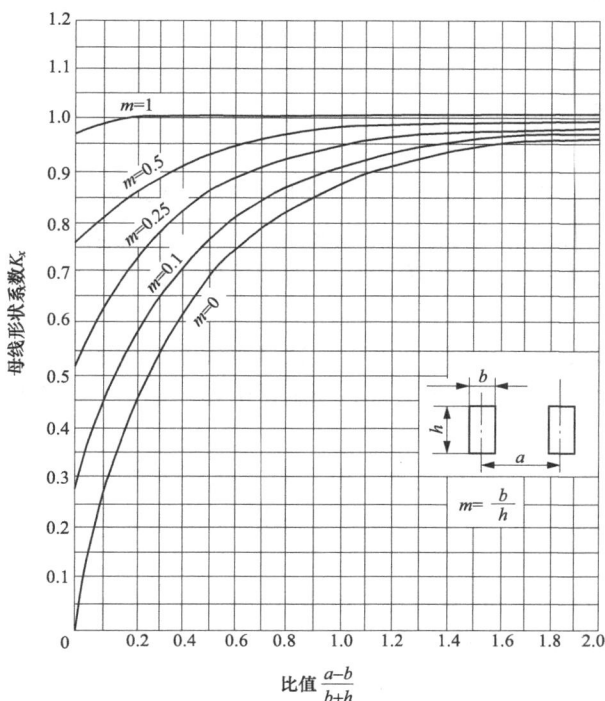

图 4-3　矩形截面导体的母线形状系数曲线

对于条间距离等于导体厚度，每相由 2～3 条矩形导体组成时，式（4-16）和式（4-17）

可化简为

$$f_t = 9.8 K_x \, i_{sh}^2 \frac{1}{b} \times 10^{-8} \tag{4-18}$$

每相导体条间衬垫的距离 L_t 还必须小于临界跨距 L_c，即

$$L_t \leqslant L_c = \lambda b^4 \sqrt{\frac{h}{f_t}} \tag{4-19}$$

式中　λ ——系数，对于双条母线，铜为 1144，铝为 1003；对于三条母线，铜为 1355，铝为 1197。

(3) 槽形母线的最大计算应力应满足

$$\sigma_{max} \leqslant \sigma_{al}$$

槽形母线短路时最大应力的计算与矩形母线相似，即

$$\sigma_{max} \leqslant \sigma_x + \sigma_t$$

$$\sigma_x = 1.73 \, i_{sh}^2 \frac{\beta L^2}{aW} \times 10^{-8}$$

$$\sigma_t = 4.16 \, i_{sh}^2 \frac{L_t^2}{hW_y} \times 10^{-9}$$

式中　W——母线截面系数，与槽形母线的布置方式有关，见表 4-11；

β——振动系数。

当导体按 □□ 布置时，$W = 2W_x$；当导体按 □□ 布置时，$W = 2W_y$；当双槽焊成整体时，$W = 2W_{y0}$。

二、软导线的选择

(一) 一般要求

(1) 配电装置中软导线的选择，应根据环境条件（环境温度、日照、风速、污秽、海拔）和回路负荷电流、电晕、无线电干扰等条件，确定导线的截面尺寸和导线的结构形式。

(2) 在空气中，含盐量较大的沿海地区或周围气体对铝有明显腐蚀的场所，应尽量选用防腐型铝绞线。

(3) 当负荷电流较大时，应根据负荷电流选择较大截面积的导线。当电压较高时，为保持导线表面的电场强度，导线最小截面积必须满足电晕的要求，可增加导线外径或增加每相导线的根数。

(4) 对于 220kV 及以下的配电装置，电晕对选择导线截面一般不起决定作用，故可根据负荷电流选择导线截面。导线的结构形式可采用单根钢芯铝绞线或由钢芯铝绞线组成的复导线。

(5) 对于 330kV 及以上的配电装置，电晕和无线电干扰则是选择导线截面及导线结构形式的控制条件。扩径导线具有单位质量小、电流分布均匀、结构安装上不需要间隔棒、金具连接方便等优点，而且没有分裂导线在短路时引起的附加张力，故 330kV 配电装置中的导线宜采用空心扩径导线。

(6) 对于 500kV 的配电装置，单根空心扩径导线已不能满足电晕等条件的要求，而分裂导线虽然具有导线拉力大、金具结构复杂、安装麻烦等缺点，但因其能提高导线的自然功率和有效地降低导线表面的电场强度，所以 500kV 的配电装置宜采用由空心扩径导线或铝

合金组成的分裂导线。

（二）软导线截面的选择和校验

1. 按回路最大持续工作电流选择

$$I_{al} \geqslant I_{max} \tag{4-20}$$

$$I_{al} = KI_{alN}$$

式中　I_{max}——回路中最大持续工作电流，按表 4-1 的要求确定；

　　　I_{alN}——相应导体在某一运行温度、环境条件下的长期允许载流量，其值见表 4-19 和表 4-20；

　　　K——温度修正系数，可按式（4-2）计算，也可查表 4-13。

表 4-19　　　　　　　　　　LJ 型铝绞线的规格及长期允许载流量

标称截面积 (mm²)	导线根数及直径		计算截面积 (mm²)	外径 (mm)	单位长度直流电阻上限 (Ω/km)	长期允许载流量（A）	
	根数	直径 (mm)				70℃	80℃
16	7	1.7	15.89	5.10	1.802	112	117
25	7	2.15	25.41	6.45	1.127	151	157
35	7	2.50	34.36	7.50	0.833 2	183	190
50	7	3.00	49.48	9.00	0.578 6	231	239
70	7	3.60	71.25	10.80	0.401 8	291	301
95	7	4.16	95.14	12.48	0.300 9	351	360
120	19	2.85	121.21	14.25	0.237 3	410	420
150	19	3.15	148.07	15.75	0.194 3	466	476
185	19	3.50	182.80	17.50	0.157 4	534	543
210	19	3.75	209.85	18.75	0.137 1	584	593
240	19	4.00	238.76	20.00	0.120 5	634	643
300	37	3.20	297.57	22.40	0.096 89	731	738
400	37	3.70	397.83	25.90	0.072 47	879	883
500	37	4.16	502.90	29.12	0.057 33	1023	1023
630	61	3.63	631.30	32.67	0.045 77	1185	1180
800	61	4.10	805.36	36.90	0.035 88	1388	1377

表 4-20　　　　　　　　　　LGJ 型钢芯铝绞线规格及长期允许载流量

标称截面积 铝/钢 (mm²)	单线根数及直径				计算截面积 (mm²)			外径 (mm)	单位长度直流电阻上限 (Ω/km)	长期允许载流量（A）	
	铝		钢		铝	钢	总计			70℃	80℃
	根数	直径 (mm)	根数	直径 (mm)							
10/2	6	1.50	1	1.50	10.60	1.77	12.37	4.50	2.706	88	93
16/3	6	1.85	1	1.85	16.13	2.69	18.82	5.55	1.779	115	121
25/4	6	2.32	1	2.32	25.36	4.23	29.59	6.96	1.131	154	160
35/6	6	2.72	1	2.72	34.86	5.81	40.67	8.16	0.823 0	189	195
50/8	6	3.20	1	3.20	48.25	8.04	56.29	9.60	0.594 6	234	240
50/30	12	2.32	7	2.32	50.73	29.59	80.32	11.60	0.569 2	250	257
70/10	6	3.80	1	3.80	68.05	11.34	79.39	11.40	0.421 7	289	297
70/40	12	2.72	7	2.72	69.73	40.67	110.40	13.60	0.414 1	307	314

| 标称截面积 铝/钢 (mm²) | 单线根数及直径 | | | | 计算截面积 (mm²) | | | 外径 (mm) | 单位长度直流 电阻上限 (Ω/km) | 长期允许载 流量 (A) | |
| | 铝 | | 钢 | | | | | | | | |
	根数	直径 (mm)	根数	直径 (mm)	铝	钢	总计			70℃	80℃
95/15	26	2.15	7	1.67	94.39	15.33	109.72	13.61	0.305 8	357	365
95/20	7	4.16	7	1.85	95.14	18.82	113.96	13.87	0.301 9	361	370
95/55	12	3.20	7	3.20	96.51	56.30	152.81	16.00	0.299 2	378	385
120/7	18	2.90	1	2.90	118.89	6.61	125.50	14.50	0.242 2	408	417
120/20	26	2.38	7	1.85	115.67	18.82	134.49	15.07	0.249 6	407	415
120/25	7	4.72	7	2.10	122.48	24.25	146.73	15.74	0.234 5	425	433
120/70	12	3.60	7	3.60	122.15	71.25	193.40	18.00	0.236 4	440	447
150/8	18	3.20	1	3.20	144.76	8.04	152.80	16.00	0.198 9	463	472
150/20	24	2.78	7	1.85	145.68	18.82	164.50	16.67	0.198 0	469	478
150/25	26	2.70	7	2.10	148.86	24.25	173.11	17.10	0.193 9	478	487
150/35	30	2.50	7	2.50	147.26	34.36	181.62	17.50	0.196 2	478	487
185/10	18	3.60	1	3.60	183.22	10.18	193.40	18.00	0.157 2	539	548
185/24	24	3.15	7	2.10	187.04	24.25	211.29	18.90	0.154 2	552	560
185/30	26	2.98	7	2.32	181.34	29.59	210.93	188.88	0.159 2	543	551
185/45	30	2.80	7	2.80	184.73	43.10	227.83	19.60	0.156 4	553	562
210/10	18	3.80	1	3.80	204.14	11.34	215.48	19.00	0.141 1	577	586
210/25	24	3.33	7	2.22	209.02	27.10	236.12	19.98	0.138 0	587	601
210/35	26	3.22	7	2.50	211.73	34.36	246.09	20.38	0.136 3	599	607
210/50	30	2.98	7	2.98	209.24	48.82	258.06	20.86	0.138 1	604	607
240/30	24	3.60	7	2.40	244.29	31.67	275.96	21.60	0.118 1	655	662
240/40	26	3.42	7	2.66	238.85	38.90	277.75	21.66	0.120 9	648	655
240/55	30	3.20	7	3.20	241.27	56.30	297.57	22.40	0.119 8	657	664
300/15	42	3.00	7	1.67	296.88	15.33	312.21	23.01	0.097 24	735	742
300/20	45	2.93	7	1.95	303.42	20.91	324.33	23.43	0.095 20	747	753
300/25	48	2.85	7	2.22	306.21	27.10	333.313	23.76	0.094 33	754	760
300/40	24	3.99	7	2.66	300.09	38.90	338.99	23.94	0.096 14	746	754
300/50	26	3.83	7	2.98	299.54	48.82	348.36	24.26	0.096 36	747	756
300/70	30	3.60	7	3.60	305.36	71.25	376.61	25.20	0.094 63	766	770
400/20	42	3.51	7	1.95	406.40	20.91	427.31	26.91	0.071 04	898	901
400/25	45	3.33	7	2.22	391.91	27.10	419.01	26.64	0.073 70	879	882
400/35	48	3.22	7	2.50	390.88	34.36	425.24	26.82	0.073 89	879	882
400/50	54	3.07	7	3.07	399.73	51.85	451.55	27.63	0.072 32	898	899
400/65	26	4.42	7	3.44	398.94	65.06	464.00	28.00	0.072 36	900	902

标称截面积 铝/钢 (mm²)	单线根数及直径				计算截面积（mm²）			外径 (mm)	单位长度直流 电阻上限 (Ω/km)	长期允许载 流量（A）	
	铝		钢								
	根数	直径 (mm)	根数	直径 (mm)	铝	钢	总计			70℃	80℃
400/95	30	4.16	19	2.50	407.75	93.27	501.02	29.14	0.070 87	920	921
500/35	45	3.75	7	2.50	497.01	34.36	531.37	30.00	0.005 812	1025	1024
500/45	48	3.60	7	2.80	488.58	43.10	531.68	30.00	0.059 12	1016	1016
500/65	54	3.44	7	3.44	501.88	65.06	566.94	30.96	0.057 60	1039	1038
630/45	45	4.20	7	2.80	623.45	43.10	666.55	33.60	0.046 33	1187	1182
630/55	48	4.12	7	3.20	639.92	56.30	696.22	34.32	0.045 14	1211	1204
630/80	54	3.87	19	2.32	635.19	80.32	715.51	34.82	0.045 51	1211	1204
800/55	45	4.80	7	3.20	814.30	56.30	870.60	38.40	0.035 47	1413	1399
800/70	48	4.63	7	3.60	808.15	71.25	879.40	38.58	0.035 74	1410	1396
800/100	54	4.33	19	2.60	795.17	100.88	896.05	38.98	0.036 35	1402	1388

2. 按经济电流密度选择

$$S_J = \frac{I_{\max}}{J} \tag{4-21}$$

式中　S_J——按经济电流密度计算的导体截面积，mm²；

　　　　J——经济电流密度（见图4-1），A/mm²；

　　　　$I_{\max}$——正常工作时的最大持续工作电流，A。

3. 按短路热稳定校验

短路热稳定要求的导线最小截面积的计算方法同式（4-10）。

4. 按电晕电压校验

63kV 及以下的系统，一般不会出现全面电晕，不必校验，对 110kV 及以上电压的线路、发电厂及变电站母线均应以当地气象条件下晴天不出现全面电晕为控制条件，使导线安装处的最高工作电压小于临界电晕电压，即

$$\left.\begin{aligned}
&U_{\max} \leqslant U_0 \\
&U_0 = 84 m_1 m_2 k \delta^{\frac{2}{3}} \frac{n r_0}{k_0}\left(1 + \frac{0.301}{\sqrt{r_0 \delta}}\right) \lg \frac{a_{jj}}{r_d} \\
&\delta = \frac{2.895 P}{273 + t} \times 10^{-3} \\
&k_0 = 1 + \frac{r_0}{d} 2(n-1)\sin\frac{\pi}{n}
\end{aligned}\right\} \tag{4-22}$$

式中　$U_{\max}$——回路最高工作电压，kV；

　　　　U_0——电晕临界电压（线电压有效值），kV；

　　　　k——三相导线水平排列时，考虑中间导线电容比平均电容大的不均匀系数，一般取 0.96；

m_1——导线表面粗糙系数，一般取 0.9；

m_2——天气系数，晴天取 1.0，雨天取 0.85；

n——每相分裂导线的根数，单根导线 $n=1$；

d——分裂间距（cm）；

r_0——导线半径（cm）；

δ——相对空气密度；

P——大气压力，Pa；

t——空气温度，$t=25-0.005H$，℃；

H——海拔，m；

a_{jj}——导线相间几何均距，三相导线水平排列时，$a_{jj}=1.26a$；

a——相间距离，cm；

k_0——次导线电场强度附加影响系数，见表 4-21；

r_d——分裂导线的等效半径，cm，单根导线 $r_d=r_0$，分裂导线的 r_d 值见表 4-21。

海拔不超过 1000m，在采用常用相间距离的情况下，当导线型号及外径上限符合表 4-22 的规定时，可不进行电晕校验。

表 4-21   **分裂导线不同排列方式时的 k_0、r_d 值**

排列方式	双分裂水平排列	三分裂正三角形排列	三分裂水平排列	四分裂正四角形排列
k_0	$1+\dfrac{2r_0}{d}$	$1+\dfrac{3.46r_0}{d}$	$1+\dfrac{3r_0}{d}$	$1+\dfrac{4.24r_0}{d}$
r_d	$\sqrt{r_0 d}$	$\sqrt[3]{r_0 d^2}$	$\sqrt[3]{r_0 d^2}$	$\sqrt[4]{r_0 \sqrt{2} d^2}$

表 4-22   **导线在不同电压时对应的导线型号及外径上限**

电压（kV）	110	220	330
软导线型号	LGJ-70	LGJ-300	LGKK-500/50 2×LGJQ-300
管形导线外径上限（mm）	$\phi20$	$\phi30$	$\phi40$

第三节   电力电缆的选择

一、形式的选择

应根据敷设环境及使用条件选择电缆形式，原则如下：

（1）明敷（包括架空、隧道、沟道等）的电缆不应有黄麻外护层，一般选用裸钢带铠装或塑料外护层电缆。在易受腐蚀地区，应选用塑料外护层电缆。

（2）直埋敷设时，一般选用钢带铠装电缆。在潮湿或腐蚀性土壤地区，应带有塑料外护层。其他地区可选用黄麻外护层电缆。

（3）三相交流系统的单芯电力电缆，要求金属护层采用一端接地时，在潮湿地区，外护层宜选用塑料挤包的形式。

电力电缆除充油电缆外，一般采用铝芯电缆。

二、额定电压的选择

额定电压应满足

$$U_N \geqslant U_{NW} \tag{4-23}$$

式中　　U_N，U_{NW}——电缆及其所在电网的额定电压，kV。

三、截面积的选择

电力电缆截面积 S 的选择原则和方法与裸母线基本相同，即对长度超过 20m 且最大负荷利用小时数大于 5000h 的电缆，按经济电流密度选择经济截面；反之，按长期允许电流选择。电缆的长期允许电流应根据环境温度和敷设条件等进行校正。

环境温度不同时，长期允许电流的校正系数见表 4-23。

长期允许电流按敷设条件进行校正的校正系数见表 4-24 和表 4-25。

所选电缆芯线截面校正后的长期允许电流，应不小于装设电路的长期最大工作电流。

电力电缆长期允许载流量见表 4-26 和表 4-27。

在大容量电路中，可能选用大截面电缆或多条电缆，这需要从技术可靠性和经济合理性等方面给予综合考虑决定。

表 4-23　　35kV 及以下电压的电缆在不同环境温度下长期允许电流的校正系数

电缆芯线最高工作温度（℃）	空　气　中				土　壤　中			
	30	35	40	45	20	25	30	35
50	1.0	0.85	0.67	0.45	1.10	1.0	0.89	0.77
60	1.0	0.89	0.78	0.66	1.07	1.0	0.93	0.85
65	1.0	0.91	0.82	0.72	1.06	1.0	0.94	0.87
80	1.0	0.94	0.87	0.80	1.04	1.0	0.95	0.90
90	1.0	0.95	0.90	0.84	1.04	1.0	0.96	0.92

表 4-24　　电缆在空气中多根并列敷设时长期允许电流的校正系数

并列根数		1	2	3	4	5
电缆中心距	$S=d$		0.90	0.85	0.82	0.80
	$S=2d$	1.00	1.00	0.98	0.95	0.90
	$S=3d$		1.00	1.00	0.98	0.96

表 4-25　　电缆在土壤中直埋多根并行敷设时长期允许电流的校正系数

并列根数		1	2	3	4	5
电缆之间的净距（mm）	100	1	0.88	0.84	0.80	0.75
	200	1	0.90	0.86	0.83	0.80
	300	1	0.92	0.89	0.87	0.85

表 4-26　　常用三芯（铝）电力电缆的长期允许载流量　　　　　　　　　　　　　　　　　　　　　　　　（A）

电缆芯线截面积 (mm²)	6kV 黏性纸绝缘 直埋地下	6kV 黏性纸绝缘 置于空气中	6kV 聚氯乙烯绝缘 直埋地下	6kV 聚氯乙烯绝缘 置于空气中	6kV 交联聚乙烯绝缘 直埋地下	6kV 交联聚乙烯绝缘 置于空气中	10kV 黏性纸绝缘 直埋地下	10kV 黏性纸绝缘 置于空气中	10kV 交联聚乙烯绝缘 直埋地下	10kV 交联聚乙烯绝缘 置于空气中	20~35kV 黏性纸绝缘 直埋地下	20~35kV 黏性纸绝缘 置于空气中	20~35kV 交联聚乙烯绝缘 直埋地下	20~35kV 交联聚乙烯绝缘 置于空气中
10	55	48	49	43	70									
16	70	60	63	56	95	60	65	60	90	60				
25	95	85	81	73	110	85	90	80	105	80				
35	110	100	102	90	135	100	105	95	130	95	80	75	90	
50	135	125	127	114	165	125	130	120	150	120	90	85	115	85
70	165	155	154	143	205	155	150	145	185	145	115	110	135	110
95	205	190	182	168	230	190	185	180	215	180	135	135	165	135
120	230	220	209	194	260	220	215	205	245	205	165	165	185	165
150	260	255	237	223	295	255	245	235	275	235	185	185	210	180
185	295	295	270	256	345	295	275	270	325	270	210	200	230	200
240	345	345	313	301	395	345	325	320	375	320	230	230	250	230

表 4-27　　充油纸绝缘电力电缆（无钢铠）的长期允许载流量　　　　　　　　　　　　　　　（A）

铜芯截面积 (mm²)	110kV 直埋地下	110kV 置于空气中	220kV 直埋地下	220kV 置于空气中	330kV 直埋地下	330kV 置于空气中
100	290	330				
240	400	515	390	490		
400	470	655	460	625	430	590
600	520	780	515	750	480	705
700	540	820	535	795	500	750
845			575	875		

注　1. 充油电力电缆均为单芯铜线电缆。

2. 直埋地下敷设条件：深埋 1m，水平排列中心距 250mm，缆芯最高工作温度 75℃，环境温度 25℃，土壤热阻系数 80℃·cm/W，护层两端接地。

3. 空气中的敷设条件：水平靠紧排列，缆芯最高允许工作温度 75℃，环境温度 30℃，护层两端接地。

4. 在上述条件下，若护层一端接地，载流量可大于本表中数值。

四、热稳定校验

电缆截面积 S 应满足

$$S \geqslant \frac{\sqrt{Q_k}}{C} \times 10^2$$

热稳定系数 C 的计算式为

$$C = \frac{1}{\eta} = \sqrt{\frac{JQ}{K\rho_{20}\alpha} \ln \frac{1+\alpha(\theta_f - 20)}{1+\alpha(\theta_i - 20)}} \qquad (4\text{-}24)$$

式中　η——计及电缆芯充填物热容量随温度变化及绝缘散热影响的校正系数，对于 3～6kV 的厂用回路，η 取 0.93，其他情况时，η 取 1.0；

　　　Q——电缆芯单位体积的热容量，铝芯取 2.48，铜芯取 3.4，$J/(cm^2 \cdot {}^{\circ}\!C)$；

　　　J——热功当量系数，取 1.0；

　　　K——20℃时电缆芯交流电阻与直流电阻之比，取值见表 4-28；

　　ρ_{20}——电缆芯在 20℃时的电阻系数，铝芯取 0.031×10^{-4}，铜芯取 $0.018\,4 \times 10^{-4}$，$\Omega \cdot cm^2/cm$；

　　　α——电缆芯在 20℃时的电阻温度系数，铝芯取 0.004 03，铜芯取 0.003 93，$1/{}^{\circ}\!C$。

　　　θ_i——短路前电缆的工作温度，℃；

　　　θ_f——电缆短路时的最高允许温度，℃。对 10kV 以下普通黏性浸渍绝缘及交联聚乙烯绝缘电缆，铝芯为 200℃，铜芯为 250℃；有中间接头的电缆短路时的最高允许温度，锡焊头为 120℃，压接接头为 150℃。

表 4-28　　　　　　　　　　**不同规格三芯电缆的 K 值**

三芯电缆截面积（mm²）	100 以内	120	150	185	240
K	1.000	1.005	1.010	1.020	1.035

五、按电压损失校验电缆截面积

对供电距离较远、容量较大的电缆线路，应校验其电压损失 $\Delta U\%$，对于三相交流电路，一般应满足

$$\Delta U\% \leqslant 5\%$$

而　　　　　$\Delta U\% = 0.173 I_{max} L (r\cos\varphi + x\sin\varphi)/U_{NW} \qquad (4\text{-}25)$

式中　I_{max}——电缆线路的最大持续工作电流，A；

　　　L——线路长度，km；

　　r，x——电缆单位长度的电阻和电抗，见表 4-29，Ω/km；

　　$\cos\varphi$——功率因数；

　　U_{NW}——电缆线路的额定线电压，kV。

一般线路的电压损失 $\Delta U\%$ 应不大于 5%。

表 4-29　　　　　　　**6kV 级三芯电力电缆的电抗、电阻值（铝芯）**

截面积（mm²）	25	35	50	70	95	120	150	185
$x(\Omega/km)$	0.085	0.079	0.076	0.072	0.069	0.069	0.066	0.066
$r(\Omega/km)$	1.28	0.92	0.64	0.46	0.34	0.27	0.21	0.17

第四节　高压断路器的选择

一、形式的选择

根据环境条件、使用技术条件及各种断路器的不同特点选择高压断路器的形式。由于真空断路器、六氟化硫断路器在技术性能和运行维护方面有明显优势，目前在系统中应用十分广泛，10kV 及以下一般选用真空断路器，35kV 及以上多选用六氟化硫断路器。同时，需根据安装地点选择屋外式或户内式。

二、按断路器的技术条件选择

（1）断路器的额定电压应不低于装设电路所在电网的最高电压。

（2）断路器经校正后的额定电流应大于运行中可能出现的任何负荷电流。

（3）校验断路器的断流能力。一般可按断路器的额定开断电流 I_{Nbr} 不小于断路器触头分离瞬间实际开断的短路电流周期分量有效值 I_{zk} 来选择，即应满足条件

$$I_{Nbr} \geqslant I_{zk} \tag{4-26}$$

当断路器的额定开断电流比系统的短路电流大很多时，为了简化计算，也可用次暂态短路电流 I'' 进行选择，即

$$I_{Nbr} \geqslant I'' \tag{4-27}$$

断路器触头的实际开断计算时间 t_k 等于主保护动作时间 t_{pr} 与断路器固有分闸时间 t_{in} 之和，即

$$t_k = t_{pr} + t_{in} \tag{4-28}$$

由于电力系统中大容量机组的出现，以及快速保护和高速断路器的使用，在靠近电源处的短路点（如发电机回路、高压厂用电回路、发电机电压母线等处），短路电流中非周期分量所占的比例较大。因此，在校验断流能力、计算被开断的短路电流时，应计及非周期分量的影响。

关于开断能力有以下几个问题：

1）在校验断路器的断流能力时，应用开断电流代替断流容量。一般取断路器实际开断时间的短路电流作为校验条件。

2）首相开断系数。三相断路器在开断短路故障时，由于动作的不同期性，首相开断的断口触头间所承受的工频恢复电压将要增高。增高的数值用首相开断系数（首相开断系数指三相系统当两相短路时，在断路器安装处的完好相与另两相间的工频电压与短路去掉后在同一处获得的相对中性点电压之比）来表征。在对三相断路器进行单相试验时，应将其工频恢复电压乘以此系数，以反映实际开断情况。

3）重合闸。装有自动重合闸装置的断路器应考虑重合闸对额定开断电流的影响。我国生产的断路器系列产品，均已按断路器标准通过额定操作循环的开断电流。对于按自动重合闸操作循环时间完成试验的断路器，不必再因为重合闸而降低其断流能力。

4）非周期分量问题。短路点发生在下列地点，可直接用短路电流的周期分量与断路器的开断电流相比较来选择断路器，不必考虑非周期分量的影响：①远离发电厂的变电站二次电压主母线；②配电网中的变电站主母线；③低速开断的容量为 12MW 以下的发电机出口和非周期分量衰减时间 $T_f < 0.1s$ 之处。

在采用高速断路器的地点和靠近电源处的短路点（如容量为 12MW 及以上的发电机、发电机电压配电装置、高压厂用电配电装置、发电厂及枢纽变电站的高压配电装置等），计算的非周期分量往往大于周期分量幅值的 20%，超过了各型号断路器进行型式试验的条件，可能会影响断路器的开断性能。在此种情况下，应计算本工程非周期分量所占的实际比值，向制造部门咨询具体技术数据或要求做补充试验。在未获得产品保证参数时，也可考虑采用延迟分闸等其他技术措施。当短路电流（周期分量和非周期分量的代数和）小于额定开断电流的幅值时，可不必采取措施而直接选用。

5）开断单相故障的能力。断路器开断单相故障比开断三相故障时要容易。国外有的标准规定，在某一个范围内，对单相接地故障，断路器的开断能力允许提高 15%。由于我国尚缺乏具体的试验数据，在设计中可暂按开断单相短路时，断路器的额定开断能力不变来考虑。

（4）按短路关合电流选择。应满足的条件是断路器的额定关合电流 i_{Ncl} 应不小于短路冲击电流 i_{ch}，即

$$i_{Ncl} \geqslant i_{sh} \tag{4-29}$$

（5）动稳定校验。应满足的条件是短路冲击电流 i_{ch} 应不大于断路器的电动稳定电流（峰值）。断路器的电动稳定电流一般在产品目录中给出的是极限通过电流（峰值）i_{es}，即

$$i_{es} \geqslant i_{sh} \tag{4-30}$$

（6）热稳定校验。应满足的条件是短路热效应 Q_k 应不大于断路器在时间 t 内的允许热效应，即

$$I_t^2 t \geqslant Q_k \tag{4-31}$$

式中　I_t——断路器时间 t 内的允许热稳定电流，A。

（7）根据对断路器操作控制的要求，选择与断路器配用的操动机构。

三、断路器的基本技术参数

断路器的基本技术参数见表 4-30～表 4-34。

表 4-30　10kV 断路器的基本技术参数

型号	额定电压（kV）	额定电流（A）	额定开断电流（kA）	额定关合电流（峰值 kA）	动稳定电流（峰值 kA）	热稳定电流（kA） 2s	3s	4s	5s	固有分闸时间（s）	合闸时间（s）
ZN4-10Ⅱ	10	630、1000 1250	20 25	50 63	50 63			20 25		0.05 0.05	0.1 0.15
ZN9-10	10	1250	20	50	50			20		0.05	0.15
ZN12-10	10	1250、2500 1600、2000、3150	31.5 50	80 125	80 125		50	31.5		0.065 0.065	0.075 0.075
ZN18-10	10	630	25	63	63		25			0.03	0.045
ZN22-10	10	1250、1600、2000 2500、3150	40	100	100			40		0.065	0.075
ZN32-10	10	1600、2500、3150	40	100	100		40			0.05	0.08
ZN63-12	12	630、1250、1600 2500、3150	20 31.5 40	50 80 100	50 80 100			20 31.5 40		0.04	0.06

型号	额定电压（kV）	额定电流（A）	额定开断电流（kA）	额定关合电流（峰值kA）	动稳定电流（峰值kA）	热稳定电流（kA） 2s	3s	4s	5s	固有分闸时间（s）	合闸时间（s）
ZW14A-12	12	630	20	50	50			20		0.06	0.07
ZW2-10	10	400	6.3	16	16			6.3		0.03	0.1
		630	16	31.5	31.5			16			
		250	31.5	80	80			31.5			
LN-10	10	2000	40		110		43.5			0.06	0.06
LN2-10 Ⅱ	10	1250、1600	31.5	80	80	31.5				0.06	0.15
LW3-12	12	400、630	6.3	16	16			16、		0.04	0.06
			12.5	31.5	31.5			31.5			
			20	50	50			50			
LW3-10 Ⅲ	10	400	6.3	16	16			6.3		0.04	0.06
		600	12.5	31.5	31.5			12.5			
HB10	10	1250、1600、2000	40	100	100		43.5			0.06	0.06

表 4-31　　　　　　　　　　　35kV 断路器的基本技术参数

型号	额定电压（kV）	额定电流（A）	额定开断电流（kA）	额定关合电流（峰值kA）	动稳定电流（峰值kA）	热稳定电流（kA） 2s	3s	4s	5s	固有分闸时间（s）	合闸时间（s）
ZN-35	35	630	8	20	20			8		0.06	0.20
		1250	16	40	40			16			
ZN12-35	35	1250、1600、2000、2500	25、31.5	63、80	63、80		31.5				
ZN72-40.5	40.5	1600	31.5	80	80		31.5			0.07	0.09
ZW30-40.5	40.5	1250、1600、2000	31.5	80	80		31.5			0.065	0.1
LN2-35 Ⅲ	35	1250、1600	25	63	63		25			0.06	0.2
LW8-40.5	40.5	1600、2000	25、31.5	63、80	63、80		25			0.06	0.1
LW19-40.5	40.5	630、1250	16、25	40、63	40、63	16、25				0.055	0.095
HB35	35	1250、1600、2000	25	63	63		25			0.06	0.6

表 4-32　　　　　　　　　　　110kV 断路器基本技术参数

型号	额定电压（kV）	额定电流（A）	额定开断电流（kA）	额定关合电流（峰值kA）	动稳定电流（峰值kA）	热稳定电流（kA） 2s	3s	4s	5s	固有分闸时间（s）	合闸时间（s）
ELFSL2-1	110	2500	40	100						0.026	
		3150									
OFPI-110 〔OFTV（B）-110〕	110	1250	31.5	80	80		31.5			0.03	0.12
		1600	40	100	100		40				
		2000	50	125	125		50				
		3150									
		4000									

续表

型号	额定电压（kV）	额定电流（A）	额定开断电流（kA）	额定关合电流（峰值kA）	动稳定电流（峰值kA）	热稳定电流（kA）				固有分闸时间（s）	合闸时间（s）
						2s	3s	4s	5s		
SFM-110（SFMT-110）	110	2000	31.5	80	80	31.5				0.025	
		2500	40	100	100	40					
		3150	50	125	125	50					
		4000									
LW6B-126	126	3150	40	100	100		40				
LW35-126	126	3150	31.5	100	100		40				

表 4-33　　　　　　　　　　　20kV 断路器的基本技术参数

型号	额定电压（kV）	额定电流（A）	额定开断电流（kA）	额定关合电流（峰值kA）	动稳定电流（峰值kA）	热稳定电流（kA）				固有分闸时间（s）	合闸时间（s）
						2s	3s	4s	5s		
LW6B-252	252	3150	40	125	1215		50				
			50								
LW10B-252	252	3150	40	100	100		40			0.025	0.1
			50	125	125		50				
LW-220 I	220	1600	40		100		40			0.04	0.15
LW2-220	220	2500	31.5	80	80		31.5			0.03	0.15
			40	100	100		40				
			50	125	125		50				
LW6-220	220	2500	40	100						0.03	0.09
		3150	50	125							
ELFSL4-1 ELFSL4-2	220	2500	40	100	100		40			0.02	
		3150									
		4000									
		4000	50	125	125		50			0.021	
OFPI-220（OFTV（B）-220）	220	1250（1600 2000 3150 4000）	40	100	100		40			0.03（0.02）	0.12
			50	125	125		50				
			63	160	160		63				
SFM-220（SFMT-220）	220	2000（2500 3150 4000）	40	100	100		40			0.025（0.03）	0.1
			50	125	125		50				
			63	160	160		63				

表 4-34   **500kV 断路器的基本技术参数**

型号	额定电压（kV）	额定电流（A）	额定开断电流（kA）	额定关合电流（峰值 kA）	动稳定电流（峰值 kA）	热稳定电流（kA）				固有分闸时间（s）	合闸时间（s）
						2s	3s	4s	5s		
LW6-500（H）	500	3150	50 40	125 100	125 100	50 40				0.028	0.09
LW10B-550	550	3150	50	125	125	50					
LW12-500	500	2500 4000	50 63	125 160	125 160	50 63				0.02	0.13
LW13-500	500	2000 2500 3150	40 50 63	100 125 160	100 125 160	40 50 63				0.025	0.10
500-SFM	500	200 2500 3150	40 50	100 125	100 125	40 50				0.02	

第五节　隔离开关的选择

一、形式的选择

（1）根据配电装置布置的特点和作用要求等因素，进行综合技术比较后，选择隔离开关的形式。

（2）为保证电气设备和母线的检修安全，35kV 及以上每段母线上宜装设 1～2 组接地开关或接地器；35kV 及以上断路器两侧的隔离开关和线路隔离开关的线路侧宜配置接地开关。

（3）根据安装地点选用户内式或户外式。

二、按隔离开关的技术条件选择

（1）隔离开关的额定电压应不小于系统最高电压。

（2）隔离开关经校正后的额定电流应大于装设电路的最大持续工作电流。

（3）动稳定校验应满足的条件为

$$i_{es} \geqslant i_{sh} \tag{4-32}$$

（4）热稳定校验应满足的条件为

$$I_t^2 t \geqslant Q_k \tag{4-33}$$

（5）根据对隔离开关操作控制的要求，选择配用的操动机构。隔离开关一般采用手动操动机构。户内 8000A 以上的隔离开关，户外 220kV 高位布置的隔离开关和 330kV 隔离开关，均宜采用电动操动机构。当有压缩空气系统时，也可采用气动操动机构。

三、开断小电流与母线转换电流性能

隔离开关开断小电流的性能与被开断电路的参数情况、操作时的自然环境，以及开关的结构和安装方式都有很大关系。表 4-35 列出了户外隔离开关可以开断的电感电流和电容电流的参考值。

表 4-35　　　　户外隔离开关可以开断的电感电流和电容电流的参考值

最高电压（kV）	相间距离推荐值（mm）		电感电流（A）	电容电流（A）
	平开式双柱隔离开关	其他隔离开关		
7.2	800	400	4	2
12	800	600	4	2
24	1000	750	3	2
40.5	1000	900	3	2
72.5	1500	1500	3	1
126	2500	2200	3	1
252	4000	4000	2	0.5
363	5000	5000	2	0.5
550	8000	8000	—	0.5

　　隔离开关还应可靠切断断路器的旁路电流及母线环流。

　　最高工作电压 72.5kV 及以上的隔离开关，应具有一定的开合母线转换电流的能力。隔离开关开合母线转换电流的标准值见表 4-36。

表 4-36　　　　隔离开关开合母线转换电流的标准值

最高工作电压（kV）	母线转换电压（V）	母线转换电流（A）
72.5～126	100	
252～363	200	80%的额定电流（但不大于1600A）
550	300	

四、隔离开关的基本技术参数

隔离开关的基本技术参数见表 4-37。

表 4-37　　　　隔离开关的基本技术参数

型号	额定电压（kV）	额定电流（A）	动稳定电流（kA）	热稳定电流（kA）
GN5-6（GN5-10）	6（10）	200	25.5	10（5s）
GN6-6T（GN6-10T）		400	52	14（5s）
GN8-6T（GN8-10T）		600	52	20（5s）
GN19-10、GN19-10C	10	400	31.5	12.5（4s）
GN19-10XT、		630	50	20（4s）
GN19-10XQ、GN24-10D		1000	80	31.5（4s）
GN30-10（D）		1250	100	40（4s）
GN2-10	10	1000	80	40（5s）
	10	2000	85	51（5s）
GN22-10（D）		3000	100	70（5s）
		2000	100	40（2s）
		3150	125	50（2s）
GN3-10	10	3000	200	120（5s）
		4000		

型号	额定电压 (kV)	额定电流 (A)	动稳定电流 (kA)	热稳定电流 (kA)
GN10-10T	10	3000	160	75 (5s)
		4000	160	80 (5s)
		5000	200	100 (5s)
		6000	200	105 (5s)
GN2-20	20	400	50	10 (10s)
GN23-20	20	2500	150	63 (3s)
		5000	250	100 (3s)
		8000	300	120 (3s)
GN10-20	20	6000	224	74 (10s)
		8000		
		9100		
GN21-20	20	10 000	400	149 (2s)
		12 500	250	105 (5s)
GN6-35T	35	1000	75	30 (5s)
GN2-35T、GN13-35	35	400	52	14 (5s)
		600	64	25 (5s)
GN16-35	35	1250	63	25 (4s)
		2000	64	25 (4s)
GW4-35 (D) GW5-35 II (D)	35	630	50 (100)	20 (4s)
		1000	80 (100)	25 (31.5) (4s)
		1250	80 (100)	31.5 (4s)
		1600	100	31.5 (4s)
		2000	100	40 (31.5) (4s)
GW13-35、GW13-110	35、110	630	55	16 (4s)
GW4-110 (D) GW5-110 II (D)	110	630	50 (100)	20 (4s)
		1000	80 (100)	25 (31.5) (4s)
		1250	80 (100)	31.5 (4s)
		1600	100	31.5 (4s)
		2000	100	40 (31.5) (4s)
GW16-220 (D)	220	2500	125	30 (3s)
GW4-220 (D)	220	630	50	20 (4s)
		1000	80	31.5 (4s)
		1250	100	40 (4s)
GW11-220 (D) GW17-220 (D) GW6-220 (D)	220	1600	125	50 (4s)
		2500	125	50 (4s)
		2500	100	40 (3s)

第六节　高压负荷开关和高压熔断器的选择

一、高压负荷开关的选择

负荷开关的选择与高压断路器类似，但因为其主要是用来接通和断开正常工作电流，而不能开断短路电流，所以不校验短路开断能力。

1. 种类和形式的选择

应根据环境条件、使用技术条件及各种负荷开关的不同特点进行选择。

2. 额定电的选择

负荷开关的额定电压应不小于系统最高电压。

3. 额定电压的选择

负荷开关的额定电流应大于装设电路的最大持续工作电流。

4. 动稳定校验

动稳定校验应满足的条件为

$$i_{es} \geqslant i_{sh} \tag{4-34}$$

5. 热稳定校验

热稳定校验应满足的条件为

$$I_t^2 t \geqslant Q_k \tag{4-35}$$

6. 高压负荷开关的基本技术参数（见表 4-38）

表 4-38　　　　　　　　　**高压负荷开关的基本技术参数**

类别与型号		额定电压（kV）	最大工作电压（kV）	额定电流（A）	最大允许开断电流（A）	断流容量（MVA）	动稳定电流（kA）	热稳定电流[kA(s)]	燃弧时间（s）	允许闭合电流峰值（kA）
户内	压气式 FN2-$\frac{6}{10}$	6 10	6.9 11.5	400	2500 1200	25 20	25	6（5）	0.02～0.03	15
	压气式 FN3-$\frac{6}{10}$	6 10	6.9 11.5	400	1250 1450	25 20	25	8.5（5）		15
户外（柱上）	油浸式 FW2-10G	10	11.5	100 200 400	1500	25	14	7.9（4）	0.04～0.06	
	油浸式 FW4-10	10	11.5	200 400	800	14	15	5.8（4）		
	FW1-10	10	11.5	400	800	14	25	6（10）		
	固体产气式 FW5-10	10	11.5	200	400	7	10	6（4）	0.02～0.03	
	FW3-35	35		200	400	24	7	5（5）		7

二、高压熔断器的选择

高压熔断器按下列条件进行选择和校验。

（1）根据装置地点选用户内或户外式。

（2）按额定电压选择。对一般高压熔断器，其额定电压必须不小于系统的最高电压。有限流作用的熔断器（如充填石英砂的熔断器）只能用在等于其额定电压的电网中，因为这类熔断器在熔体熔断时，电路会产生 2～2.5 倍的过电压，如用在低于其额定电压的电网中，过电压值可能更高，以致损害电网中的电气设备。

（3）按额定电流选择，包括熔管和熔体额定电流的选择。

1）熔管的额定电流 I_{Ng} 应不小于熔体的额定电流 I_{Nt}，以保证熔断器不致损坏，即

$$I_{Ng} \geqslant I_{Nt} \tag{4-36}$$

2）选择熔体额定电流 I_{Nt} 时，应避免电路中出现短时过电流而发生误熔断的现象。

对于保护 35kV 及以下电力变压器的熔断器，其熔体额定电流可按下式选择

$$I_{Nt} \geqslant K I_{max} \tag{4-37}$$

式中　I_{max}——变压器回路的最大持续工作电流，A；

　　　K——可靠系数，当不考虑电动机自启动时，可取 $K=1.1\sim1.3$；当考虑电动机自启动时，可取 $K=1.5\sim2.0$。

表 4-39 列出了 6～35kV 降压变压器高压熔断器熔管和熔体的额定电流，可供选择时参考。

表 4-39　　　　　　　　6～35kV 降压变压器高压熔断器熔管和熔体的额定电流的选择

项目	额定电压（kV）	变压器额定容量（kVA）													
		100	125	160	180	200	250	315	320	400	500	560	630	800	1000
变压器一次额定电流（A）	35	1.65	2.07	2.6	2.97	3.31	4.13	5.21	5.28	6.61	8.27	9.25	10.40	13.20	16.50
	10	5.78	7.23	9.25	10.40	11.60	14.40	18.20	18.50	23.10	28.90	32.40	36.40	46.20	57.80
	6	9.65	12.10	15.40	17.30	19.30	24.20	30.20	30.90	38.50	48.20	54.00	60.80	77.10	96.40
RN1 型熔断器	35	7.5/3	7.5/3	10/5	10/5	10/5	10/7.5	20/10	20/10	20/10	20/15	20/15	30/20	30/20	30/30
	10	20/15	20/15	20/15	20/20	20/20	50/30	50/30	50/30	50/40	50/50	50/50	100/75	100/75	100/100
	6	20/20	20/20	75/30	75/30	75/30	75/50	75/50	75/50	75/75	75/75	100/100	100/100	200/150	200/150
RW5 型熔断器	35	50/3	50/3	50/5	50/5	50/5	50/7.5	50/10	50/10	50/10	50/15	50/15	50/20	50/30	
RW4 型熔断器	10	50/15	50/15	50/20	50/20	50/20	50/40	50/40	50/40	50/50	50/50	100/75			
	6	50/20	50/20	50/30	50/40	50/40	50/50	50/50	50/50	100/75	100/100	100/100			

注　表内分子为熔管额定电流值，分母为熔体额定电流值。

对于保护电力电容器的高压熔断器，为防止电路中由于电网电压升高及电容器投入断开时产生的充、放电涌流而误动作，熔体的额定电流可按下式选择

$$I_{Nt} \geqslant K I_{Nc} \tag{4-38}$$

式中　I_{Nc}——电力电容器回路的额定电流，A；

　　　K——可靠系数，对于跌落式高压熔断器，K 取 1.2～1.3；对于限流式高压熔断器，当为一台电力电容器时，K 取 1.5～2.0，当为一组电力电容器时，K取 1.3～1.8。

电力电容器熔体的选择见表 4-40。

表 4-40　　　　　　　　　　　　　　　　电力电容器熔体的选择

电容器型号	电压（kV）	相　数	熔体额定电流（A）	熔体的直径（mm）
YY3.15-10-1	3.15	1	3	一根 0.15
YY6.3-10-1	6.3	1	2	一根 0.10
YY10.5-10-1	10.5	1	2	一根 0.10
YY3.15-12-1	3.15	1	3	一根 0.15
YY6.3-12-1	6.3	1	2	一根 0.10
YY10.5-12-1	10.5	1	2	一根 0.10
YY3.15-14-1	3.15	1	5	两根 0.15
YY6.3-14-1	6.3	1	2	一根 0.10
YY10.5-14-1	10.5	1	2	一根 0.10
YY3.15-25-1	3.15	1	7.5	两根 0.20
YY6.3-25-1	6.3	1	5	两根 0.15
YY10.5-25-1	10.5	1	3	一根 0.15
YY6.3-50-1	6.3	1	15	三根 0.15
YY10.5-50-1	10.5	1	10	两根 0.20

（4）熔断器开断电流的校验。对有限流作用的熔断器，因熔体在短路冲击电流出现之前已熔断，其开断电流 I_{Nbr} 可按下式校验

$$I_{Nbr} \geqslant I''$$

（4-39）

对没有限流作用的跌落式高压熔断器，其断流容量应分别按上、下限值校验，而且开断电流应以短路全电流校验。

（5）熔断器选择性校验。选择熔断器的熔体时，还应保证前后两级熔断器之间、熔断器与电源侧继电保护之间，以及熔断器与负荷侧继电保护之间动作的选择性。

在保证选择性的前提下，当保护范围内短路时，能在最短时间内熔断。各种型号熔断器的熔体熔断时间可由制造厂提供的安秒特性曲线上查得。

对于保护电压互感器用的高压熔断器，只按额定电压及断流容量进行选择。

（6）高压限流式熔断器和低压熔断器的基本技术参数分别见表 4-41 和表 4-42。

表 4-41　　　　　　　　　　　　高压限流式熔断器基本技术参数

系列型号	额定电压 （kV）	额定电流 （A）	断流容量 （MVA）	备　注
RN1	3	20～400	200	供电力线路的短路保护或过电流保护用
	6	20～300		
	10	20～200		
	15	5～40		
RN2	10，20，35	0.5	1000	保护户内电压互感器
RN3	3	10～200	200	
	6	10～200		
	10	10～150		
RW9-35	35	0.5	2000	保护户外电压互感器
		2～10	600	

表 4-42 低压熔断器的基本技术参数

型号	熔管额定电流（A）	装在管内熔体的额定电流（A）	交流 380（V）	
			分断能力（A）	功率因数
RM7	15	6，10，15	2000	0.7
	60	15，20，25，30，40，50，60	5000	0.55
	100	60，80，100	20 000	0.4
	200	100，125，160，200	20 000	0.4
	400	200，240，260，300，350，400	20 000	0.35
	600	400，450，500，560，600	20 000	0.35
RM10	15	6，10，15	1200	
	60	15，20，25，35，45，60	3500	
	100	60，80，100	10 000	
	200	100，125，160，200	10 000	
	350	200，225，260，300，350	10 000	
	600	350，430，500，600		
	1000	600，700，850，1000	12 000	
RL1	15	2，4，6，10	2000	
	60	20，25，30，35，40，50，60	5000	≥0.3
	100	60，80，100	20 000	
	200	100，125，150，200	50 000	
RT0	50	5，10，15，20，30，40，50		
	100	30，40，50，60，80，100		
	200	80，100，120，150，200		
	400	150，200，250，300，350，400	50	0.3
	600	350，400，450，500，550，600		
	1000	700，800，900，1000		

第七节　互感器的选择

选择电流、电压互感器应满足继电保护、自动装置和测量仪表的要求。

一、电流互感器的选择

（1）根据安装地点（户内、户外）、安装使用条件（穿墙式、支持式、母线式）等选择电流互感器的形式。6～20kV 的屋内配电装置，可选用瓷绝缘结构或树脂浇注绝缘结构的电流互感器；35kV 及以上的配电装置，一般选用油浸瓷箱式绝缘结构的电流互感器，有条件时应选用套管式电流互感器。常用形式如下：

1）低压配电屏和配电设备中：LQ 线圈式、LM 母线式。

2）6～20kV 的屋内配电装置和高压开关柜中：LD 单匝贯穿式、LF 复匝贯穿式。

3）发电机回路和 2000A 以上的回路中：LMC、LMZ 型，LAJ、LBJ 型，LRD、LRZD 型。

（2）按一次电路的电压和电流选择电流互感器的一次额定电压和额定电流时，必须满足下列条件

$$U_{N1} \geqslant U_{NW} \tag{4-40}$$

$$I_{al} = KI_{N1} \geqslant I_{max} \tag{4-41}$$

式中　U_{NW} ——系统最高电压；

U_{N1}，I_{N1}——电流互感器的一次额定电压和一次额定电流；

　　　K——温度修正系数，按式（4-2）取值；

　　I_{max}——装设所选电流互感器的一次回路的最大持续工作电流。

为了保证供给测量仪表的准确度，电流互感器的一次正常工作电流值应尽量接近其一次额定电流。电流互感器的二次额定电流一般选用5A，在弱电系统中选用1A。

选择一次额定电流时需要注意的问题如下：

1）当电流互感器用于测量时，其一次额定电流应尽量选择的比回路中的正常工作电流大1/3左右，以保证测量仪表的最佳工作状态，并在过负荷时使仪表有适当的指示。

2）电力变压器中性点电流互感器的一次额定电流应按大于变压器允许的不平衡电流选择，一般情况下，可按变压器额定电流的1/3进行选择。

3）为保证自耦变压器的零序差动保护装置各臂正常工作电流的平衡，供该保护用的高、中压侧和中性点电流互感器，变比应尽量一致，一般按电流较大的中压侧额定电流来选择。

4）在自耦变压器的公共绕组上进行过负荷保护和测量用的电流互感器，应按公共绕组的允许负荷电流选择。此电流通常发生在低压侧开断，而高—中压侧传输自耦变压器的额定容量时。此时，公共绕组上的电流为中压和高压侧的额定电流之差。

5）中性点非直接接地系统中的零序电流互感器，在发生单相接地故障时，通过的零序电流较中性点直接接地系统的小得多。为保证保护装置可靠动作，应按二次电流及保护灵敏度来校验零序电流互感器的变比，当标准产品的变比不能满足要求时，应向制造厂以特定要求订货。

6）发电机横联差动保护用的电流互感器一次电流，应按下列情况选择。

a. 安装于各绕组出口处时，一般按定子绕组每个支路的电流选择。

b. 安装于中性点连接线上时，可按发电机允许的最大不平衡电流选择。根据运行经验，此电流一般取发电机额定电流的20%～30%。

（3）根据二次负荷的要求，选择电流互感器的准确度级。电流互感器的准确度级不得低于所供测量仪表的准确度级，以保证测量的准确度。例如，用于测量精确度要求较高的大容量发电机、变压器、系统干线和500kV电压级的电流互感器，宜用0.2级；用于重要回路（如发电机、调相机、变压器、厂用线路及出线等）的电流互感器的准确度级应为0.5级；用于运行监视和控制盘上的电流表、功率表、电能表等仪表的电流互感器，一般采用1级。当仪表只用于估计电气参数时，电流互感器可用3级；当仪表用于继电保护时，应根据继电保护的要求选用D、B级和"J"级（或新型号P级和TPY级）。

（4）根据选定的准确度级，校验电流互感器的二次负荷，并选择二次连接导线的截面积。

电流互感器在一定的准确度级下工作时，需要有相应的额定二次负荷，即在此准确度级下允许的二次负荷最大值。当实际二次负荷超过此值时，准确度级将降低。因此，为保证电流互感器能在选定的准确度级下工作，二次侧所接的负荷必须小于或等于选定准确度级下的额定二次负荷，即

$$Z_{N2} \geqslant Z_{21} \tag{4-42}$$

式中　Z_{N2}——选定准确度级下的额定二次负荷，Ω；

　　　Z_{21}——电流互感器的二次负荷，Ω。

决定二次负荷时，必须先画出电流互感器二次侧的测量仪表和继电器的电路图。一般情况下，测量仪表和继电器电流线圈及其连接导线的电抗很小，可以忽略不计，只计及线圈及连接导线的电阻，则二次负荷等于

$$Z_{2l} = \sum R_{dl} + R_d + R_c \tag{4-43}$$

式中 $\sum R_{dl}$——测量仪表和继电器电流线圈的串联总电阻；

R_d——连接导线的电阻；

R_c——各接头的接触电阻总和，一般取 0.1Ω。

当已知各测量仪表和继电器电流线圈所消耗功率的伏安值时，可近似计算各电流线圈的串联总电阻，忽略线圈的电抗，则

$$\sum R_{dl} = \frac{\sum S_{dl}}{I_{N2}^2}$$

电流互感器二次连接导线的截面积，可按如下方法确定。取 $Z_{2l} = Z_{N2}$，代入式（4-43），则连接导线的电阻为

$$R_d = Z_{N2} - \sum R_{dl} - R_c$$

选择连接导线的截面积为

$$S \geqslant \frac{\rho L_c}{R_d} = \frac{\rho L_c}{Z_{N2} - \sum R_{dl} - R_c} \tag{4-44}$$

式中 S——连接导线的截面积，mm^2；

ρ——连接导线的电阻率，铜为 1.75×10^{-2}，铝为 2.83×10^{-2}，$\Omega \cdot mm^2/m$；

L_c——连接导线的计算长度，m。

连接导线的计算长度 L_c 取决从电流互感器到测量仪表（或继电器）之间的实际连接距离 l 和电流互感器的接线方式。当采用单相接线时，$L_c = 2l$；当采用星形接线时，由于中线内的电流很小，$L_c = l$；当两只电流互感器接成不完全星形时，公共导线内的电流为 $-\dot{I}_v$，与 U 相电流的相位差为 $60°$，按电压方程可得 $L_c = \sqrt{3} l$。

发电厂和变电站中应采用铜芯控制电缆，根据机械强度的要求，求得的连接导线的截面积不应小于 $1.5 mm^2$。

（5）热稳定校验。电流互感器的热稳定能力用热稳定倍数 K_t 表示。热稳定倍数 K_t 等于 1s 内允许通过的热稳定电流与一次额定电流 I_{N1} 之比，所以热稳定应满足的条件为

$$(K_t I_{N1})^2 t \geqslant Q_k \tag{4-45}$$

式中 K_t——时间 t 的热稳定倍数，$t = 1s$；

Q_k——短路电流的热效应。

（6）动稳定校验。电流互感器的动稳定能力用动稳定倍数 K_{es} 表示。K_{es} 等于内部允许通过极限电流的峰值与一次额定电流之比，所以动稳定应满足的条件为

$$\sqrt{2} K_{es} I_{N1} \geqslant i_{sh}^{(3)} \tag{4-46}$$

此外，对于瓷绝缘结构的电流互感器，还应校验互感器绝缘瓷套端部受到的相间电动力。因此，对于瓷绝缘结构的电流互感器，应校验瓷套管的机械强度，应满足的条件为

$$F_{al} \geqslant 0.5 \times 1.73 \times 10^{-7} \left[i_{sh}^{(3)} \right]^2 \frac{l}{a} \tag{4-47}$$

式中 F_{al}——电流互感器瓷帽端部的允许作用力，N；

l ——电流互感器瓷帽到最近的支持绝缘子之间的距离，m；

0.5——作用在电流互感器瓷帽的力仅为该跨距所受电动力的一半。

对于瓷绝缘的母线型电流互感器（如 LMC 型），其端部作用力可按下式计算

$$\left.\begin{array}{c} F_{\max}=\dfrac{F_1+F_2}{2}=1.73\times10^{-7}\dfrac{L_1+L_2}{2a}i_{\mathrm{sh}}^2=1.73\times10^{-7}\dfrac{L_{\mathrm{c}}}{a}i_{\mathrm{sh}}^2 \\ L_{\mathrm{c}}=(L_1+L_2)/2 \end{array}\right\} \tag{4-48}$$

式中 L_{c} ——绝缘子计算跨距，m；

L_1 ，L_2 ——与绝缘子相邻的跨距，m。

（7）电流互感器的基本技术参数见表 4-43。

二、电压互感器的选择

1. 形式的选择

（1）6～20kV 的屋内配电装置中，一般采用油浸绝缘结构；在高压开关柜中或布置在狭窄的地方可采用树脂浇注绝缘结构。当需要零序电压时，一般采用三相五柱式电压互感器。

（2）35～110kV 的配电装置宜选用油浸绝缘电磁式电压互感器。

（3）220kV 及以上的配电装置中，如果容量和准确度级满足要求时，宜选用电容式电压互感器。

（4）接在 110kV 及以上线路侧的电压互感器，当线路上装有载波通信时，应尽量与耦合电容器结合，统一选用电容式电压互感器。

（5）兼有泄能作用的电压互感器应选用电磁式互感器。

然后根据电压互感器的用途，确定电压互感器接线。选择单相的或三相的、一个二次绕组或两个二次绕组的电压互感器。

2. 一次回路电压的选择

电压互感器一次侧的额定电压 U_{N1} 若为三相式，应等于所接电网的额定电压 U_{NW} 。但电网电压 U_{w} 的变动范围应满足下列条件

$$1.1U_{\mathrm{N1}}>U_{\mathrm{w}}>0.9U_{\mathrm{N1}}$$

3. 二次回路电压的选择

电压互感器二次绕组额定电压的选择见表 4-44。

4. 接线方式的选择

在满足二次电压和负荷要求的条件下，电压互感器应尽量采用简单接线。电压互感器的各种接线方式及其使用范围见表 4-45。

5. 容量和准确度级的选择

电压互感器准确度级选择的原则可参照电流互感器准确度级的选择。选定准确度级之后在此准确度级下的额定二次容量 S_{N2} 应不小于互感器的二次负荷 S_2 ，即

$$S_{\mathrm{N2}}\geqslant S_2 \tag{4-49}$$

最好使 S_{N2} 与 S_2 相近，因为 S_2 超过 S_{N2} 或比 S_{N2} 小得过多时，都会使准确度级降低。互感器二次负荷可按下式计算

表 4-43　电流互感器的基本技术参数

型号	额定电流比	级次组合	准确度级	二次负荷							10%倍数		1s热稳定		动稳定	
				0.2	0.5	1	3	B、D	5P	10P	二次负荷	倍数	电流	倍数	电流	倍数
				(Ω)					(VA)		(Ω)		(kA)		(kV)	
LA-10	5~200/5	0.5/3	0.5		0.4	0.4	0.6							90		160
	300~400/5		1									10		75		135
	500/5		3									10		60		110
	600~1000/5											10		50		90
LAJ-10	20~200/5	0.5/D	0.5		0.6	1.0		0.6				15		120		215
	400/5		D		0.8	1.0		0.8				10 (15)		75		135
LRJ-10	600~800/5	1/D	1		1.0	1.0		0.8				10 (15)		50		90
	1000~1500/5	D/D	D		1.2	1.6		1.0				10 (15)		50		90
	2000~6000/5				2.4	2.0		2.0				10 (15)		50		90
LFZ1-10	5~300/5	0.5/B	0.5		0.4	0.4		0.6				(12)		90		160
	400/5	1/B、B/B	B		0.4	0.4		0.6				(12)		80		140
LFZD2-10	75~200/5	0.5/D	0.5		0.8			1.2				15		120		210
	300~400/5	D/D	D											80		160
LFZJB6-10	150/5	0.5/B	0.5		0.4			0.6				15		22.5		44	
	200~300/5		B											24.5		44	
LDZJ1-10	600~1500/5	0.5/3、1/3 0.5/D、D/D			1.2	1.6	1.2	1.6				(15)			50		90
LDZB6-10	400~500/5	0.5/D	0.5 D		0.8			1.2				15		31.5 (2s)	120	80	
LQJC-10	5~100/5	1/D	1		0.4	0.4		0.6				6			90		225
	150~400/5		D									6			75		160
											15					
LZZJB6-10	150/5	0.5/B	0.5		0.4			0.6				15		22.5		44	
	200~400/5		B											24.5		44	
	500~800/5													33		59	
	1000~1500/5													41		74	

续表

型号	额定电流比	级次组合	准确度级	二次负荷 0.2 (Ω)	0.5 (Ω)	1 (Ω)	3 (Ω)	B、D (VA)	5P (VA)	10P (VA)	10%倍数 二次负荷(Ω)	倍数	1s热稳定 电流(kA)	倍数	动稳定 电流(kV)	倍数
LMZJ1-10	2000~3000/5	0.5/D	0.5	2.4	2.4	2.4						15				
		D/D	D					4.0								
LQZ-35	15~600/5	0.5/D	0.5		2.0	4.0					0.8	35		65		100
		D/D	D				3.0									
L-35	75~200/5	0.5/B	B		2.0						2.0	20		65		167~170
	300/5													55		140
	400/5													41.5		105
LB-35	75~200/5	0.5/B1/B2	0.5		2.0						2.0	15		65		167~170
	300/5	0.5/0.5/B2	B1								2.0	20		55		140
	400/5	B1/B1/B2	B2											41.5		109
LCW-35	15~1000/5	0.5/3	0.5		2	4	2				2	28		65		100
			3								2	5				
L-110	50~200/5	0.5/B	0.5		1.6						1.6	15		75		178~179
	300/5	B	B											70		178
	400/5													52.5		134
LB-110	2×50~2×200/5	0.5/B	0.5		2.0						2.0	15		73~75		178~187
	2×300/5	B/B	B											70		183
LB1-110	2×400/5													52.5		138
LCWB4-110	2×50~2×200/5	0.5/B1	0.5		2						2.4	30		75		135
		B2/B3	B1								2.4	20				
			B2								2.0	20				
			B3													
LB9-220	4×300/5	B/B/B	0.2	1.2							2.4	15		42		78
		B/0.5/0.2	0.5		2.0						2.4	15				
			B								2.4	15				
LCW-220	4×300/5	0.5/D	0.5		2	4					2	20		60		
		D/D	D		1.2						1.2	30				
LCWB2-220W	2×200~2×600/5	0.2/0.5	0.2	50VA	2					60	20	15	31.5		80	
		P/P	0.5													
		P/P	P													

表 4-44   **电压互感器二次绕组额定电压的选择**

接线方式	电网电压 （kV）	形 式	基本二次绕组电压 （V）	辅助二次绕组电压 （V）
Yy	3～35	单相式	100	无此绕组
YNynd	110J～500J	单相式	$100/\sqrt{3}$	100
	3～60	单相式	$100/\sqrt{3}$	100/3
	3～15	三相五柱式	100	100/3（每相）

注   J 指中性点直接接地系统。

表 4-45   **电压互感器的各种接线方式及其使用范围**

序号	接线图	采用的电 压互感器	使用范围	备注
1		两个单相电压互感器接成 Vv 形	用于表计和继电器的线圈接入 a—b 和 c—b 两相间电压的情况	
2		三个单相电压互感器接成 Yy 形。高压侧中性点不接地	用于表计和继电器的线圈接入相间电压和相电压的情况。此种接线不能用来供电给绝缘检查电压表	
3		三个单相电压互感器接成 Yy 形。高压侧中性点接地	用于供电给要求相间电压的表计和继电器，以及供电给绝缘检查电压表。若高压侧系统中性点直接接地，则可接入要求相电压的测量表计；若高压侧系统中性点与地绝缘或经阻抗接地，则不允许接入要求相电压的测量表计	

续表

序号	接线图	采用的电压互感器	使用范围	备注
4		一个三相三柱式电压互感器	使用范围同序号 2	不允许将电压互感器高压侧中性点接地
5		一个三相互柱式电压互感器	主二次绕组连接成星形以供电给测量表计、继电器及绝缘检查电压表，要求相电压的测量表计只有在系统中性点直接接地时才能接入。附加的二次绕组接成开口三角形，构成零序电压过滤器，供电给保护继电器和接地信号（绝缘监察）继电器	应优先采用三相五柱式电压互感器，只有在要求得到较大容量的情况下，才采用三个单相三绕组电压互感器
6		三个单相三绕组电压互感器		

$$S_2 = \sqrt{(\sum S\cos\varphi)^2 + (\sum S\sin\varphi)^2} = \sqrt{(\sum P)^2 + (\sum Q)^2} \tag{4-50}$$

式中　S，P，Q——仪表和继电器电压线圈消耗的视在功率、有功功率、无功功率；

　　　　$\cos\varphi$——仪表和继电器电压线圈的功率因数。

统计电压互感器二次负荷时，首先应根据仪表和继电器的要求，确定电压互感器的接线方式，并尽可能将负荷均匀分布在各相上。然后，计算各相负荷的大小，取最大一相负荷，与这一相互感器的额定二次容量比较。在计算电压互感器一相负荷时，要注意互感器和负荷

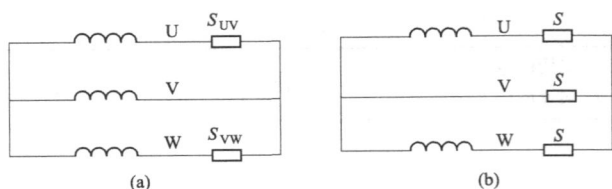

图 4-4　计算电压互感器二次负荷时的电路

(a) 三相绕组两相负荷连接电路；(b) 两相绕组三相负荷连接电路

的接线方式。当互感器和负荷接线方式不一致时，可按下列公式计算。

计算电压互感器二次负荷时的电路如图 4-4 所示。图 4-4（a）所示为三相绕组两相负荷连接电路，已知每相负荷的总伏安数和功率因数，电压互感器每相二次绕组所供功率如下：

U 相
$$有功功率 \quad P_U = \frac{1}{\sqrt{3}} S_{uv} \cos(\varphi_{uv} - 30°)$$
$$无功功率 \quad Q_U = \frac{1}{\sqrt{3}} S_{uv} \sin(\varphi_{uv} - 30°)$$

V 相
$$有功功率 \quad P_V = \frac{1}{\sqrt{3}} [S_{uv} \cos(\varphi_{uv} + 30°) + S_{vw} \cos(\varphi_{vw} - 30°)]$$
$$无功功率 \quad Q_V = \frac{1}{\sqrt{3}} [S_{uv} \sin(\varphi_{uv} + 30°) + S_{vw} \sin(\varphi_{vw} - 30°)]$$

W 相
$$有功功率 \quad P_W = \frac{1}{\sqrt{3}} S_{vw} \cos(\varphi_{vw} + 30°)$$
$$无功功率 \quad Q_W = \frac{1}{\sqrt{3}} S_{vw} \sin(\varphi_{vw} + 30°)$$

图 4-4（b）所示为两相绕组三相负荷连接电路，已知每相负荷总伏安数为 S，总功率因数为 $\cos\varphi$，电压互感器每相二次绕组所供功率如下：

U 相
$$有功功率 \quad P_{UV} = \sqrt{3} S \cos(\varphi + 30°)$$
$$无功功率 \quad Q_{UV} = \sqrt{3} S \sin(\varphi + 30°)$$

V 相
$$有功功率 \quad P_{VW} = \sqrt{3} S \cos(\varphi - 30°)$$
$$无功功率 \quad Q_{VW} = \sqrt{3} S \sin(\varphi - 30°)$$

现仅将火力发电机组使用的测量仪表列出，如图 4-5～图 4-7 所示。

常用测量与计量仪表的技术参数见表 4-46。

表 4-46　　　　　　　　　　常用测量与计量仪表的技术参数

项　目	型　号	电流线圈				电压线圈				准确度级
		线圈电流（A）	二次负荷（Ω）	每相消耗功率（VA）	线圈数目	线圈电压（V）	每相消耗功率（VA）	$\cos\varphi$	线圈数目	
电流表	1T1-A	5	0.12	3	1					1.5
电压表	1T1-V					100	4.5	1	1	1.5
三相有功功率表	1D1-W	5	0.058	1.45	2	100	0.75	1	2	2.5
三相无功功率表	1D1-var	5	0.058	1.45	2	100	0.75	1	2	2.5

续表

项目	型号	电流线圈				电压线圈				准确度级
		线圈电流（A）	二次负荷（Ω）	每相消耗功率（VA）	线圈数目	线圈电压（V）	每相消耗功率（VA）	cosφ	线圈数目	
有功—无功功率表	1D1-var	5	0.06	1.5	2	100	0.75	1	2	2.5
三相三线有功电能表	DS1，DS2，DS8	5	0.02	0.5	2	100	1.5	0.38	2	0.5
三相三线无功电能表	DX1，DX2，DX8	5	0.02	0.5	2	100	1.5	0.38	2	0.5
功率因数率	1D1-cosφ			3.5	2	100	0.75		1	2.5
频率表	1D1-Hz					100				
有功功率记录表	LD6-W				2				2	
无功功率记录表	LD6-var									
电流表	16L1-A			0.5	1					
电压表	16L1-V					100	0.3	1	1	
有功功率表	16D3-W			1.5	2	100	1.0	1	2	
无功功率表	16D3-var			1.5	2	100	1.0	1	2	
	W									
有功—无功功率表	16D3-var			1.5	2	100	1.0	1	2	

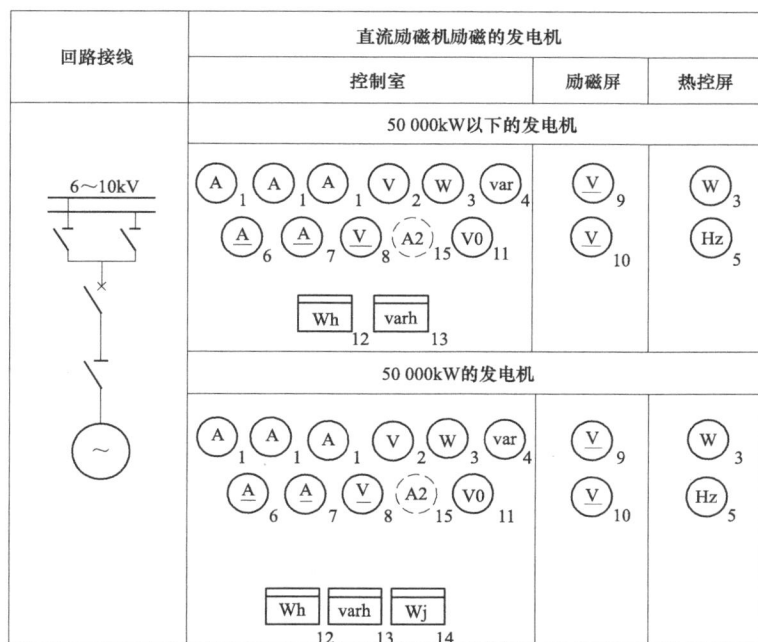

图 4-5　火电厂带电压母线的发电机电气测量仪表配置

1—定子电流表；2—定子电压表；3—有功功率表；4—无功功率表；5—频率表；6—励磁电流表；

7—励磁调整装置输出电流表；8—励磁电压表；9—励磁机侧电压表；10—备用励磁侧电压表；

11—定子绝缘监测表；12—有功电能表；13—无功电能表；

14—有功功率记录表；15—负序电流表（需要时才装设）

回路接线	直流励磁机励磁的汽轮发电机			
	控制室		励磁屏	热控屏
35～330kV	5000kW以下的机组			
	(A)1 (A)1 (A)1 (V)2 (W)3 (var)4 (A)6 (A)7 (V)8 (V0)13 (A2)14 (V)18 [Wh]15 [varh]16		(V)9 (V)10	(W)3 (Hz)5
	50 000～125 000kW的机组			
	(A)1 (A)1 (A)1 (V)2 (W)3 (var)4 (A)6 (A)7 (V)8 (V0)13 (A2)14 (V)18 [Wh]15 [varh]16 [Wj]17		(V)9 (V)10	(W)3 (Hz)5
220～330kV 线路	交流励磁机励磁的汽轮发电机			
	控制室		励磁屏	热控屏
	100 000～300 000kW机组			
	(A)1 (A)1 (A)1 (V)2 (W)3 (var)4 (A)6 (A)7 (V)8 (V)11 (V)12 (V)18 (V0)13 (A2)14 [Wh]15 [varh]16 [Wj]17		(V)9 (V)10	(W)3 (Hz)5

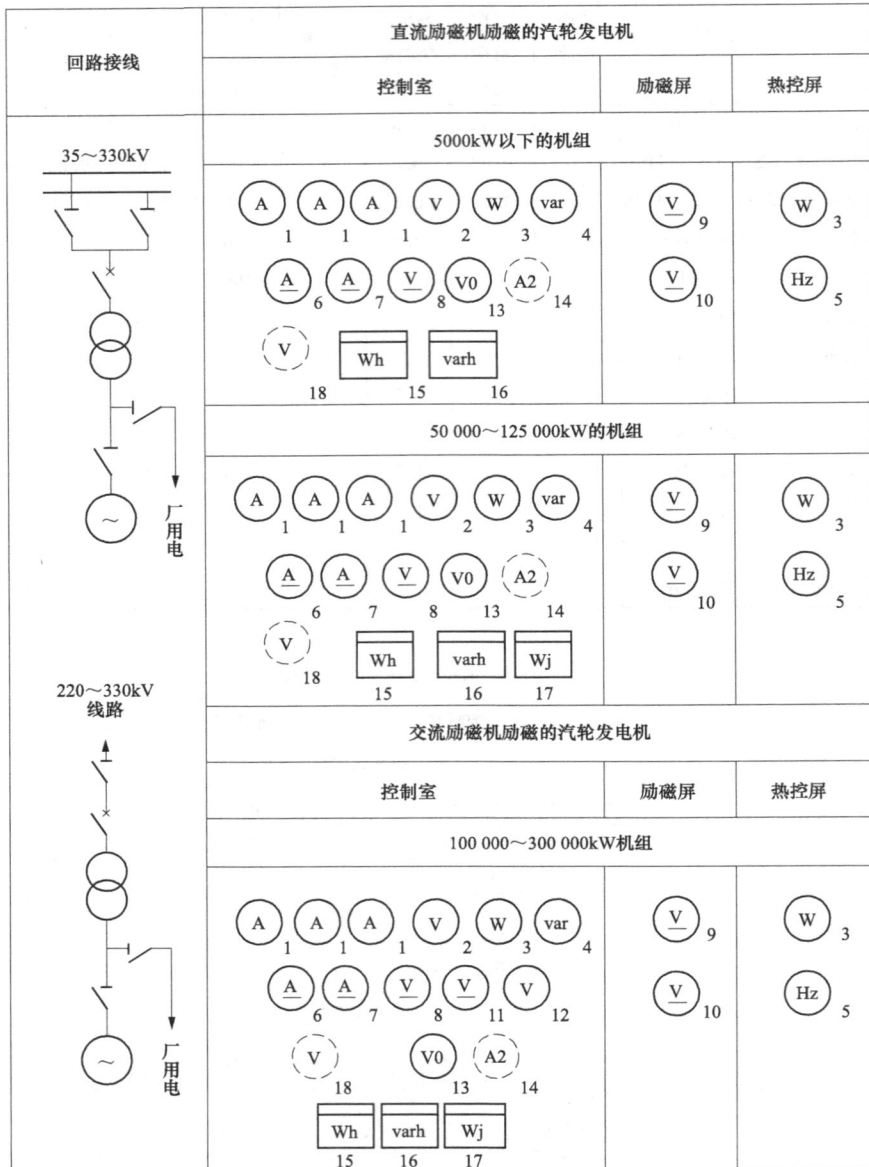

图 4-6　火电厂发电机—变压器（双绕组）组电气测量仪表配置

1—定子电流表；2—定子电压表；3—有功功率表；4—无功功率表；

5—频率表；6—励磁电流表；7—励磁调整装置输出电流表；

8—励磁电压表；9—励磁机侧电压表；10—备用励磁侧电压表；

11—励磁调整装置输出电压表；12—副励磁机交流电压表；

13—定子绝缘监测表；14—负序电流表（需要时才装设）；

15—有功电能表；16—无功电能表；17—有功功率记录表；

18—线路侧电压表（发电机变压器组接线才装设）

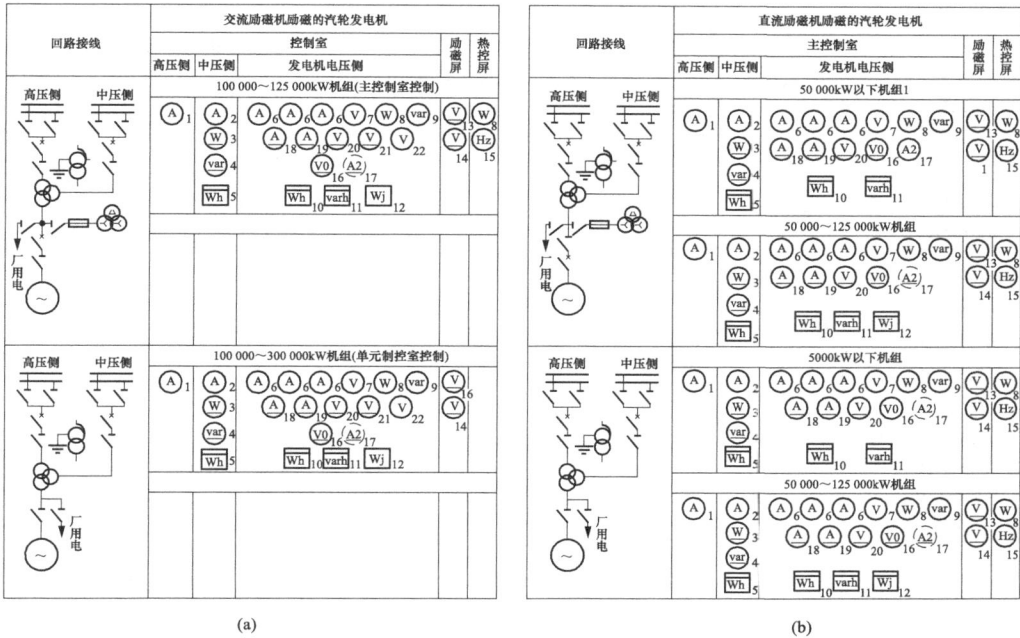

图 4-7　火电厂发电机-变压器（三绕组）组电气测量仪表配置

（a）配置（一）；（b）配置（二）

1—高压侧电流表；2—中压侧电流表；3—中压侧有功功率表；4—中压侧无功功率表；5—中压侧有功电能表；
6—发电机定子电流表；7—发电机定子电压表；8—发电机有功功率表；9—发电机无功功率表；10—发电机有
功电能表；11—发电机无功电能表；12—发电机有功功率记录表；13—发电机励磁电压表；14—备用励磁电压表；
15—发电机频率表；16—发电机定子绝缘监测表；17—发电机负序电流表（需要时才装设）；18—发电机励磁电流表；
19—励磁调整装置输出电流表；20—发电机励磁电压表；21—励磁调整装置输出电压表；22—副励磁机交流电压表

6. 基本技术参数

电压互感器不需要进行动稳定校验和热稳定校验，电压互感器的基本技术参数见表 4-47。

表 4-47　　　　　　　　　　　**电压互感器的基本技术参数**

型号	额定电压（kV）			二次绕组额定容量（VA）				辅助（剩余）绕组额定容量（VA）	分压电容量（μF）	最大容量（VA）
	一次绕组	二次绕组	辅助绕组	0.2	0.5	1	3（3P）			
JDJ-10	10	0.1			80	150	320			640
JDF-10	10	0.1		25	50					
JDZ12-10	10	0.1		40	100	150				800
JDZF-10	10	0.1		30						
JDZJ1-10、JDZB-10	$10/\sqrt{3}$	$0.1/\sqrt{3}$	0.1/3		50	80	200			400
JDZX11-10B	$10/\sqrt{3}$	$0.1/\sqrt{3}$	0.1/3	40	100	200		100（6P）		600
JDX-10	$10/\sqrt{3}$	$0.1/\sqrt{3}$	0.1/3	100	100			100		1000
UNE10-S	$10/\sqrt{3}$	$0.1/\sqrt{3}$	0.1/3	30	40			50（6P）		500
UNZS10	10	0.1	0.1	30	30					500
JSJV-10	10	0.1			140	200	500			1100
JSJB-10	10	0.1			120	200	480			960
JSJW-10	10	0.1	0.1/3		120	200	480			960
JSZW₃-10	10	0.1	0.1/3		150	240	600			1000
JSZG-10	10	0.1	0.1/3		150			120$\sqrt{3}$（6P）		400

续表

型号	额定电压（kV）			二次绕组额定容量（VA）				辅助(剩余)绕组额定容量（VA）	分压电容量（μF）	最大容量（VA）
	一次绕组	二次绕组	辅助绕组	0.2	0.5	1	3（3P）			
JD7-35	35	0.1		80	150	250	500			1000
JDJ2-35	35	0.1			150	250	500			1000
JDZ8-35	35	0.1		60	180	360	1000			1800
JDX7-35	$35/\sqrt{3}$	$0.1/\sqrt{3}$	0.1/3	80	150	250	500	100		1000
JDJJ2-35	$35/\sqrt{3}$	$0.1/\sqrt{3}$	0.1/3		150	250	500			1000
JDZX8-35	$35/\sqrt{3}$	$0.1/\sqrt{3}$	0.1/3	30	90	180	500	100（6P）		600
JCC6-110（W2、GYW1）	$110/\sqrt{3}$	$0.1/\sqrt{3}$	0.1	150	300	500	（500）	300（3P）		2000
JCC3-110B（BW2）	$110/\sqrt{3}$	$0.1/\sqrt{3}$	0.1		300	500	（500）	300（3P）		2000
JDC6-110	$110/\sqrt{3}$	$0.1/\sqrt{3}$	0.1		300	1000	（500）			2000
TYD 110/$\sqrt{3}$-0.015	$110/\sqrt{3}$	$0.1/\sqrt{3}$	0.1	100	200	400			0.015	
JCC5-220（W1、GYW1）	$220/\sqrt{3}$	$0.1/\sqrt{3}$	0.1		300	500	（300）			2000
JDC-220	$220/\sqrt{3}$	$0.1/\sqrt{3}$	0.1	150	300	500	（500）			2000
JDC9-220（GYW）	$220/\sqrt{3}$	$0.1/\sqrt{3}$	0.1			500	（1000）			2000
TYD 220/$\sqrt{3}$-0.0075	$220/\sqrt{3}$	$0.1/\sqrt{3}$	0.1	100	200	400			0.0075	
TYD₃500$\sqrt{3}$	$500/\sqrt{3}$	$0.1/\sqrt{3}$	0.1	150	300				0.005	

第八节　支柱绝缘子及穿墙套管的选择

支柱绝缘子按额定电压的类型选择，并按短路校验动稳定；穿墙套管按额定电压、额定电流和类型选择，并按短路校验热、动稳定。

一、选择支柱绝缘子和穿墙套管的种类和形式

选择支柱绝缘子和穿墙套管时应按装置的地点（屋内、屋外）、环境条件等选择。

（1）屋外支柱绝缘子一般采用棒式支柱绝缘子。屋外支柱绝缘子需要倒装时，宜用悬式支柱绝缘子。

（2）屋内支柱绝缘子一般采用联合胶装的多棱式支柱绝缘子。

（3）穿墙套管一般采用铝导体穿墙套管，对铝有明显腐蚀的地区如沿海地区可以例外。

（4）在污秽地区，应尽量选用防污型盘形悬式绝缘子。

二、按额定电压选择支柱绝缘子和穿墙套管

支柱绝缘子和穿墙套管的额定电压应满足下式要求，即

$$U_{N} > U_{NW} \tag{4-51}$$

式中　U_{N}，U_{NW}——支柱绝缘子（或穿墙套管）的最高工作电压及其所在系统的最高电压，kV。

发电厂和变电站的3～20kV屋外支柱绝缘子和套管，当有冰雪或污秽时，宜选用高一

级额定电压的产品。

三、按最大持续工作电流选择穿墙套管

由于支柱绝缘子内不通过电流，不必按最大持续工作电流选择和热稳定校验，同样母线型穿墙套管本身不带导体，也不必按持续工作电流选择和校验热稳定，只需保证套管形式与母线条的形状和尺寸配合及校验动稳定。

穿墙套管的最大持续工作电流应满足下式要求，即

$$I_{al} = KI_N \geqslant I_{max} \qquad (4\text{-}52)$$

式中　K——温度修正系数；

I_N，I_{max}——穿墙套管的额定电流及其所在回路的最大持续工作电流，A。

温度修正系数 K 的取值：当环境温度 $40\,℃ \leqslant \theta \leqslant 60\,℃$ 时，用式 $K = \sqrt{\dfrac{\theta_{al} - \theta}{\theta_{al} - 25}}$ 计算，导体的 θ_{al} 取 $85\,℃$，即 $K = 0.149\sqrt{85 - \theta}$。在环境温度 $\theta < 40\,℃$ 及符合套管长期最高允许发热温度的情况下，允许套管长期过负荷，但不应大于 $1.2 I_N$。

四、校验穿墙套管的热稳定

穿墙套管的热稳定应满足

$$I_t^2 t \geqslant Q_d \qquad (4\text{-}53)$$

式中　I_t——时间 t 内允许通过穿墙套管的热稳定电流，可查表 4-48，A；

　t——允许通过穿墙套管的热稳定时间，可查表 4-48，s。

五、校验支柱绝缘子和穿墙套管的动稳定

支柱绝缘子和穿墙套管的动稳定应满足

$$F_c \leqslant 0.6 F_d \qquad (4\text{-}54)$$

式中　F_c——三相短路时，作用于绝缘子帽或穿墙套管端部的计算作用力，N；

　F_d——绝缘子或穿墙套管的抗弯破坏负荷，查表 4-48，N；

　0.6——绝缘子或穿墙套管的潜在强度系数。

1. 三相短路时绝缘子（或套管）所受的电动力 F_{max}

布置在同一平面内的三相导体（见图 4-8）发生三相短路时，任意一个支柱绝缘子（或套管）所受的电动力为该绝缘子（或套管）相邻导体上电动力的平均值（即左右两跨各有一半力作用在绝缘子或套管上）。例如，绝缘子 1 所受的力 F_{max} 的计算式为

$$\left.\begin{array}{l} F_{max} = \dfrac{F_1 + F_2}{2} = 1.73 \times 10^{-7}\,\dfrac{L_1 + L_2}{2a}i_{sh}^2 = 1.73 \times 10^{-7}\,\dfrac{L_c}{a}i_{sh}^2 \\[2mm] L_c = (L_1 + L_2)/2 \end{array}\right\} \qquad (4\text{-}55)$$

式中　L_c——绝缘子计算跨距；

　L_1，L_2——与绝缘子相邻的跨距，m；

　L_{ca}——穿墙套管的长度。

2. 支柱绝缘子的 F_c 计算

当三相导体水平布置时，F_{max} 作用在导体截面的水平心线上，与绝缘子轴线垂直，绝缘子可能被弯曲而破坏，其受力示意图如图 4-9 所示。

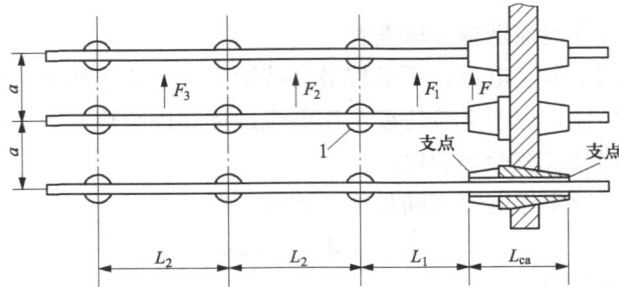

图 4-8　绝缘子和穿墙套管所受的电动力示意图

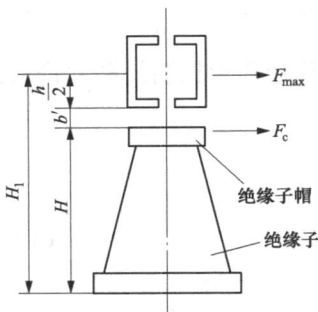

图 4-9　绝缘子受力示意图

因为支柱绝缘子的抗弯破坏负荷 F_d 是按作用在绝缘子帽上给定的，所以必须求出短路时作用在绝缘子帽上的计算作用力 F_c，根据力矩平衡得

$$F_c = F_{max} H_1 / H \qquad (4\text{-}56)$$

而

$$H_1 = H + b' + h/2$$

式中　H_1——绝缘子底部到导体水平中心线的高度，mm；

　　　H——绝缘子的高度，mm；

　　　b'——导体支持器下片厚度，mm，一般竖放矩形导体 $b' = 18mm$，平放矩形导体及槽形导体 $b' = 12mm$；

　　　h——母线总高度，mm。

当三相导体垂直布置时，F_{max} 与绝缘子轴线重合，绝缘子受压，则有

$$F_c = F_{max}$$

对于屋内 35kV 及以上水平布置的支柱绝缘子，在进行上述机械计算时，应考虑导体和绝缘子的自身重力及短路电动力的复合作用，屋外支柱绝缘子还应计及风力和冰雪的附加作用；对于悬式绝缘子，不需校验动稳定。

3. 穿墙套管 F_c 的计算（三相导体水平或垂直布置相同）

按式（4-55）计算穿墙套管的 F_c，即

$$\left.\begin{aligned} F_c = F_{max} = 1.73 \times 10^{-7} \frac{L_c}{a} i_{sh}^2 \\ L_c = (L_1 + L_{ca})/2 \end{aligned}\right\} \qquad (4\text{-}57)$$

式中　L_c——穿墙套管的计算跨距，m；

　　　L_{ca}——穿墙套管的长度，m。

六、支柱绝缘子和穿墙套管的基本技术参数

支柱绝缘子和穿墙套管的基本技术参数见表 4-48。

表 4-48　支柱绝缘子和穿墙套管的基本技术参数

支柱绝缘子

型号	额定电压 (kV)	绝缘子高度 (mm)	抗弯破坏负荷 (kN)
ZL-10/4	10	160	4
ZL-10/8	10	170	8
ZL-10/16	10	185	16
ZL-10/4G	10	210	4
ZS-10/4	10	210	4
ZS-10/5	10	220	5
ZS-15/4T	15	260	4
ZSN-15/4T	15	260	4
ZL-20/16	20	265	16
ZL-20/30	20	290	30
ZS-20/10	20	350	10
ZL-35/4Y	35	380	4
ZL-35/4	35	380	4
ZL-35/8	35	400	8
ZLA-35GY	35	445	4
ZLB-35GY	35	450	7.5
ZS-35/4	35	400	4
ZS-35/8	35	420	8
ZS-35/16	35	500	16
ZSX-35/4	35	420	4

穿墙套管

型号	额定电压 (kV)	额定电流 (A) [母线型套管内径 (mm)]	套管长度 (mm)	抗弯破坏负荷 (kN)
CB-10	10	200、400、600、1000、1500	350	7.5
CC-10	10	1000、1500、2000	449	12.5
CB-35	35	400、600、1000、1500	810	7.5
CM-12-86	12	内径 86	480	20
CM-12-105	12	内径 105	484	23
CM-12-142	12	内径 142	487	30
CM-12-160	12	内径 160	488	8
CM-12-130	12	内径 130	720	23
CM-12-330	12	内径 330	782	40
CWLB2-10	10	200、400、600、1000、1500	394	7.5
CWLC2-10	10	2000、3000	435	12.5
CWLC2-20	20	2000、3000	595	12.5
CWLB2-35	35	400、600、1000、1500	830	7.5
CMW-24-180	24	4000A，内径 180	805	20
CMW-24-330	24	8000A，内径 330	805	40
CMW-40.5-320	40.5	6000A，内径 320	942	40

第九节　限流电抗器的选择

一、额定电压的选择

$$U_{NL} \geqslant U_{NW} \qquad (4\text{-}58)$$

式中　U_{NL}——电抗器的额定电压；

　　　U_{NW}——系统的最高电压。

二、按额定电流的选择

$$I_{al} = K I_{NL} \geqslant I_{max} \qquad (4\text{-}59)$$

式中　I_{NL}——电抗器的额定电流；

　　　K——温度修正系数，按式（4-2）计算；

　　　I_{max}——装设电抗器电路的最大持续工作电流。

普通限流电抗器的额定电流应按下列条件选择：

（1）电抗器几乎没有过负荷能力，所以主变压器或出线回路的电抗器应按回路最大可能工作电流选择，而不能用正常持续工作电流选择。

（2）选择发电厂母线分段电抗器时，I_{max} 一般取最大一台发电机额定电流的 $50\% \sim 80\%$。

（3）选择变电站母线分段电抗器时，I_{max} 应按满足用户的一级负荷和大部分二级负荷的条件计算。

分裂限流电抗器的额定电流应按下列条件选择：

（1）在发电机或主变压器回路中，一般按发电机或主变压器额定电流的 70% 选择。

（2）在变电站主变压器回路中，应按负荷电流大的一臂中通过的最大负荷电流选择；若无负荷资料，按主变压器额定电流的 70% 选择。

三、电抗百分值的选择

1. 电抗器的电抗百分值的计算

电抗器的电抗百分值按将短路电流限制到一定要求的数值来选择，应使 $6 \sim 10kV$ 配电网中能选用轻型断路器，使选择的电缆截面积不致过大。对中、小型发电厂，一般可按 $6 \sim 10kV$ 出线短路电流不超过 20kV 来考虑。

设将短路电流限制到所要求的值（如轻型断路器的额定开断电流），令其等于电抗器后三相短路时的次暂态电流 $I''^{(3)}$，则电源至短路点总电抗的标幺值 $X_{*\Sigma}$ 为

$$X_{*\Sigma} = \frac{I_B}{I''^{(3)}} \qquad (4\text{-}60)$$

式中　I_B——基准电流。

所需电抗器的电抗标幺值为

$$X_{*L} = X_{*\Sigma} - X'_{*\Sigma} \qquad (4\text{-}61)$$

式中　$X'_{*\Sigma}$——电源至电抗器前的总电抗标幺值（不含电抗器）。

所选电抗器的电抗百分值应大于

$$X_L\% = X_{*L} \frac{I_{NL} U_B}{I_B U_{NL}} \times 100 \qquad (4\text{-}62)$$

或
$$X_L\% = \left(\frac{I_B}{I''_{(2)}} - X'_{*\Sigma}\right) X_{*L} \frac{I_{NL}U_B}{I_BU_{NL}} \times 100 \tag{4-63}$$

式中　U_B——基准电压。

2. 电压损失校验

电压损失校验应满足的条件为
$$\Delta U\% = X_L\% \frac{I_{fh}}{I_{NL}}\sin\varphi \leqslant 5\% \tag{4-64}$$

式中　$X_L\%$——选出的电抗器的电抗百分值。

3. 短路时母线剩余电压的校验

短路时母线剩余电压的校验应满足的条件为
$$U_{sy}\% = X_L\% \frac{I''_{(3)}}{I_{NL}} \geqslant 60\% \sim 70\% \tag{4-65}$$

若剩余电压不能满足要求，则可在线路继电保护及线路电压降允许范围内增加出线电抗器的电抗百分值或采用快速切除短路故障的方式提高剩余电压。对于母线分段电抗器、带几回出线的电抗器及其他有无时限继电保护的出线电抗器，不必在短路时对母线剩余电压进行校验。

四、校验动稳定
$$i_{es} \geqslant i_{sh} \tag{4-66}$$

式中　i_{es}——电抗器的动稳定电流；

　　　i_{sh}——电抗器后的三相短路电流冲击值。

分裂电抗器应分别按单臂流过 i_{sh} 和两臂同时流过反向 i_{sh} 进行校验。

五、校验热稳定
$$I_t^2 t \geqslant Q_k \tag{4-67}$$

式中　Q_k——短路电流热效应；

　　　I_t——时间 t 内的热稳定电流。

六、限流电抗器的基本技术参数

限流电抗器的基本技术参数见表 4-49。

表 4-49　　　　　　　　　　　限流电抗器的基本技术参数

型　号	额定电压 (kV)	额定电流 (A)	电抗 (%)	额定线圈电感 (mH)	三相通过容量 (kVA)	单相无功容量 (kvar)	单相损耗 (75℃，W)	动稳定电流 (kA)	热稳定电流 (kA·s)
NKL-6-500-4	6	500	4				2860	31.9	27 (1s)
NKL-10-400-4	10	400	4					25.5	22.5 (1s)
NKSL-6-400-5	6	400	5	1.379	3×1386	69.3	3153	20.4	22.26
NKSL-10-400-4	10	400	4	1.838	3×2309	92.4	3196	25.5	27.56
NKSL-6-600-4	6	600	4	0.735	3×2078	83	2347	38.25	49.33
NKSL-10-600-6	10	600	6	1.838	3×3464	207.8	5775	25.5	33

第十节 六氟化硫全封闭组合电器的选择

一、形式选择时应注意的问题

（1）全封闭组合电器价格较贵，选用时注意进行技术经济比较。一般情况下，电压越高，增加的投资百分比较少。

（2）应与所采用的电气主接线和布置形式结合起来统筹考虑，求得总体的经济合理性。

（3）应考虑母线的热伸缩和基础的不均匀下沉，设置必要的伸缩接头。

（4）在环境温度低于-20℃的地区，应附加电热加温装置，防止六氟化硫气体低温液化。

（5）在全封闭组合电器停电回路的最先接地点或利用接地措施保护全封闭组合电器外壳时，应选择快速接地开关；而在其他情况则选用一般接地开关。接地开关或快速接地开关的导电杆应与外壳绝缘。

（6）全封闭组合电器同一回路的断路器、隔离开关、接地开关之间应设置联锁装置。

（7）全封闭组合电器元件应分成若干气隔。除断路器外，其余部分宜采用相同气压。

（8）全封闭组合电器应设置防止外壳破坏的保护措施，如防爆膜压力释放阀、快速接地开关保护等。

二、按全封闭组合电器的参数选择

六氟化硫全封闭组合电器的参数应按表 4-50 所列技术条件选择，并按表中环境条件校验。

表 4-50　　　　　　　　六氟化硫全封闭组合电器的参数选择

项　　　目		参　　　数
技术条件	正常工作条件	电压、相数、频率、机械荷载、绝缘气体和灭弧室气体压力、漏气量、组成元件的各项技术参数、接线方式
	短路稳定性	动稳定电流、热稳定电流和持续时间
	承受过电压的能力	绝缘水平、泄漏比距
	操作性能	开断电流、短路关合电流、操作循环、操作次数、操作相数、分合闸时间、操动机构
环境条件		环境温度、日温差①、最大风速①、相对湿度②、污秽①、海拔、地震烈度

① 当在屋内使用时，可不校验。

② 当在屋外使用时，可不校验。

三、各元件的技术要求

1. 断路器

断路器的灭弧室一般为单压式，即绝缘与灭弧装置同用 $30 \times 10^4 \sim 50 \times 10^4$ Pa 一种。断口布置有两种形式：水平布置时，可以在断路器的两侧检修断口，能够减小配电装置的高度，宜在屋外或对增大配电装置宽度影响不大的场所使用；垂直布置时，若修，需将灭弧室吊出，要求一定的高度，但宽度可以缩小，特别适用于地下开关站。断路器的操动机构一般采用液压或弹簧机构，也可以采用压缩空气机构。

2. 封闭式隔离开关

封闭式隔离开关有直动式和旋转式两种，这两种与敞开式的差别较大。隔离开关元件布置在直线段时，一般选用旋转式（动触杆与操动机构成 90° 布置，通过涡轮传动）；布置在直角转角段时，一般选用直动式（动触杆与操动机构布置在一条线上，直接传动）。为监视断口工作状态，外壳需设置观察窗。为保证运行安全，还可增设接地的金属屏，当触头分离之后，将它插入到断口之间。

3. 负荷开关

负荷开关具有切合负荷电流的能力，可用于终端变电站或城市环网供电系统中，代替断路器。

负荷开关应和断路器有同样的电气参数，以保证切合空线或空载变压器时产生的过电压不超过允许值。负荷开关元件在操作时应三相联动，其三相合闸不同期性不应大于 10ms，分闸不同期性不应大于 5ms。

4. 接地开关和快速接地开关

为了保证检修安全，在断路器的两侧和母线等处，皆应装有手动或电动的接地开关。

快速接地开关的作用相当于接地断路器，可就地接地和远方控制。一般下列情况下需要装设快速接地开关。

（1）停电回路的最先接地点。用来防止可能出现的带电误合接地造成全封闭组合电器的损坏。

（2）利用快速接地开关来短路全封闭组合电器内部的电弧，防止事故扩大。一般为分相操作，投入时间不小于接地飞弧后 1s。

5. 电流互感器

电流互感器有穿心式和开口式两种结构形式。穿心式以六氟化硫为主绝缘，尺寸小、质量小、拆装方便，但只能装于电缆侧。两种结构可根据具体情况选用。因为电流互感器一次侧只有一匝，所以在小电流时，其准确度级不高。

6. 电压互感器

220kV 以下一般采用电磁式，500kV 以上一般采用电容式，220～500kV 电压等级对电磁式和电容式电压互感器均有采用。电磁式电压互感器容量大、特性稳定，并可作为现场工频耐压试验电源，一般该容量可满足一个隔位的耐压试验容量。

7. 避雷器

避雷器大多以六氟化硫气体做绝缘和灭弧介质，以及做成单独的气隔。根据保护需要，可将避雷器装在母线上或出线端。避雷器应有防爆装置、监视压力的压力表和补气用的阀门。

8. 母线

母线有分相式和共体式。分相式的母线结构简单、相间电动力小、可避免相间短路；三相共体式母线的外壳损耗小、外壳加工量小、占地少。目前，110kV 用共体式，500kV 及以上用分相式，110～500kV 对两种形式均有使用。

为了消除温度应力和分期安装的需要，在适当位置应装设伸缩节。母线分段一般是一个隔位宽度做成一个单元段。

9. 引线套管与电缆终端

与架空线连接，一般用充以六氟化硫气体的六氟化硫套管；与变压器连接，一般用六氟化硫油套管；与电缆出线连接，一般用外部充以六氟化硫气体、内腔与电缆油道相通的六氟化硫电缆头。

第十一节　中性点设备的选择

一、消弧线圈的选择

1. 形式的选择

消弧线圈一般选用油浸式。装设在屋内相对湿度小于 80% 场所的消弧线圈，也可选用干式。

2. 安装位置的选择

消弧线圈的装设条件根据中性点的接地方式确定。

选择消弧线圈的安装位置需要注意的内容如下：

(1) 在任何运行方式下，大部分不得失去消弧线圈的补偿。不应将多台消弧线圈集中安装在一处，并尽量避免在电网中仅安装一台消弧线圈。

(2) 在发电厂中，发电机的消弧线圈可装在发电机中性点上，也可装在厂用变压器中性点上。当发电机采用单元接线时，消弧线圈应装在发电机中性点上。发电机为 Yy 绕组，且中性点分别引出时，仅在其中一个星形绕组的中性点上连接消弧线圈，否则会造成两个中性点之间的电流互感器短路。

(3) 在变电站中，消弧线圈一般装在变压器的中性点上，6～10kV 消弧线圈也可装在调相机中性点上。

(4) 安装在 YNd 接线双绕组变压器或 YNynd 接线三绕组变压器中性点上的消弧线圈的容量，不应超过变压器三相总容量的 50%，并且不得大于三绕组变压器任意一个绕组的容量。

(5) 安装在 Yyn 接线的内铁芯或变压器中性点上的消弧线圈容量，不应超过变压器三相总容量的 20%。消弧线圈不应装在三相磁路相互独立、零序阻抗很大的 Yyn 接线变压器的中性点上。

(6) 如变压器无中性点或中性点未引出，应装设专用接地变压器。其容量应与消弧线圈的容量相配合，并采用相同的定额时间，而不是连续时间。接地变压器的特性要求是零序阻抗低、空载阻抗高、损失小。采用曲折形接法的变压器能满足这些要求。

3. 容量及分接头的选择

消弧线圈的补偿容量一般按下式计算

$$Q = K I_{\mathrm{C}} \frac{U_{\mathrm{N}}}{\sqrt{3}} \tag{4-68}$$

式中　Q——补偿容量，kVA；

　　K——系数，过补偿的系数 K 取 1.35，欠补偿的系数 K 按脱谐度确定；

　　U_{N}——电网或发电机回路的额定电压，V；

　　I_{C}——电网或发电机的电容电流，A。

装于电网的变压器中性点的消弧线圈，以及具有直配线的发电机中性点的消弧线圈，应采用过补偿方式，防止运行方式改变时，电容电流减少，使消弧线圈处于谐振点运行。在正常情况下，脱谐度一般不大于 10%。对于采用单元接线的发电机中性点的消弧线圈，为了限制电容耦合传递过电压及频率变动等对发电机中性点位移电压的影响，一般采用欠补偿方式。考虑到限制传递过电压等因素，在正常情况下，脱谐度不宜超过 ±30%。

计算电网的电容电流时，应考虑电网 5～10 年的发展。电网的电容电流，应包括有电气接线的所有架空线路、电缆线路的电容电流，架空线可按 $I_C = \dfrac{U_N L}{350}$（A）估算，电缆线路按 $I_C = 0.1 U_N L$（A）估算，L 为线路长度（km）。

消弧线圈的分接头数量应满足调节脱谐度的要求，接于变压器的一般不小于 5 个，接于发电机的最好不低于 9 个。

4. 中性点位移电压的校验

中性点经消弧线圈接地的电网，在正常情况下，长时间中性点位移电压不应超过额定相电压的 15%，脱谐度一般不大于 10%。

中性点位移电压一般按下式计算

$$U_0 = \frac{U_{bd}}{\sqrt{d^2 + v^2}} \tag{4-69}$$

式中　U_{bd}——消弧线圈投入前，电网或发电机回路中性点的不对称电压值，一般取 0.8% 的相电压；

　　　d——阻尼率，63～110kV 架空线线路取 3%，35kV 及以下架空线路取 5%，电缆线路取 2%～4%；

　　　v——脱谐度。

5. 消弧线圈的基本技术参数

消弧线圈的基本技术参数见表 4-51。

表 4-51　　　　　　　　　　消弧线圈的基本技术参数

额定容量 (kVA)	额定电压 (kV)	额定电流 (A)	各分接头允许电流 (A)				
175	6	25～50	25	29.7	35.3	42	50
350	6	50～100	50	59.5	70.5	84	100
300	10	25～50	25	29.7	35.3	42	50
600	10	50～100	50	59.5	70.5	84	100
1200	10	100～200	100	119	141	168	200
275	35	6.2～12.5	6.2	7.8	8.7	10.5	12.5
550	35	12.5～25	12.5	14.9	17.7	21	25
1100	35	25～50	25	29.7	35.3	42	50
2200	35	50～100	50	59.5	70.5	84	100

二、变压器中性点避雷器的选择

1. 变压器中性点采用氧化锌避雷器的优点

氧化锌避雷器没有间隙，将用在变压器中性点有其特殊的优越性，具体有以下几点。

　　（1）在正常运行时，变压器中性点电压位移很小，氧化锌避雷器的荷电率极低，大大延长使用寿命。

　　（2）不必担心灭弧问题。只要氧化锌避雷器的交流暂态过电压耐受能力能够满足要求，其额定电压的选择不太严格。

　　（3）通过氧化锌避雷器的雷电电流较小，一般在 1～1.5kA 以下，且残压低、能量小，可以不必校验通流容量。

　　2. 变压器中性点避雷器的选择原则

　　变压器中性点用的氧化锌避雷器不需要持续运行电压的技术特性要求。其他参数在工程中可暂按下述原则选择。

　　（1）变压器中性点绝缘的冲击试验电压与氧化锌避雷器 1kA 雷电冲击残压之间应至少有残压 20％的裕度。

　　（2）变压器中性点绝缘的工频试验电压乘以冲击系数后，与氧化锌避雷器的操作冲击电流下的残压之间应有 15％的裕度。

　　（3）氧化锌避雷器的额定电压不应低于系统最高相电压，如有困难，不应低于 0.6 倍的相电压。

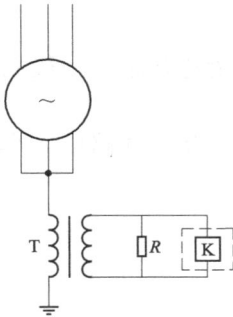

三、接地变压器和电阻

　　1. 装设接地变压器和电阻的目的

　　在容量为 200MW 及以上的发电机中性点，有经消弧线圈接地的方式，也有经单相配电接地变压器（二次侧接电阻）的接地方式，如图 4-10 所示。其目的是在电容回路中加入适当的电阻，以限制发电机单相接地故障中健全相的瞬时过电压不超过 2.6 倍额定相电压，并尽可能限制接地故障电流不超出 10～15A 的范围。当采用这种接地方式后，还将为构成发电机定子接地保护提供电源，便于检测。

　　将电阻 R 通过配电接地变压器接入中性点，将会使中性点接地电阻的一次值 R' 增加 N^2 倍从而可以减少实际装设的 R 值。即

图 4-10　发电机中性点接地变压器接地的原理

$$R' = N^2 R \tag{4-70}$$

式中　N——单相配电接地变压器的变比。

　　2. 电阻的选择

　　选取电阻的原则是取其一次值 R' 等于或小于发电机三相对地总容抗，使得单相接地故障有功电流不小于电容电流，即

$$R \geqslant \frac{1}{N^2 \times 3\omega(C_{0f} + C_g)} \times 10^6 \tag{4-71}$$

式中　C_{0f}——发电机本身每相的对地电容，μF；

　　　　C_g——除发电机外，发电机回路中其他设备的每相对地电容，包括封闭母线电容、主变压器电容、厂用变压器电容，以及为防止过电压而附加的电容器容量，μF。

　　由于电阻 R 的接入，将使单相接地故障总电流增加 $\sqrt{2}$ 倍或更大，并由原来的容性电流

合成为阻容性电流。

电阻的容量按流过电阻的工作电流和时间确定，在该时间内应保持足够的热稳定。工作电流按下式计算

$$I_r = \frac{U_2}{\sqrt{3}R} \qquad (4\text{-}72)$$

式中　U_2——接地变压器的二次电压，V。

3. 接地变压器的选择

接地变压器的一次电压取发电机的额定电压 U_N，这样可在发生单相接地，中性点有 1.6 倍系统最高相电压的过渡电压时，不致使变压器饱和。

接地变压器的二次电压可取 220V 或 100V。当接地保护需要 100V 电压，而变压器二次电压因供货原因而选用 220V 时，可在电阻中增加分压抽头，如图 4-11 所示。

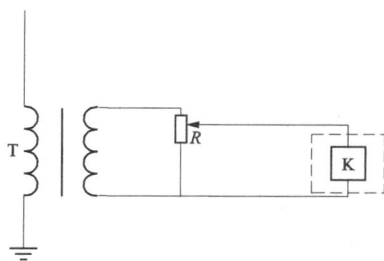

图 4-11　电阻需中间抽头时的接线

接地变压器的容量 S 不应小于电阻的消耗功率，即

$$S \geqslant \frac{U_2^2}{3R} \qquad (4\text{-}73)$$

接地变压器的形式以选用干式单相配电变压器为宜。在确定其容量时，可以按接地保护动作于跳闸的时间，利用变压器的过负荷能力。当无厂家资料时，可取表 4-52 所列数据。

表 4-52　　　　　　干式变压器的事故过负荷能力

过负荷量/额定容量	1.2	1.3	1.4	1.5	1.6
过负荷持续时间（s）	60	45	32	18	5

第五章 配电装置的布置

第一节 配电装置的设计原则与设计要求

一、配电装置的设计原则

高压配电装置的设计必须认真贯彻国家的技术经济政策，遵循有关规程、规范及技术标准规定，并根据电力系统条件、自然环境特点和运行、检修、施工等方面的要求，合理制订布置方案和选用设备，积极、慎重地采用新布置、新设备、新材料、新结构，使配电装置设计不断创新，做到技术先进、经济合理、运行可靠、维护方便。

火力发电厂及变电站的配电装置形式的选择，应考虑所在地区的地理情况及环境条件，因地制宜，节约用地，并结合运行、检修和安装的要求，通过技术经济比较对装置形式予以确定。

二、配电装置的设计要求

（一）总体要求

（1）节约用地。配电装置的设计和建造，应认真贯彻国家的技术经济政策和有关规程的要求，特别注意节约用地，争取不占或少占良田。各类型配电装置的占地面积，以屋外中型配电装置占地面积 100％ 为标准，进行比较，具体数值如下：

1）屋外分相中型：70％～80％。

2）屋外半高型：50％～60％。

3）屋外高型：40％～50％。

4）屋内型：25％～30％。

六氟化硫全封闭组合电器 5％～10％。

（2）保证运行安全、工作可靠和操作、巡视方便。配电装置的布置要整齐、清晰，并能在运行中满足对人身和设备的安全要求，如保证各种电气安全距离，装设防误操作的闭锁装置，采取防火、防爆和蓄油、排油措施，考虑设备防冻、防风、抗振、耐污等性能。以保证当配电装置发生事故时，能将事故限制到最小范围和最低程度，并使运行人员在正常操作和处理事故的过程中不致发生意外情况，以及在检修维护过程中不致损坏设备。此外，还应重视运行维护时的方便条件，如合理确定电气设备的操作位置，设置操作巡视通道，便利与主控制室之间联系等。

（3）便于检修和安装。对于各种形式的配电装置，都要考虑检修和安装条件。如为高型或半高型布置时，要对上层母线和上层隔离开关的检修、试验采取适当措施；要考虑构件的标准化，减少架构类型；设置设备搬运通道、起吊设施和照明条件等。此外，配电装置的设计还必须考虑分期建设和扩建的要求。

（4）在满足上述条件要求的情况下，采取有效措施，节约材料，减少投资。

（二）具体要求

1. 满足安全净距的要求

（1）屋内配电装置的安全净距不应小于表 5-1 所列数值，并按图 5-1、图 5-2 进行校验。

表 5-1 屋内配电装置的安全净距 (mm)

符号	适用范围	额定电压 (kV)								
		3	6	10	20	35	60	110J	110	220J
A_1	（1）带电部分至接地部分之间 （2）网状和板状遮栏向上延伸线2.3m处，与遮栏上方带电部分之间	75	100	125	180	300	550	850	950	1800
A_2	（1）不同相的带电部分之间 （2）断路器和隔离开关的断口两侧带电部分之间	75	100	125	180	300	550	900	1000	2000
B_1	（1）栅状遮栏至带电部分之间 （2）交叉的不同时停电检修的无遮栏带电部分之间	825	850	875	930	1050	1300	1600	1700	2550
B_2	网状遮栏至带电部分之间	175	200	225	280	400	650	950	1050	1900
C	无遮栏裸导体至地（楼）面之间	2375	2400	2425	2480	2600	2850	3150	3250	4100
D	平行的不同时停电检修的无遮栏裸导体之间	1875	1900	1925	1980	2100	2350	2650	2750	3600
E	通向屋外的出线套管至屋外通道的路面	4000	4000	4000	4000	4000	4500	5000	5000	5500

注 J 指中性点直接接地系统。

屋内电气设备外绝缘最低部位距地小于 2.3m 处应装设固定遮栏；配电装置中相邻带电部分的额定电压不同时，应按较高的额定电压确定其安全净距；屋外配电装置带电部分的上面或下面，不应有照明、通信和信号线路架空跨越或穿过；屋内配电装置带电部分的上面不应有明敷的照明或动力线路跨越。

（2）屋外配电装置的安全净距不应小于表 5-2 所列数值，并按图 5-3～图 5-5 进行校验。

2. 满足最小电气距离的要求

屋外电气设备外绝缘的最低部位距地面小于 2.5m 时，应装设固定遮栏。

屋外配电装置使用软导线，带电部分至接地部分和不同相的带电部分之间的最小电气距离，应根据下列三种条件进行校验，并采用其中的最大数值。

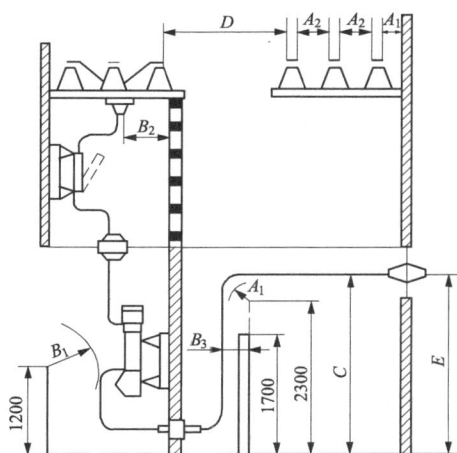

图 5-1 屋内配电装置安全净距校验图

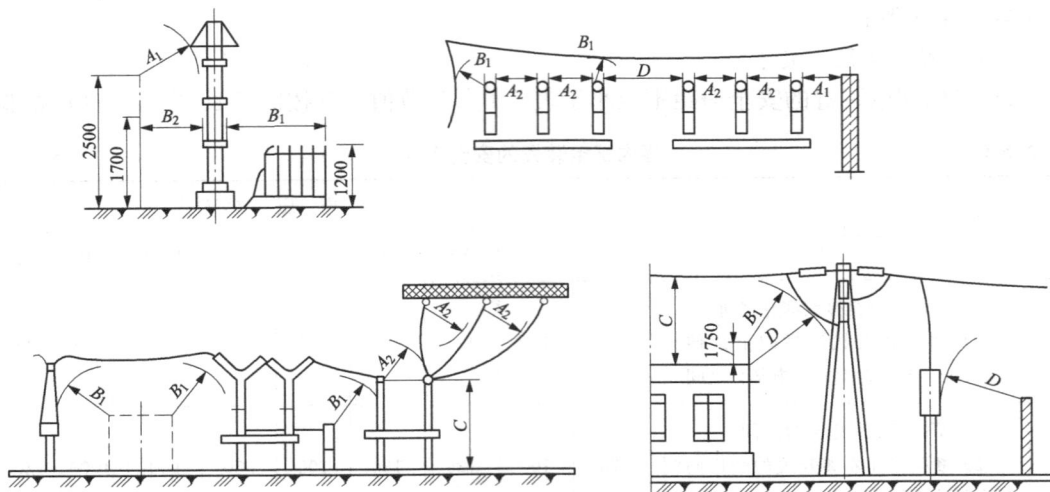

图 5-2　屋外配电装置安全净距校验图

表 5-2　　　　　　　　　　　　　　屋外配电装置的安全净距　　　　　　　　　　　　　　（mm）

符号	适 用 范 围	额 定 电 压 （kV）								
		3～10	20	35	60	110J	110	220J	330J	500J
A_1	（1）带电部分至接地部分之间 （2）网状和板状遮栏向上延伸线2.5m 处，与遮栏上方带电部分之间	200	300	400	650	900	1000	1800	2500	3800
A_2	（1）不同相的带电部分之间 （2）断路器和隔离开关的断口两侧引线带电部分之间	200	300	400	650	1000	1100	2000	2800	4300
B_1	（1）设备运输时，其外廓至无遮栏带电部分之间 （2）交叉的不同时停电检修的无遮栏带电部分之间 （3）栅状遮栏至绝缘体和带电部分之间 （4）带电作业时的带电部分至接地部分之间	950	1050	1150	1400	1650	1750	2550	3250	4550
B_2	网状遮栏至带电部分部分之间	300	400	500	750	1000	1100	1900	2600	3900
C	（1）无遮栏裸导体至地（楼）面之间 （2）无遮栏裸导体至建筑物、构筑物顶部之间	2700	2800	2900	3100	3400	3500	4300	5000	7500
D	（1）平行的不同时停电检修的无遮栏裸导体之间 （2）带电部分与建筑物、构筑物的边沿部分之间	2200	2300	2400	2600	2900	3000	3800	4500	5800

注　J 指中性点直接接地系统。

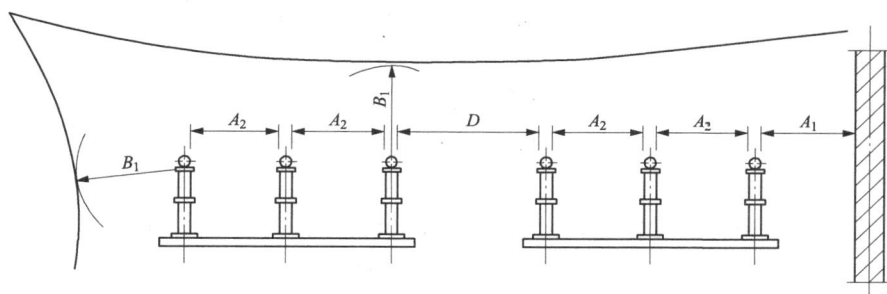

图 5-3　屋外 A_1、A_2、B_1、D 值校验

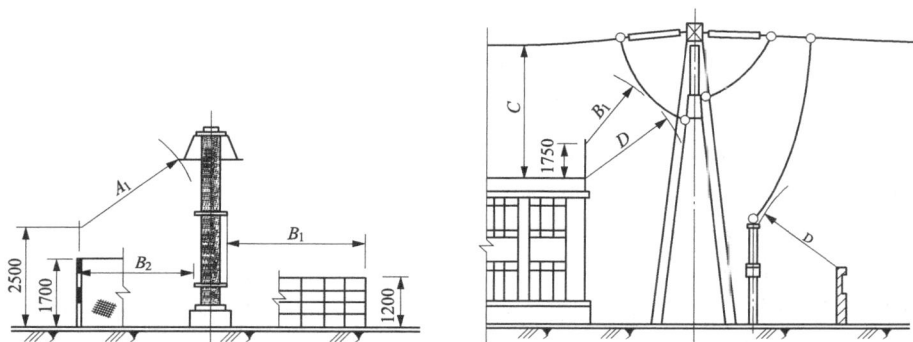

图 5-4　屋外 A_1、B_1、B_2、C、D 值校验

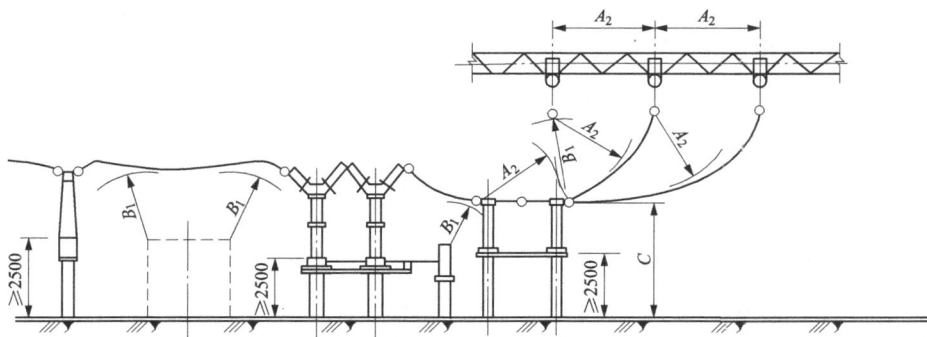

图 5-5　屋外 A_2、B_1、C 值校验

（1）外部过电压和风偏。

（2）内部过电压和风偏。

（3）最大工作电压、短路摇摆和风偏。

（三）施工要求

（1）配电装置的结构在满足安全运行的前提下应尽量简化，并考虑构件的标准化，减少架构类型，以达到节省材料、缩短工期的目的。

（2）配电装置的设计要考虑安装检修时设备搬运及起吊的便利。

（3）工艺布置设计应考虑土建施工误差，确保电气安全距离的要求，一般不宜选用规程规定的最小值，应留有适当裕度（5cm 左右）。

（4）配电装置的设计必须考虑分期建设和扩建。各种形式的配电装置对分别过渡有不同的适应性，应从电气主接线的特点、进出线布置和分别过渡的情况进行综合考虑，提出相应措施，尽量做到过渡时少停电或不停电，为施工安全与方便提供有利条件。

（四）运行要求

（1）各级电压配电装置之间，以及它们和各种建筑物之间的距离和相对位置，应按最终规模统筹规划，充分考虑运行的安全和便利。

（2）配电装置的布置应做到整齐、清晰，各个间隔之间要有明显的界线，对同一用途的同类设备，尽可能布置在同一中心线上（屋外）、或置于同一标高（屋内）。

（3）架空出线间隔的排列应根据出线走廊规划的要求，尽量避免线路交叉，并与终端塔的位置相配合。当配电装置为单列布置时，应考虑尽可能不在两个以上相邻间隔同时引出架空线。

（4）各级电压配电装置各回路的相序排列应尽量一致，一般为面对出线电流流出方向自左至右、由远到近、从上到下按 U、V、W 相序排列。对硬导体应按 U 相黄色、V 相绿色、W 相红色的原则涂色，对绞线一般只标明相别。

（5）配电装置内应设有供操作、巡视用的通道。

（6）发电厂及大型变电站的屋外配电装置周围宜围以高度不低于 1.5m 的围栏，以防止外人任意进入。变电站的围墙宜采用高度为 2.2～2.5m 的实体墙。

（7）配电装置中电气设备的栅状遮栏高度不应低于 1.2m，栅栏最低栏杆至地面的净距不应大于 200mm。配电装置中电气设备的网状遮栏高度不应低于 1.7m，遮栏网孔不应大于 10mm×40mm。

（8）当屋内配电装置长度超过 60m 时，应在两侧操作通道之间设置联络通道，以便运行人员巡视和处理事故。

（9）屋内配电装置均应装设闭锁装置，以防带负荷拉合隔离开关、带接地合闸、带电挂接地线、误拉合断路器、误入屋内有电间隔等电气误操作事故。

（10）35kV 屋内油浸电力变压器、10kV 的容量 80kVA 及以上屋内油浸式电力变压器的油量均超过 100kg，宜安装在单独的防爆间内，并应有灭火设施。

（11）屋外充油电气设备单个油箱的油量在 1000kg 以上时，应设置能容纳 100％油量的储油池或 20％油量的挡油槛等。

（12）储油池和挡油槛的长、宽尺寸一般应比设备外形尺寸每边大 1m。

（13）油量均为 2500kg 以上的屋外油浸变压器之间无防火墙时，其防火净距不得小于下列数值。

1）35kV 及以下：5m。

2）63kV：6m。

3）110kV：8m。

4）220kV 及以上：10m。

高压并联电抗器同属大型油浸设备，也应采用上述防火净距。油量在 2500kg 以上的变压器或电抗器同油量为 600kg 以上的本回路充油电气设备之间，其防火净距不应小于 5m。

（14）当屋外油浸变压器之间的防火间距不够时，要设置防火墙。防火墙的高度不宜低于变压器储油柜的顶端高度，其长度应超出变压器储油池两侧各 1m。对电压较低、容量较小的变压器，当套管离地高度不太高时，防火墙高度宜尽量与套管顶部取齐。

考虑到变压器散热、运行维护方便及事故时消防灭火的需要，防火墙与变压器外廊的距离以不小于 2m 为宜。

当防火墙上设有隔火水幕时，防火墙的高度应比变压器顶盖高出 0.5m，长度则不应小于变压器储油池的宽度加 0.5m。

(15) 当配电装置周围环境温度低于电气设备、仪表和继电器的最低允许温度时，应在操作箱内或配电装置室内装设加热装置。对于屋外充油电气设备，由于现场难以加装加热装置，可在订货时提请制造厂予以考虑。

（五）检修要求

(1) 电压为 110kV 及以上的屋外配电装置，应视其在系统中的地位、接线方式、配电装置形式及该地区的检修经验等情况，考虑带电作业的要求。

(2) 为保证检修人员在检修电气设备及母线时的安全，电压为 63kV 及以上的配电装置，对断路器两侧的隔离开关和线路隔离开关的线路侧，宜配置接地开关；每段母线上宜装设接地开关或接地器。其装设数量主要按作用在母线上的电磁感应电压确定，在一般情况下，每段母线宜装设两组接地开关或接地器，其中包括母线电压互感器隔离开关的接地开关在内。

屋内配电装置间隔内的硬导体及接地线上，应留有接触面和接线端子，以便于安装携带式接地线。

第二节 屋内配电装置的布置

一、屋内配电装置的选择

屋内配电装置的结构形式与电气主接线、电压等级和采用的电气设备的形式等有密切关系。发电厂和变电站 6～35kV 的屋内配电装置，因多采用真空断路器，体积较小，因此配电装置的结构形式主要和有无出线电抗器有关。目前，无出线电抗器的配电装置多为单层式，即把所有电气设备布置在单层房屋内，主要用在中、小容量发电厂和变电站中，以作为发电厂的厂用配电装置。有出线电抗器的配电装置多为两层式，主要用在大、中容量发电厂中。

110～220kV 的屋内配电装置有单层式和两层式两种，它与屋外配电装置比较，突出的优点是能有效地防止空气污染及节约占地面积。

二、屋内配电装置图例

屋内配电装置的布置如图 5-6 所示。

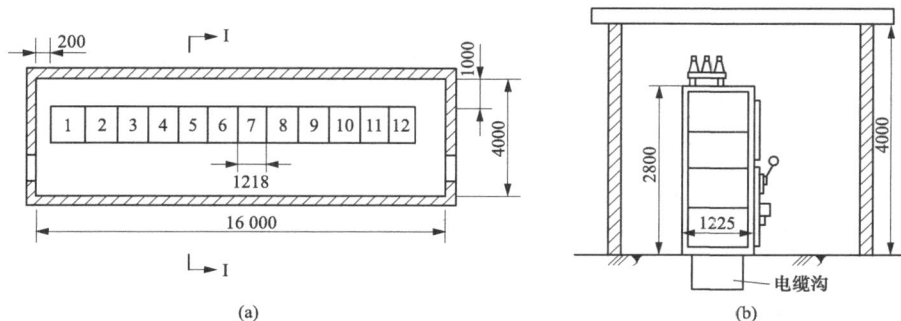

图 5-6 屋内配电装置的布置（一）

（a）平面图；（b）Ⅰ-Ⅰ断面图

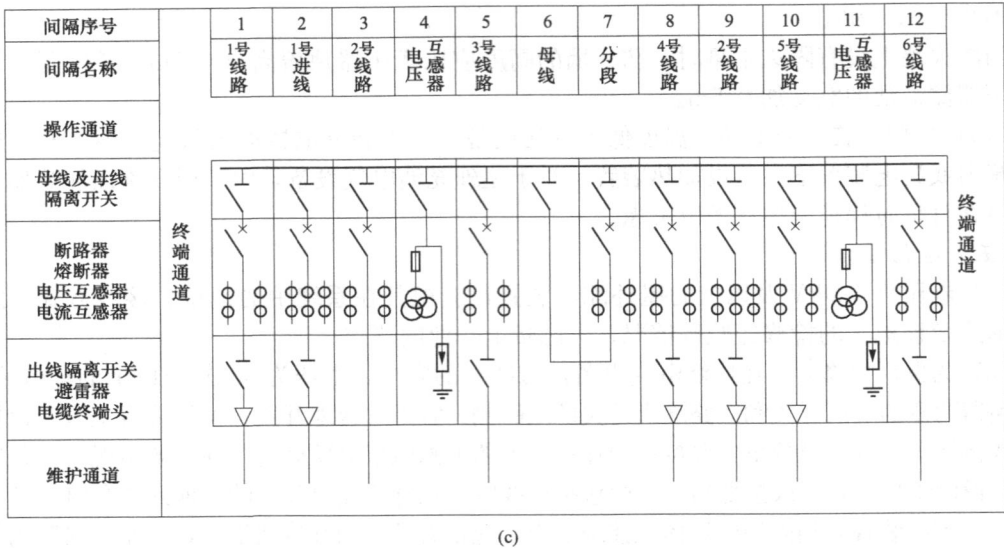

(c)

图 5-6　屋内配电装置的布置（二）

(c) 配置图

第三节　屋外配电装置的布置

一、屋外配电装置的选择

屋外配电装置根据电气设备和母线布置的高度，可分为中型、半高型和高型三种类型。

中型配电装置是把所有电气设备都安装在地面的基础上或设备支架上，以保持带电部分与地之间必要的高度，这样使各种电气设备基本处在同一水平面内。母线布置在比电气设备较高的水平面内，母线和各种电气设备均不上下重叠布置。所以，无论在施工、运行和检修方面都比较方便，而且可靠，但占地面积大。

高型和半高型配电装置是将母线位置抬高，母线和电气设备布置在几个不同高度的水平面上，并且上下重叠。高型屋外配电装置是将两组母线上下重叠，两组母线隔离开关也上下重叠布置。半高型屋外配电装置只是抬高母线，两组母线并不上下重叠布置，仅将母线与断路器、电流互感器等设备上下重叠布置。

二、屋外配电装置图例

1. 110kV 屋外配电装置图例

110kV 单母线分段带旁路母线屋外普通中型配电装置如图 5-7 所示。110kV 半高型配电装置如图 5-8～图 5-11 所示。

2. 220kV 配电装置图例

220kV 双母线带旁路母线普通中型配电装置如图 5-12 所示。220kV 分相中型配电装置断面图如图 5-13 所示。

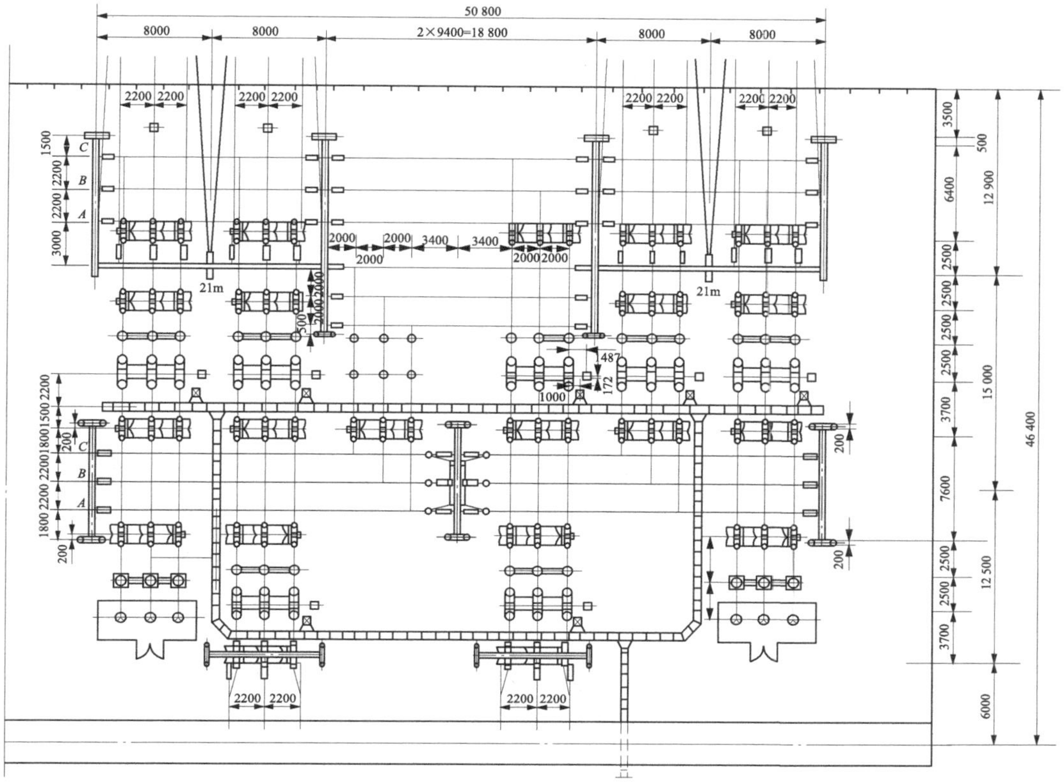

(a)

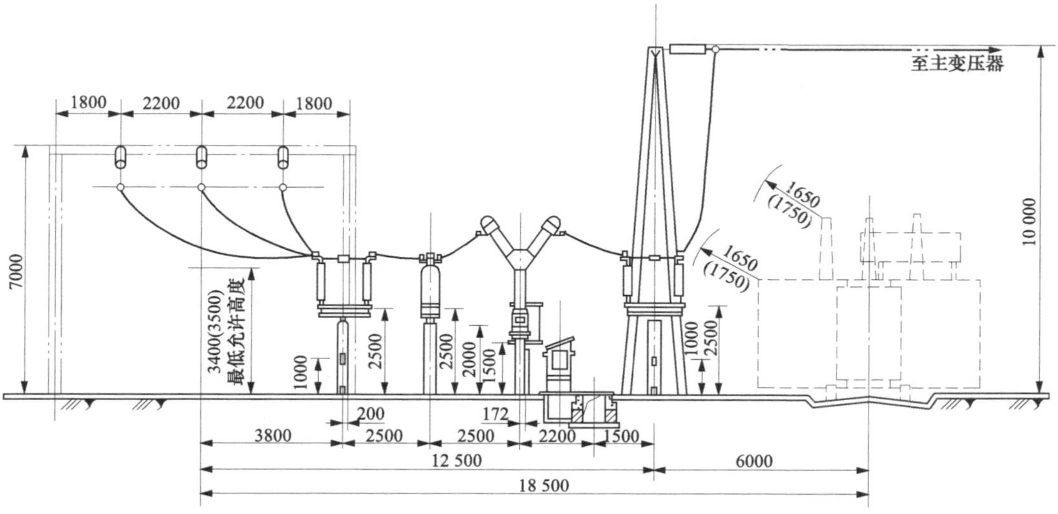

(b)

图 5-7 110kV 单母线分段带旁路母线屋外普通中型配电装置（一）

（a）平面图；（b）变压器间隔断面图

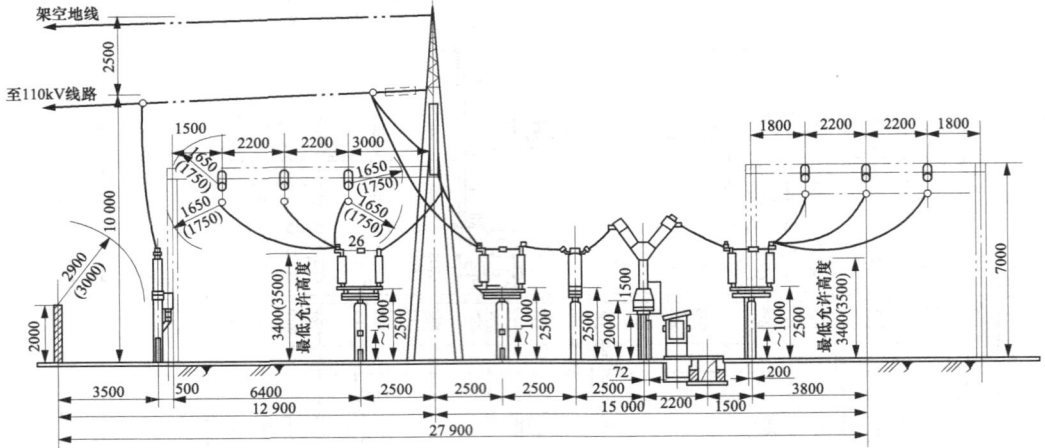

(c)

图 5-7   110kV 单母线分段带旁路母线屋外普通中型配电装置（二）

（c）出线间隔断面图

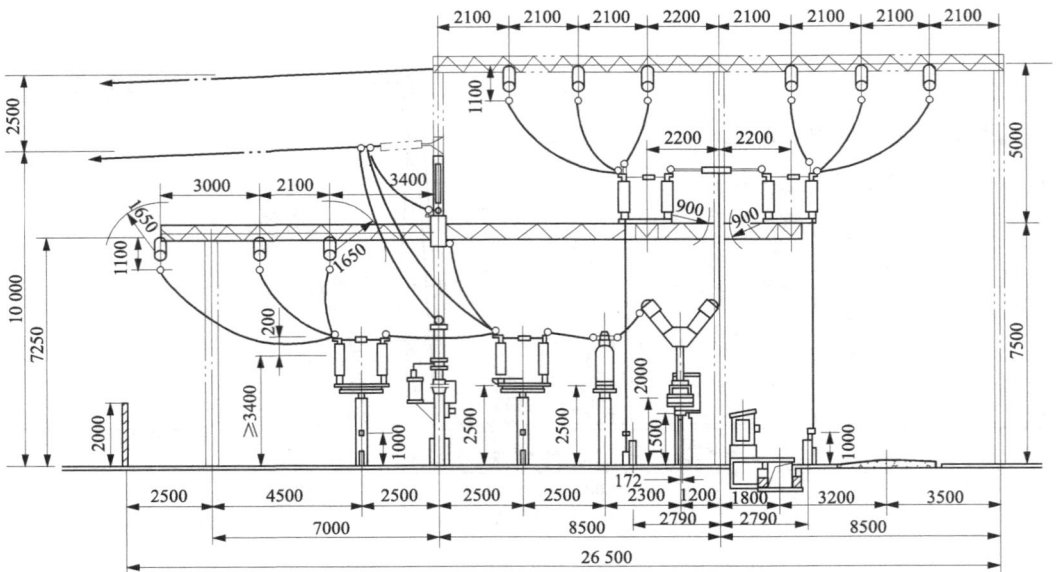

图 5-8   110kV 半高型配电装置（一）

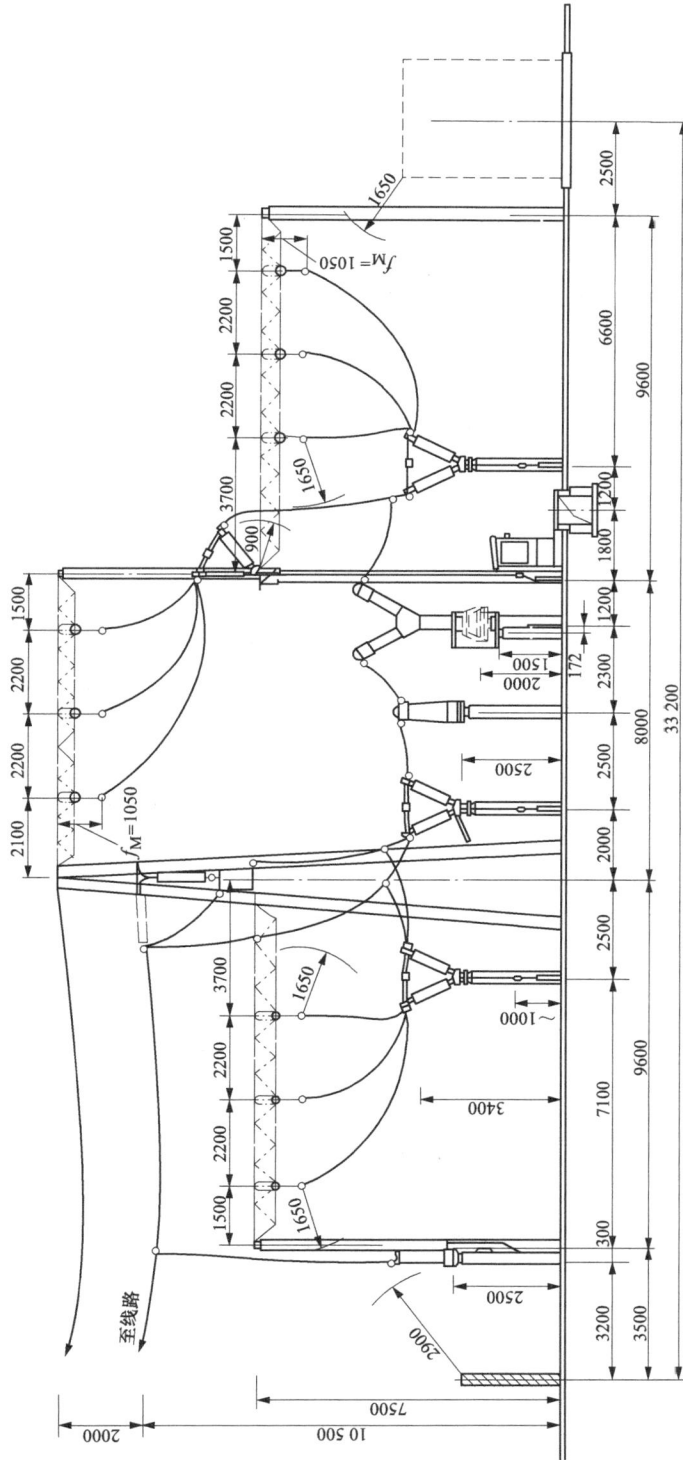

图 5-9　110kV 半高型配电装置（二）

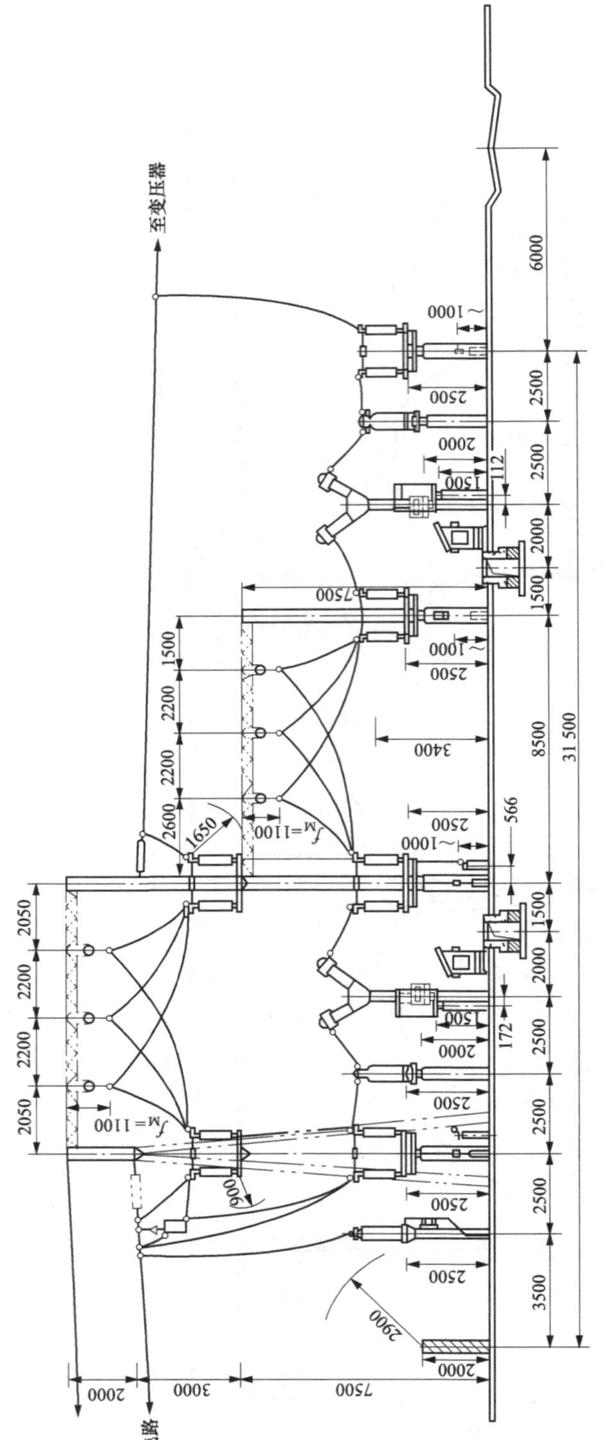

图 5-10　110kV 半高型配电装置（三）

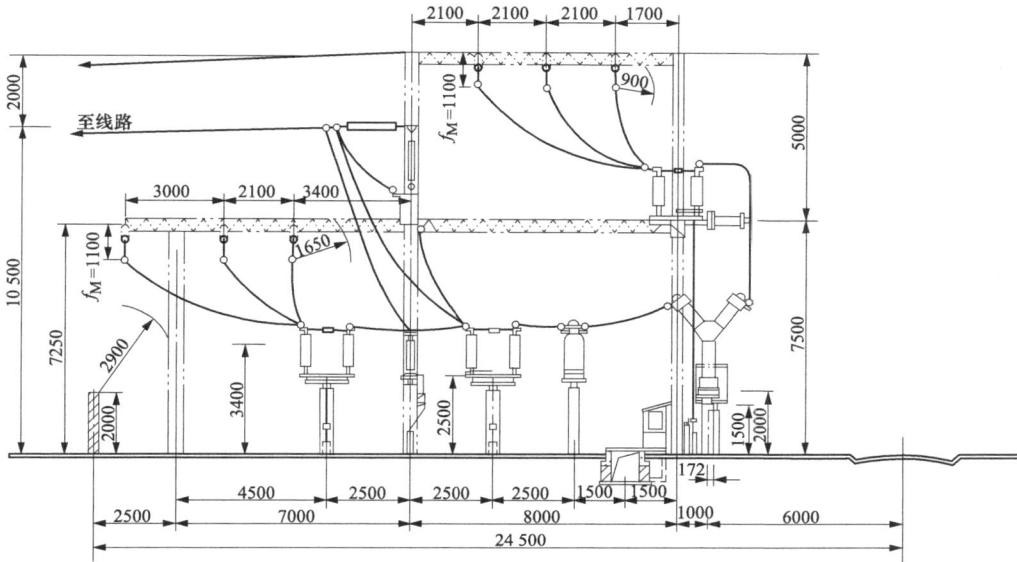

图 5-11 110kV 半高型配电装置（四）

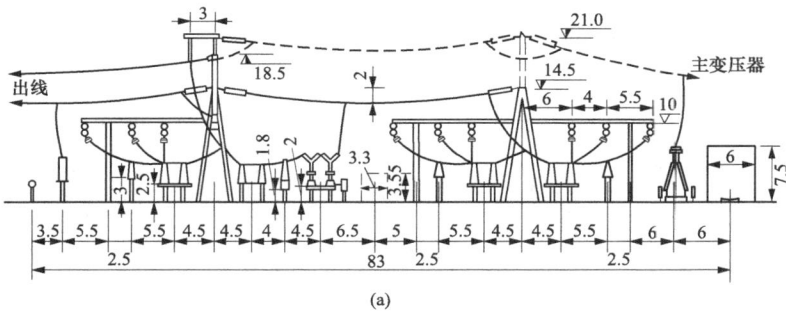

(a)

图 5-12 220kV 双母线带旁路母线普通中型配电装置（一）（单位：m）

(a) 断面图

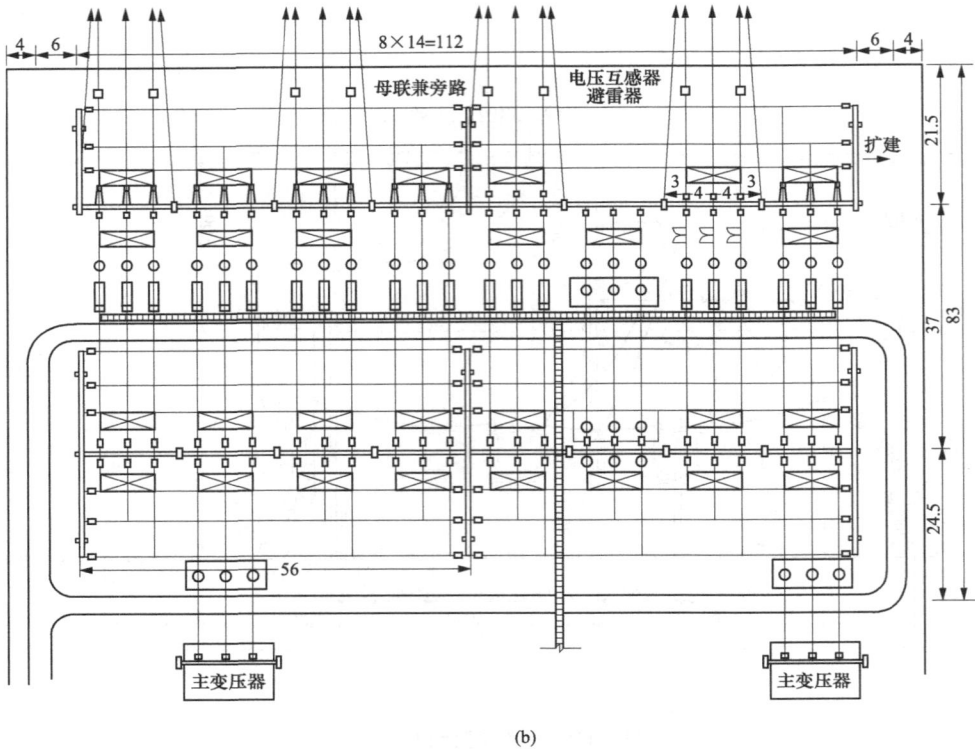

(b)

图 5-12　220kV 双母线带旁路母线普通中型配电装置（二）（单位：m）

（b）平面图

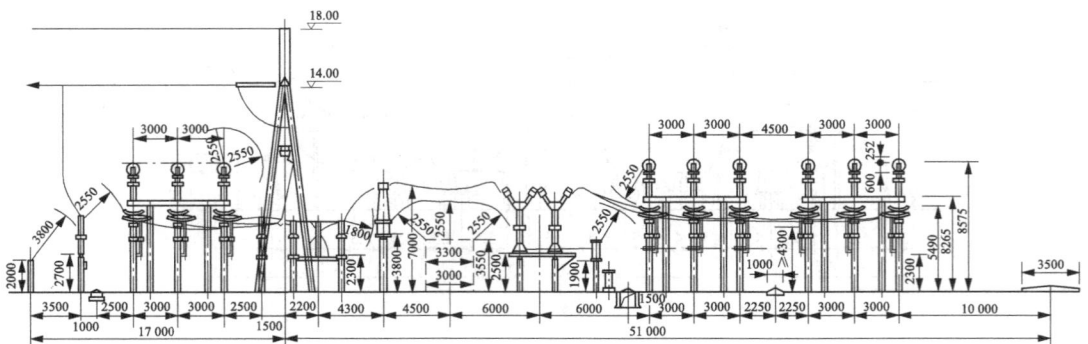

图 5-13　220kV 分相中型配电装置断面图（双母线带旁路母线接线）

3.500kV 配电装置图例

500kV 一台半断路器配电装置如图 5-14 所示。

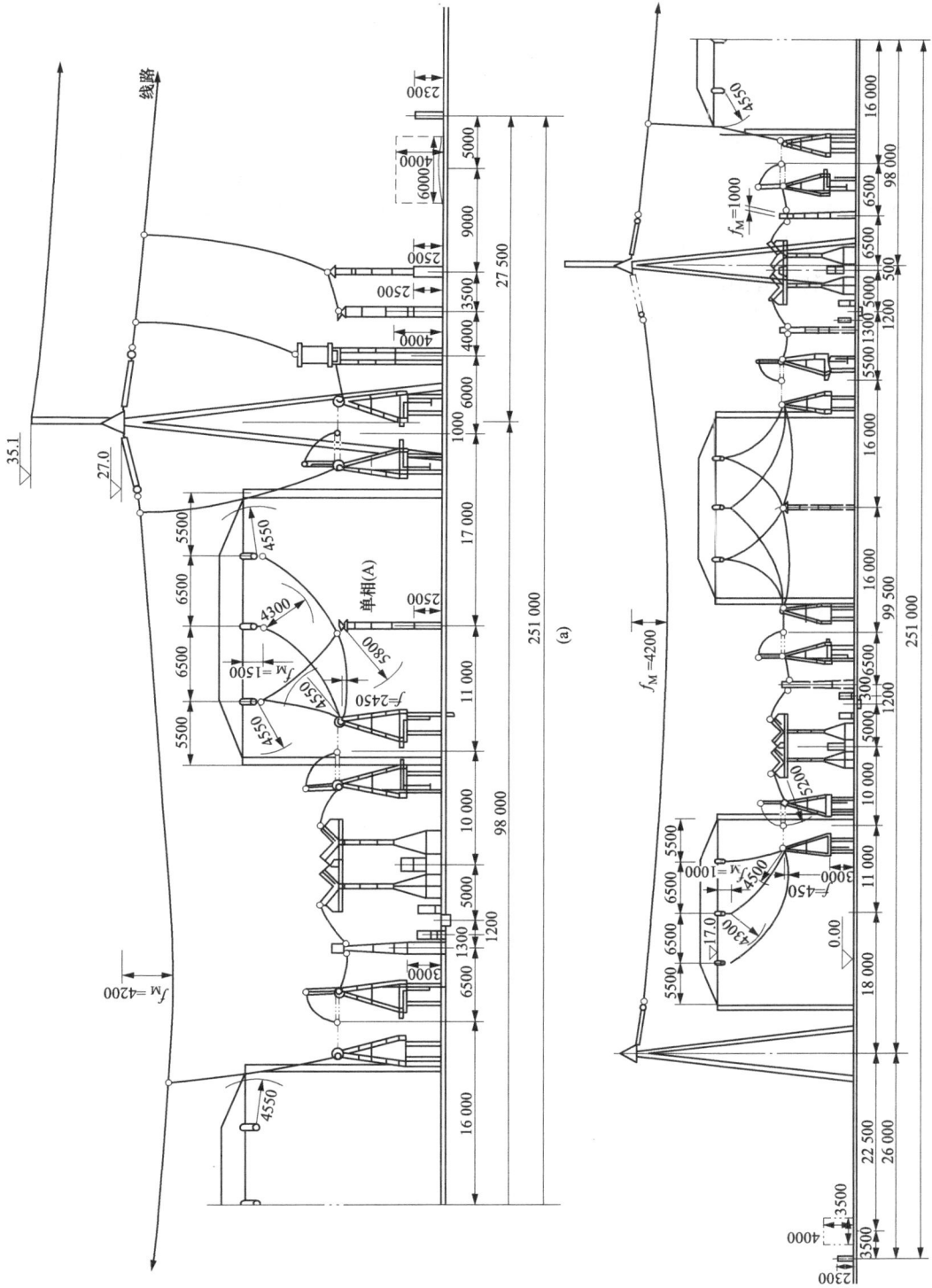

图 5-14　500kV 一台半断路器配电装置

第四节　六氟化硫全封闭组合电器配电装置的布置

一、六氟化硫全封闭组合电器配电装置的选择

六氟化硫全封闭组合电器配电装置俗称 GIS，它是以六氟化硫气体作为绝缘和灭弧介质，以优质环氧树脂绝缘子做支撑的一种成套高压电器。GIS 主要应用于 72.5kV 及以上的电压等级，由于内部气体压力较高，为提高机械强度多采用圆筒式结构，即所有电气元件（如断路器、互感器、隔离开关、接地开关和避雷器等）都放在接地的金属材料（钢、铝等）制成的圆筒形外壳中。GIS 可用于户内，也可用于户外。

二、GIS 配电装置图例

110kV GIS 单母线分段间隔如图 5-15 所示。110kV GIS 桥形接线间隔如图 5-16 所示。110kV GIS 双母线接线间隔如图 5-17 所示。

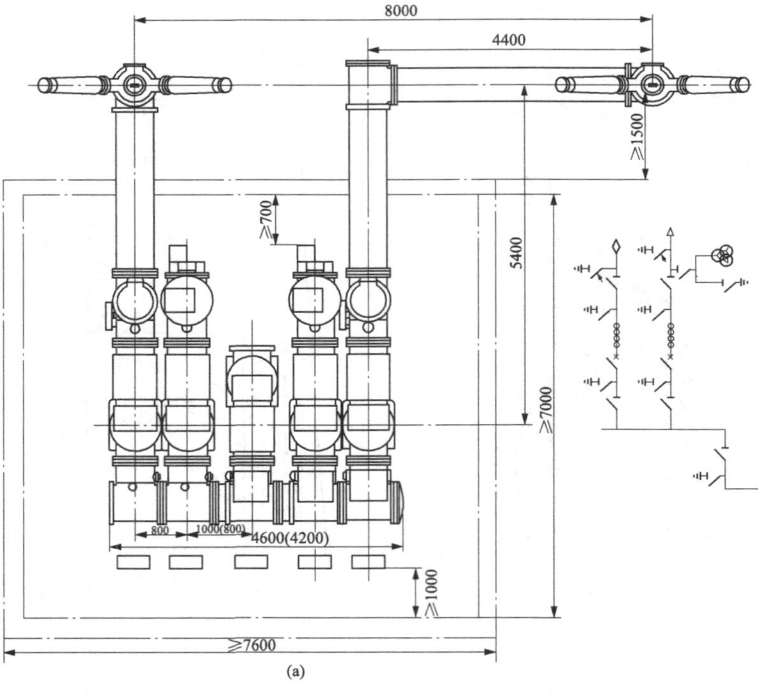

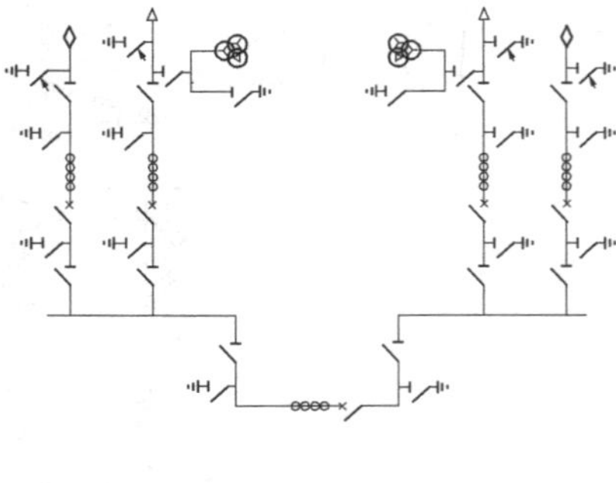

图 5-15　110kV GIS 单母线分段间隔
（a）断面图；（b）一次侧原理图

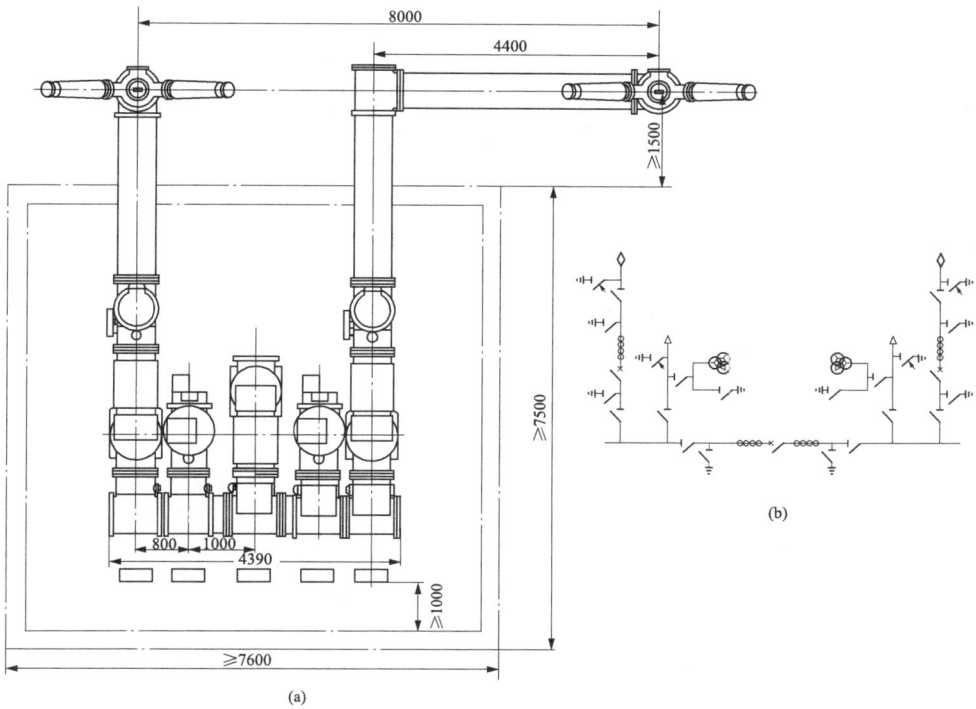

图 5-16 110kV GIS 桥形接线间隔

（a）断面图；（b）一次侧原理图

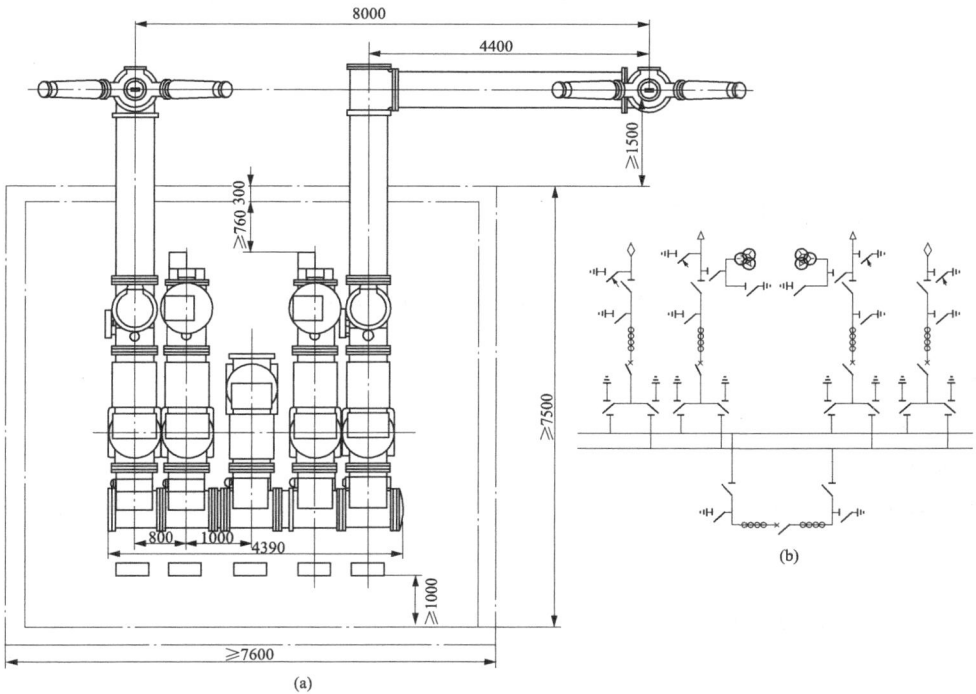

图 5-17 110kV GIS 双母线接线间隔

（a）断面图；（b）一次侧原理图

第六章　过电压保护

电气设备在运行中不但要承受正常的工作电压，还要承受各种过电压。过电压有来自外部的雷电过电压和由于系统参数发生变化时电磁能产生振荡、积聚而引起的内部过电压两种类型。过电压按其产生的原因具体可分为以下几类：

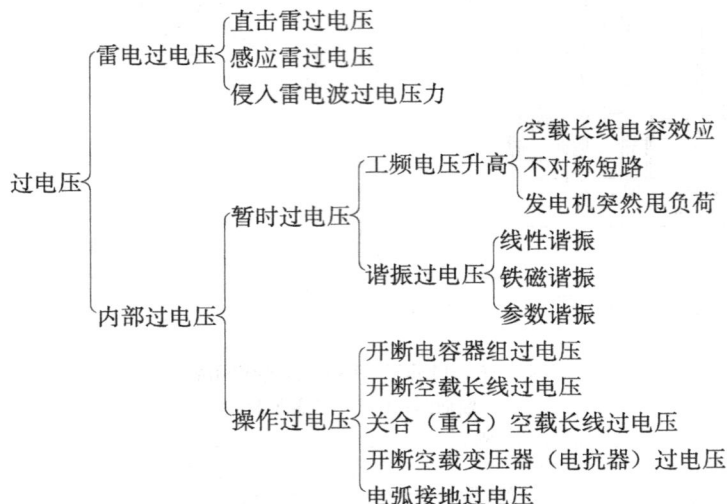

$$
过电压
\begin{cases}
雷电过电压
\begin{cases}
直击雷过电压 \\
感应雷过电压 \\
侵入雷电波过电压力
\end{cases} \\[2em]
内部过电压
\begin{cases}
暂时过电压
\begin{cases}
工频电压升高
\begin{cases}
空载长线电容效应 \\
不对称短路 \\
发电机突然甩负荷
\end{cases} \\
谐振过电压
\begin{cases}
线性谐振 \\
铁磁谐振 \\
参数谐振
\end{cases}
\end{cases} \\
操作过电压
\begin{cases}
开断电容器组过电压 \\
开断空载长线过电压 \\
关合（重合）空载长线过电压 \\
开断空载变压器（电抗器）过电压 \\
电弧接地过电压
\end{cases}
\end{cases}
\end{cases}
$$

无论是雷电过电压还是内部过电压，都可能对发电厂、变电站的建筑物和电气设备产生严重的危害，因此在发电厂、变电站和输电线路的设计中，必须采取有效的过电压防护措施，以保证电气设备和建筑物的安全。

第一节　雷电过电压保护

一、雷电过电压

（一）雷电参数

1. 雷电流幅值概率

雷电流幅值概率曲线如图 6-1 所示。我国一般地区雷电流幅值超过 I 的概率的计算式为

$$\log P = -\frac{I}{88} \tag{6-1}$$

式中　P——雷电流幅值概率；

　　　I——雷电流幅值，kA。

2. 年平均雷暴日数

年平均雷暴日数宜根据当地气象台多年资料获得或参照全国年平均雷暴日数分布图确定。

3. 雷电流波形

在线路防雷设计中，雷电流波头长度一般取 2.6μs，波头形状取斜角形；在设计特殊高塔时，可取半余弦波形，其最大陡度与平均陡度之比为 π/2。

4. 地面落雷密度为每一雷暴日每平方千米对地平均落雷次数，一般 40 雷暴日地区为 0.07。线路受雷密度以线路受雷宽度为 4 倍于避雷线或导线的平均悬挂高度进行计算。

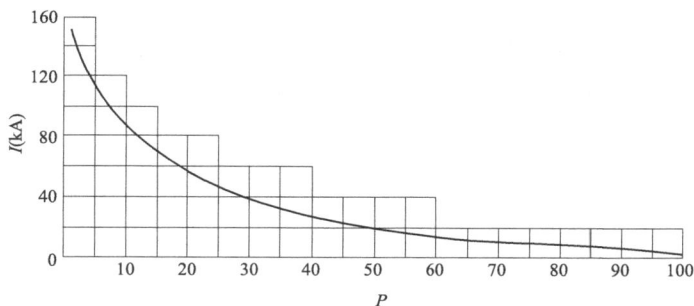

图 6-1　我国雷电流幅值概率曲线

注：陕南以外的西北地区、内蒙古自治区的部分地区等（这类地区的年平均雷暴日数一般在 20 及以下）的雷电流幅值较小，可由给定的概率按图 6-1 查出雷电流幅值后减半。

（二）线路雷电过电压

（1）当雷击线路杆塔或避雷线时，可能造成绝缘子串、塔头空气间隙和避雷线与导线间空气间隙闪络，形成对导线的反击，产生过电压。设计时要求塔头空气间隙和档距中央空气间隙的绝缘水平高于绝缘子串的绝缘水平。

绝缘子串上承受的雷电过电压与杆塔自身电感、接地电阻、避雷线分流系数及雷电流幅值有关，通常以耐雷水平（线路能承受该雷电流幅值而绝缘子串不致发生闪络）作为线路的耐雷指标。

（2）雷直击（无避雷线线路）和绕击（有避雷线线路）导线将产生过电压。

线路绕击率是非常小的，它与避雷线对边相导线的保护角、杆塔高度及线路经过地区的地线、地貌有关，可按式（6-2）、式（6-3）进行计算。

对平原线路

$$\log P_{a} = \frac{\alpha\sqrt{h}}{86} - 3.9 \tag{6-2}$$

对山区线路

$$\log P_{a} = \frac{\alpha\sqrt{h}}{86} - 3.35 \tag{6-3}$$

式中　P_{a}——导线绕击率；

　　　α——避雷线对边相导线的保护角；

　　　h——杆塔高度，m。

线路绕击耐雷水平也是较低的，其计算式为

$$I_{2} \approx \frac{U_{50\%}}{100} \tag{6-4}$$

式中　I_2——线路绕击时的耐雷水平，kA；

　　　$U_{50\%}$——线路绝缘子串 50% 冲击放电电压，kV。

　　随着电压等级的提高，线路绕击的事故率增加，故电压等级提高导致的绕击事故率占总事故率的比例增大。

　　(3) 雷击线路附近物体或地面，由于空间电磁场发生剧烈变化，在线路的导线上或其他金属导体上产生感应过电压。实测表明，感应雷过电压的幅值一般为 300～400kV，这只可能对 35kV 及以下电压等级的线路和电气设备的绝缘有危害。

　　当雷击点与导线（导线上方无避雷线）的距离大于 65m 时，导线上感应过电压最大值的计算式为

$$U_g \approx \frac{25Ih_d}{S} \tag{6-5}$$

式中　U_g——感应过电压最大值，kV；

　　　I——雷电流幅值，$I \leqslant 100$kA；

　　　h_d——导线平均高度，m；

　　　S——雷击点与线路的水平距离，m。

　　雷击线路杆塔或线路的避雷线时，在导线上产生的感应过电压的计算式为

$$U_g = \alpha h_d \tag{6-6}$$

式中　α——感应过电压系数，其值为雷电流陡度，通常 $\alpha = 40 \sim 60$。雷击塔顶时，$\alpha = I/2.6$，I 为线路的耐雷水平。

　　(4) 输电线路受到雷击，雷电波沿导线侵入到发电厂、变电站的电气设备上，产生侵入波过电压。过电压幅值与发电厂、变电站进线保护段的耐雷水平，雷击点距发电厂、变电站的距离，导线电晕衰减，以及发电厂、变电站的接线、运行方式有关。

　　(三) 发电厂、变电站雷电过电压

　　雷直接击在发电厂、变电站电气设备或屋外配电装置，包括组合导线和母线廊道上，产生直击雷过电压，由于过电压幅值很高，会造成设备的损坏，应对直击雷采取防护措施。

　　当雷击发电厂、变电站避雷针、线或其他建筑物、构筑物时，将引起接地网冲击电位增高，会造成对电气设备的反击，产生反击过电压。反击过电压的幅值取决于雷电流幅值、地网冲击接地电阻、引流点位置和设备充电回路的时间常数。

二、避雷针和避雷线

　　(一) 概述

　　防止直接雷击最常用的措施是装设避雷针和避雷线。避雷针一般用于保护发电厂和变电站，可根据不同情况或装设在配电构架上，或独立架设。避雷线主要用于保护线路，也可用于保护发电厂、变电站。

　　1. 避雷针和避雷线的基本构成

　　避雷针和避雷线的基本构成见表 6-1。

　　2. 避雷针的结构及技术要求。

　　常用的钢管避雷针的结构如图 6-2 所示。针体由不同管径的钢管焊接而成，针尖为圆钢。针尖部分一般应镀锌，针体应进行防锈处理。这种避雷针广泛用于建筑物、发电厂和变

电站的防雷。避雷针各节尺寸及材料分别见表 6-2 和表 6-3。

表 6-1　　　　　　　　　　　　　　避雷针和避雷线的基本构成

序号	名称	材料及要求
1	接闪器	(1) 针长 1m 以下：圆钢 $\phi12mm$，钢管 $\phi20mm$。 (2) 针长 1～2m：圆钢 $\phi16mm$，钢管 $\phi25mm$。 (3) 烟囱顶上的针：圆钢 $\phi20mm$，钢管 $\phi40mm$
2	引下线	圆钢 $\phi8mm$，扁钢截面积为 $48mm^2$
3	避雷带	同引下线
4	避雷线	钢绞线截面积为 $35mm^2$
5	接地装置	圆钢 $\phi10mm$，扁钢截面积为 $100mm^2$，接地电阻值为 5～30Ω

注　表中所列数值为最小规格。

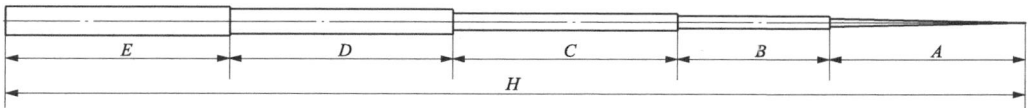

图 6-2　常用的钢管避雷针的结构

表 6-2　　　　　　　　　　　　　　　避雷针各节尺寸

针高 H（m）		3.0	4.0	5.0	6.0	7.0	8.0	9.0	10.0	11.0	12.0
各节尺寸（mm）	A	1500	1000	1500	1500	1500	1500	1500	1500	2000	2000
	B	1500	1500	1500	2000	1500	1500	1500	1500	2000	2000
	C		1500	2000	2500	2000	2000	2000	2000	2000	2000
	D					2000	3000	2000	2000	2000	3000
	E							2000	3000	3000	3000

表 6-3　　　　　　　　　　　　　　　避雷针各节材料

序号	名称	材料名称及规格	长度（m）
1	针尖	圆钢 $\phi20mm$	A＋0.25（搭接长度）
2	针管	钢管 $\phi25mm$	B＋0.25
3	针管	钢管 $\phi40mm$	C＋0.25
4	针管	钢管 $\phi50mm$	D＋0.25
5	针管	钢管 $\phi70mm$	E

3. 避雷线的技术要求

避雷线应具有足够的截面和机械强度。一般采用镀锌钢绞线，截面积不小于 $35mm^2$，在腐蚀性较大的场所，还应适当增大截面积或采取其他防腐措施。当档距为 200m 以上时，宜采用不小于 $50mm^2$ 截面积的避雷线。

避雷线的布置，应尽量避免在断落时造成全厂（站）停电或大面积停电事故，如尽量避免避雷线与母线互相交叉的布置方式。

当避雷线附近（侧面或下方）有电气设备、导线或 66kV 及以下架构时，应验算避雷线对上述设施的间隙距离。

为降低雷击过电压，应尽量降低避雷线接地端的工频接地电阻，一般不宜超过 10Ω。

应尽量缩短一端绝缘的避雷线的档距，以便减小雷击点到接地装置的距离，降低雷击避雷线时的过电压。对一端绝缘的避雷线，应通过计算选定适当数量的绝缘子个数。当有两根及以上一端绝缘的避雷线并行敷设时，可考虑将各条避雷线的绝缘末端用与避雷线相同的钢绞线连接起来，构成雷电通路，以减小阻抗，降低雷击时的过电压。

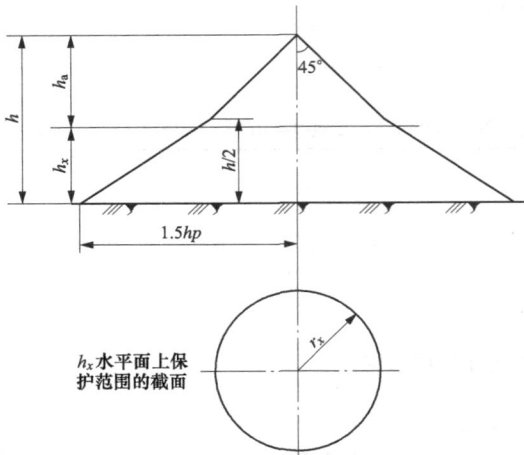

图 6-3　单根避雷针的保护范围

（二）避雷针的保护范围的计算

避雷针（线）的保护范围指被保护物在此空间范围内不致遭受雷击。我国标准使用的避雷针（线）保护范围的计算方法，是根据雷电冲击小电流下的模拟试验研究确定的，并以多年运行经验做了校验。保护范围是按保护概率 99.9% 确定的。

1. 单支避雷针保护范围的计算

单支避雷针的保护范围是一个旋转的圆锥体，工程上为方便计算，用两根折线段近似表示其侧面，如图 6-3 所示。其具体计算方法如下：

（1）当 $h_x \geqslant \dfrac{1}{2}h$ 时

$$r_x = (h - h_x)p = h_a p \tag{6-7}$$

式中　r_x——避雷针在 h_x 水平面上的保护半径，m；

　　　　h——避雷针的高度，m；

　　　　h_x——被保护物的高度，m；

　　　　h_a——避雷针保护的有效高度，m；

　　　　p——避雷针高度修正系数，当 $h \leqslant 30\mathrm{m}$ 时，$p = 1$；当 $30\mathrm{m} < h \leqslant 120\mathrm{m}$ 时，$p = \dfrac{5.5}{\sqrt{h}}$；若 $h > 120\mathrm{m}$，暂按 $h = 120\mathrm{m}$ 计算。

（2）当 $h_x < \dfrac{1}{2}h$ 时

$$r_x = (1.5h - 2h_x)p \tag{6-8}$$

2. 两支等高避雷针的保护范围的计算

两支等高避雷针的保护范围，应按下列方法确定。

（1）两针外侧的保护范围按单支避雷针的计算方法确定。

（2）两针间的保护范围应按通过两针顶点及保护范围上部边缘最低点 O 的圆弧确定，圆弧的半径为 R_O，如图 6-4 所示，最低点 O 的高度 h_O 的计算式为

$$h_O = h - \dfrac{D}{7p} \tag{6-9}$$

式中　h_O——两针间保护范围上部边缘最低点高度，m；

D —— 两避雷针间的距离，m。

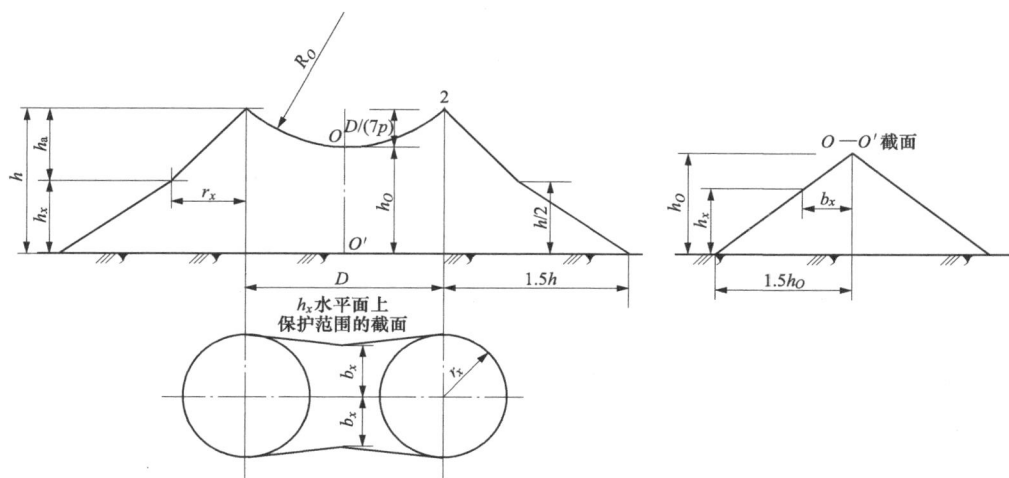

图 6-4　两支等高避雷针的保护范围

（3）两针间 h_x 水平面上保护范围的一侧最小宽度 b_x 的计算式为

当 $h_x \geqslant \dfrac{1}{2} h_O$ 时

$$b_x = h_O - h_x \tag{6-10}$$

当 $h_x < \dfrac{1}{2} h_O$ 时

$$b_x = 1.5 h_O - 2 h_x \tag{6-11}$$

3. 两支不等高避雷针的保护范围（见图 6-5）的计算

（1）两针外侧的保护范围分别按单支避雷针的计算方法确定。

（2）两针间的保护范围应按单支避雷针的计算方法，先确定较高避雷针 1 的保护范围，然后由较低避雷针 2 的顶点，作水平线与避雷针 1 的保护范围相交于点 3，取点 3 为等效等高避雷针的顶点。再按两支等高避雷针的计算方法确定避雷针 2 和 3 的保护范围。

当 $h_2 \geqslant \dfrac{1}{2} h_1$ 时

$$D' = D - (h_1 - h_2)p \tag{6-12}$$

当 $h_2 < \dfrac{1}{2} h_1$ 时

$$D' = D - (1.5 h_1 - 2 h_2)p \tag{6-13}$$

式中　D' —— 化成等高避雷针间的距离，m；

　　　　D —— 两支不等高避雷针间的距离，m。

（3）通过避雷针 2、3 的顶点及保护范围上部边缘最低点的圆弧，其弓高的计算式为

$$f = \frac{D'}{7p} \tag{6-14}$$

4. 不同地面标高的单支避雷针保护范围的计算

不同地面标高的单支避雷针的保护范围分别以不同地平面（即避雷针高度不同）确定所在地平面被保护物的保护半径，如图 6-6 所示。

由图 6-6 可见，以地平面 1 为基准，避雷针的高为 h_1，按计算单支避雷针的保护范围的方法确定保护 h_{x1} 的保护半径为 r_{x1}。以地平面 2 为基准，避雷针的高为 h_2，保护 h_{x2} 的保护半径为 r_{x2}。

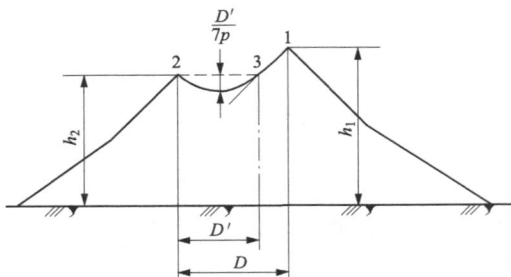

图 6-5　两支不等高避雷针的保护范围

5. 多支避雷针的保护范围（见图 6-7）的计算

多支避雷针的保护范围按下列方法确定。

（1）将多支避雷针的多边形划分成若干个 3 支避雷针的三角形，划分时必须是相邻近的 3 支避雷针。

（2）每 3 支避雷针，只有其相邻两支保护范围的一侧的最小宽度 $b_x \geqslant 0$ 时，全部面积才能受到保护。

（3）多支避雷针的外侧保护范围应分别按不等高（或等高）两针保护范围方法确定。

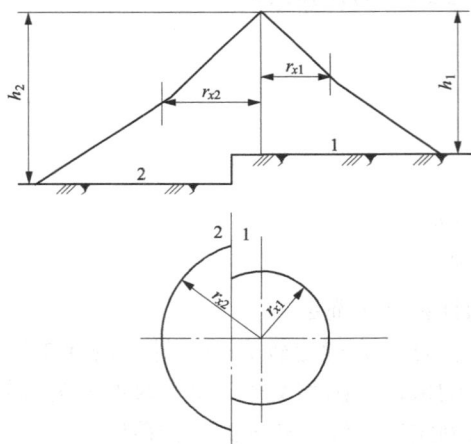

图 6-6　不同地面标高的单支避雷针的保护范围

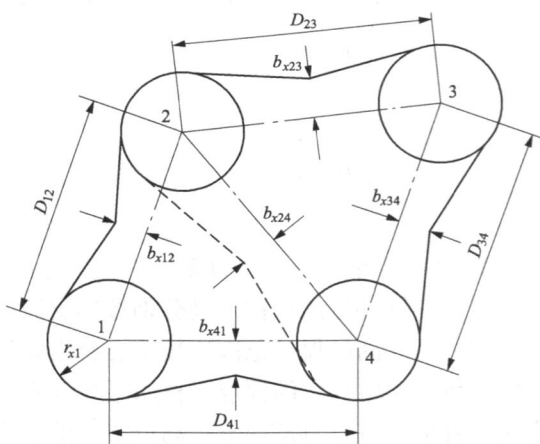

图 6-7　4 支等高避雷针 1、2、3、4 在 h_x 水平面上的保护范围

（三）避雷线的保护范围的计算

避雷线与避雷针的保护原理基本相同，但避雷线引雷作用和保护宽度比避雷针要小。

1. 单根避雷线的保护范围的计算

单根避雷线的保护范围如图 6-8 所示，按下列方法确定：

（1）当 $h_x \geqslant \dfrac{1}{2} h$ 时

$$r_x = 0.47(h - h_x)p \tag{6-15}$$

式中　　r_x——每侧保护范围的宽度，m；

h ——避雷线的高度，m。

（2）当 $h_x < \dfrac{1}{2}h$ 时

$$r_x = (h - 1.53 h_x)p \tag{6-16}$$

单根避雷线端部的保护范围与单支避雷针的保护范围的确定方法相同。

2. 两根等高避雷线的保护范围的计算

两根避雷线的保护范围如图 6-9 所示，确定方法如下：

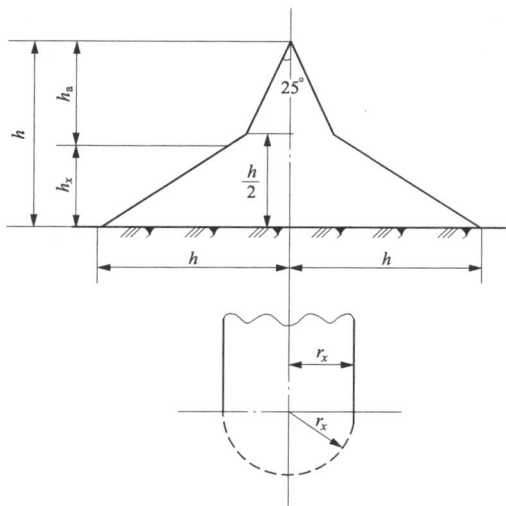

图 6-8 单根避雷线的保护范围   图 6-9 两根避雷线的保护范围

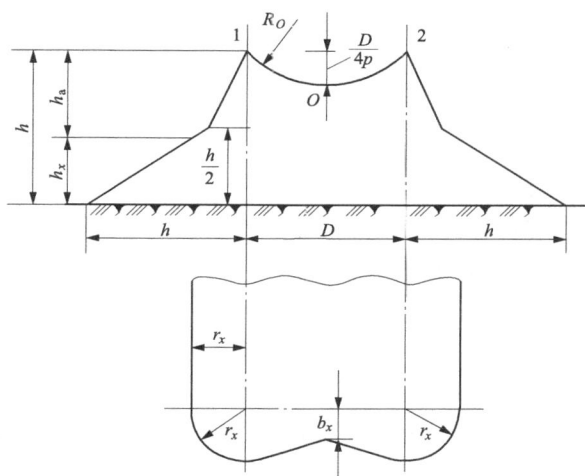

（1）两避雷线外侧的保护范围按单根避雷线的保护范围的计算方法确定。

（2）两避雷线间保护上部边缘最低点的高度的计算式为

$$h_O = h - \frac{D}{4p} \tag{6-17}$$

式中 h_O ——两避雷线间保护上部边缘最低点的高度，m；

　　　　D ——两避雷线间的距离，m；

　　　　h ——避雷线高度，m。

（3）两避雷线端部的保护范围按以下方法确定。

1）分别按单根避雷线确定端部保护范围。

2）两避雷线间端部保护范围的最小宽度的计算式为

$$b_x = h_O - h_x = h - D/7p - h_x \tag{6-18}$$

式中 b_x ——两避雷线间端部保护范围的最小宽度，m；

　　　　h_O ——按式（6-17）计算；

　　　　h_x ——被保护物的高度，m。

3. 避雷针、避雷线的联合保护范围的计算

保护发电厂、变电站时，相互靠近的避雷针和避雷线可按联合保护作用确定保护范围。可近似将避雷线上各点看作等效避雷针，其等效高度可取该点避雷线高度的 80%，然后分

别按两针的方法计算，如图 6-10 所示。

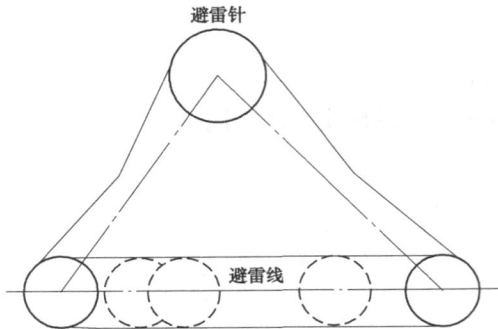

图 6-10 避雷针、避雷线的联合保护范围

三、避雷器

（一）碳化硅避雷器

碳化硅阀式避雷器有普通阀式（FS 型和 FZ 型）和磁吹阀式（FCZ 型和 FCD 型），这两种类型的避雷器皆有放电间隙，只是间隙的灭弧方式不一样。普通阀式是靠间隙自然灭弧，能切断的工频续流小，一般在 80A 左右。磁吹阀式的间隙采用磁场灭弧，灭弧能力较强，能切断的工频续流很大，一般在 450A 左右，弧压降较大，使用的阀片较少。磁吹阀式避雷器的保护性能优于普通阀式避雷器。

阀式避雷器的灭弧电压不应低于避雷器所在点的暂时工频过电压值。在一般情况下宜按下列要求确定。

（1）中性点直接接地系统中，不应低于系统最高运行线电压的 80%。

（2）中性点非直接接地系统中，3～10kV 系统不应低于系统最高运行线电压的 110%，35～66kV 系统不应低于系统最高运行线电压的 100%。

3～10kV 配电系统宜采用 FS 系列普通阀式避雷器，发电厂、变电站采用 FZ 系列（3～220kV）普通阀式避雷器和 FCZ 系列（110～330kV）磁吹式避雷器，旋转电机采用 FCD 系列磁吹式避雷器。

（二）金属氧化物避雷器

金属氧化物避雷器（metal oxide arrester，MOA）一般是无间隙避雷器，它没有灭弧和工频续流的问题。金属氧化物电阻片具有优异的非线性伏安特性，不需串联间隙，电阻片单位体积吸收的能量大，还可以并联使用，使能量吸收能力成倍提高。

因为 MOA 没有串联间隙，电阻片不仅要承受雷电过电压和操作过电压，还要耐受正常的持续相电压和暂时过电压，所以存在老化、寿命和热稳定问题。

MOA 的持续运行电压不应低于系统最高工作电压。避雷器的额定电压一般不宜低于避雷器安装点的暂时过电压幅值。当选用的电压较低时，应校核避雷器的耐受伏秒特性，应能承受可能出现的各种过电压幅值和持续时间。

无间隙 MOA 的额定电压和持续运行电压按下列方法选择。

1. 避雷器额定电压的选择

避雷器额定电压 U_r 可按下式选择

$$U_r \geqslant kU_t \tag{6-19}$$

式中　　k——切除短路故障时间系数，10s 以内切除故障 $k=1.0$，2h 以内切除故障 $k=1.3$；

　　　　U_t——暂时过电压，kV。

在选择避雷器额定电压时，仅考虑单相接地、甩负荷和空载长线的电容效应引起的暂时过电压，可按表 6-4 选取。

保护发电机的避雷器的额定电压按 1.25 倍发电机的额定电压选择。

表 6-4　　　　　　　　　　　　　暂时过电压值

接地方式	非直接接地 （包括电阻接地、谐振接地）		直接接地		
系统标称电压（kV）	3～10	35～66	110～220	330～500	
				母线	线路
暂时过电压 U_t（kV）	$1.1U_m$	U_m	$1.4U_m/\sqrt{3}$	$1.3U_m/\sqrt{3}$	$1.4U_m/\sqrt{3}$

注　U_m 为设备额定电压。

2. 避雷器最大持续运行电压 U_c 的选择

避雷器的 U_c 应与 U_t 近似成正比选用，一般情况下 $U_c＝（0.76～0.8）U_N$，不得低于以下规定值。

（1）直接接地：$U \geqslant U_m/\sqrt{3}$。

（2）非直接接地。

1）10s 内切除故障：$U \geqslant U_m/\sqrt{3}$。

2）2h 内切除故障：$U_c \geqslant U_m(35～66kV)$，$U_c \geqslant 1.1U_m(3～10kV)$

保护发电机避雷器持续运行电压不得小于 0.95～1.0 倍的发电机额定电压值。

发电厂、变电站的避雷器应装设简单、可靠的多次动作记录器，记录器本身在冲击电流作用下的残压较低或无残压，动作记录器的数字应便于运行人员巡视和记录。

四、架空线路的雷过电压保护

（一）一般过电压保护

（1）对 35kV 及以上电压等级的高压变压器至高压配电装置的架空线路段应全线架设避雷线。为减少线路段的绕击率，杆塔上避雷线对边相导线的保护角：35～66kV 不宜大于 30°，110～220kV 不宜大于 20°，330～500kV 不宜大于 15°。

架设双避雷线的线路段，两根避雷线间的距离不宜超过导线与避雷线间垂直距离的 5 倍。

（2）为减少架空线路段雷击塔顶的反击概率，每基杆塔不连避雷线的工频接地电阻，在雷季干燥时，不宜超过表 6-5 中所列数值。

表 6-5　　　　　　每基杆塔不连避雷线的最大工频接地电阻

土壤电阻率（Ω·m）	100 及以下	100～500	500～1000	1000～2000	2000 以上
接地电阻（Ω）	10	15	20	25	30

由于土壤电阻率较高，接地布置范围受到限制，难以达到表 6-5 中电阻值时，可采用多根放射形接地体，或将相邻杆塔接地装置相连，也可以与发电厂、变电站接地网相连。

（3）在一般土壤电阻率的地区，架空线路段耐雷水平不宜低于表 6-6 中所列数值。

表 6-6　　　　　　　　　架空线路段的最低耐雷水平

系统标称电压（kV）	35	66	110	220	330	500
耐雷水平（kA）	30	60	75	120	140	160

（4）为防止雷击架空线路段避雷线档距中央反击导线，15℃无风时，档距中央导线与避雷线间的距离不应小于下式的要求

$$S_1 = 0.012l + 1 \tag{6-20}$$

式中　　S_1——导线与避雷线间的距离，m；

　　　　l——档距长度，m。

（5）钢筋混凝土杆铁横担和钢筋混凝土横担线路的避雷线支架、导线横担与绝缘子固定部分和瓷横担固定部分之间，宜有可靠的电气连接，并与接地引下线相连。主杆非预应力钢筋如上下已绑扎或焊接连成电气通路，非预应力钢筋可兼作接地引下线。

利用钢筋兼作接地引下线的钢筋混凝土杆，其钢筋与接地螺母、铁横担间应有可靠的电气连接。

外敷的接地引下线可采用镀锌钢绞线，其截面积不应小于 25mm²。接地体引出线的截面积不应小于 50mm²，并应热镀锌。

（6）架空线路段导线与杆塔间的空气间隙，在绝缘子串的正常位置和风吹偏斜的情况下，按雷电过电压配合，应与绝缘子串的冲击放电电压相适应；按操作过电压配合，应与过电压倍数相适应。

架空线路段的空气间隙不应小于表 6-7 中所列数值。

表 6-7　　　　　　　　　　　架空线路段的最小空气间隙

系统标称电压（kV）	35	66	110	220	330	500
雷电过电压间隙（mm）	45	65	100	190	260	330
操作过电压间隙（mm）	25	50	70	145	200	270
运行电压间隙（mm）	10	20	25	55	100	130
悬垂绝缘子串个数（XP-70 型）	3	5	7	13	19	25

注　1. 绝缘子型号 220kV 以下为 XP-70 型；330kV 为 XP-100 型；500kV 为 XP₃-160 型。

　　2. 绝缘子适用于 0 级污秽区，污秽地区绝缘加强时，间隙仍用表中数值。

（二）交叉部分的过电压保护

（1）架空线路段交叉点应尽量靠近上、下方线路杆塔，以减少导线因塑性伸长、覆冰、过载温升、短路电流过热而增大弧垂的影响和降低雷击交叉档时交叉点上的过电压。

（2）同级电压线路相互交叉或与较低电压线路、通信线路交叉时，两交叉线路导线间或上方线路与下方线路避雷线间的垂直距离，当导线温度为 40℃ 时，不得小于表 6-8 所列数值。

表 6-8　　　　　同级电压线路相互间或与较低电压线路、通信线路的最小交叉距离

系统标称电压（kV）	35～110	220	330	500
交叉距离（m）	3	4	5	6

对按允许载流量计算导线截面积的线路，还应校验当导线为最高允许温度时的交叉距离，此距离应大于表 6-7 所列的操作过电压间隙值，且不得小于 0.8m。

（三）大跨越档的过电压保护

（1）架空进线段大跨越杆塔全高超过 40m，每增高 10m 应增加一个绝缘子，杆塔接地电阻不宜超过表 6-5 所列数值的 50%。当土壤电阻率大于 2000Ω·m 时，也不宜超过 20Ω。对全高超过 100m 的杆塔，绝缘子数量应结合运行经验，通过雷电过电压的计算确定。

（2）根据雷击档距中央避雷线时防止反击的条件，大跨越档导线与避雷线间的距离不得小于表 6-9 的要求。

表 6-9　　　　　　防止反击要求的大跨越档导线与避雷线的最小距离

系统标称电压（kV）	35	66	110	220	330	500
距离（m）	3.0	6.0	7.5	12	14	16

五、发电厂、变电站的直击雷和感应雷保护

（一）直击雷的过电压保护

（1）发电厂、变电站的直击雷过电压保护可采用避雷针、避雷线、避雷带和钢筋焊接成网等。下列设施应装设直击雷保护装置。

1）户外配电装置，包括组合导线和母线廊道。

2）烟囱、冷却塔和输煤系统的高建筑物（如煤粉分离器等）。

3）油处理室、燃油泵房、露天油罐及其架空管道、装卸油台、大型变压器修理间、易燃材料仓库等建筑物。

4）乙炔发生站、制氢站、露天氢气罐、氢气罐储存室、天然气调压站、天然气架空管道及其露天储罐。

5）微波塔机房和大型计算机房。

6）雷电活动特别强烈地区的主厂房、主控制室和高压屋内配电装置。

7）无钢筋的砖木结构的主厂房。

避雷针不宜装在独立的主控制室和 35kV 及以下的高压屋内配电装置的顶上。

（2）有时为保护发电机的引出线而装设独立避雷针遇到困难时，也可将避雷针装在主厂房和配电装置屋顶上，对此种情况及对主厂房需装设的直击雷保护应采取以下相应措施。

1）若避雷针装在屋内配电装置屋顶上时，屋内配电装置各层金属架构或钢筋混凝土中的钢筋应焊接成闭合电路并与引下线相连接，接地引下线应尽可能远离电气设备。

2）为防止引下线向发电机回路发生反击而危及发电机绝缘，可考虑在发电机出口处装设一组电机专用磁吹阀式避雷器。

3）在主厂房屋顶上装设避雷针时，其引下线应尽量远离带电部分，同时用扁钢将所有避雷针水平连接起来，并与主厂房柱内钢筋焊接成一体。在适当地方接引下线，引下线数目应尽可能多些，一般应每隔 10～20m 引一根。

4）上述接地应与主接地网连接，并在连接处加装集中接地装置，其工频接地电阻应不大于 10Ω。

（3）主控制室（楼）或网络控制楼及屋内配电装置应设置直击雷保护的措施。

1）若有金属屋顶或屋顶上有金属结构时，将金属部分接地。

2）若屋顶为钢筋混凝土结构，应将其钢筋焊接成网接地。

3）若结构为非导电的屋顶，采用避雷带保护。该避雷带的网格为 8～10m，每隔 10～20m 设引下线接地。

上述"接地"可与主接地网连接，并在连接处加装集中接地装置，其工频接地电阻应不大于 10Ω。

（4）峡谷地区的发电厂、变电站宜用避雷线做直击雷保护。

　　（5）110kV 及以上的屋外配电装置，一般将避雷针装在配电装置架构上，但在土壤电阻率大于 $1000\Omega\cdot m$ 的地区，宜装设独立避雷针。否则，应通过验算，采取降低接地电阻或加强绝缘等措施。

　　66kV 的配电装置，可将避雷针装在配电装置架构上，但在土壤电阻率大于 $500\Omega\cdot m$ 的地区，宜装设独立避雷针。

　　35kV 及以下的配电装置，为防止雷击时引起反击闪络的可能，一般采用独立避雷针进行保护。

　　安装在架构上的避雷针应与接地网相连接，并应在其附近装设辅助的集中接地装置，其接地电阻应不大于 10Ω。避雷针与主接地网的地下连接点至变压器接地线与主接地网的地下连接点，沿接地体的长度不得小于 15m。

　　在变压器的门型架构上，不宜装设避雷针、避雷线。220kV 及以上的变压器，如需在门型架构上装设避雷针、避雷线，应通过验算，采取限制反击过电压的措施。

　　（6）110kV 及以上的屋外配电装置，可将保护线路的避雷线连到出线门型架构上，土壤电阻率大于 $1000\Omega\cdot m$ 的地区，应装设集中接地装置。

　　35～66kV 的屋外配电装置，在土壤电阻率不大于 $500\Omega\cdot m$ 的地区，允许将线路的避雷线连接到出线门型架构上，但应装设集中接地装置。在土壤电阻率大于 $500\Omega\cdot m$ 的地区，避雷线应架设到线路终端杆塔为止。从线路终端杆塔到配电装置的一档线路的保护，可采用独立避雷针，也可在线路终端杆塔上装设避雷针。

　　（7）在选择独立避雷针的装设地点时，应尽量利用照明灯塔，在其上装设避雷针。装有独立避雷针的照明灯塔上的照明灯电源线、装有避雷针和避雷线的架构上的照明灯电源线，均需采用直接埋入地下的带金属外皮的电缆或穿入金属管的导线。电缆外皮或金属管埋入地中长度在 10m 以上时，才允许与 35kV 及以下配电装置的接地网及低压配电装置相连接。严禁在装有避雷针（线）的构筑物上架设未采取保护措施的通信线、广播线和低压线。

　　（8）独立避雷针、避雷线与配电装置带电部分，设备和架构接地部分之间的空气中距离，以及独立避雷针、避雷线的接地装置与接地网间的地中距离，应符合下列要求。

　　1）独立避雷针的空气中距离应符合

$$S_k \geqslant 0.2R_{ch} + 0.1h \qquad (6\text{-}21)$$

式中　　S_k——空气中距离，m；

　　　　R_{ch}——独立避雷针的冲击接地电阻，Ω；

　　　　h——避雷针校验点的高度，m。

　　2）独立避雷针的地中距离应符合

$$S_d \geqslant 0.3R_{ch} \qquad (6\text{-}22)$$

式中　　S_d——地中距离，m。

　　3）独立避雷针的空气中距离应符合

$$S_k \geqslant \beta'[0.2R_{ch} + 0.1(h + \Delta l)] \qquad (6\text{-}23)$$

$$\beta' = \frac{l - \Delta l + h}{l + 2h}$$

式中　　R_{ch}——独立避雷针的冲击接地电阻，Ω；

　　　　h——避雷针支柱的高度，m；

Δl ——避雷线上校验点与最近接地支柱的距离，m；

β' ——对两端接地的避雷线的分流系数（对一端接地，另一端绝缘的避雷线，$\beta' = 1$）；

l ——避雷线两柱间距离，m。

4）独立避雷线地中距离应符合

$$S_d \geqslant 0.3\beta' R_{ch} \tag{6-24}$$

除满足以上计算外，在任何情况下，S_k 不宜小于 5m，S_d 不宜小于 3m。

（9）雷击避雷针（线）引起地网冲击电位的升高，冲击电位对电气设备的反击过电压可按下列方法校验。

1）雷电流引起引流点冲击电位升高，其计算式为

$$U_{ch} = R_{ch} I_{ch} \tag{6-25}$$

式中　U_{ch} ——地网引流点冲击电压，kV；

R_{ch} ——地网冲击接地电阻，Ω；

I_{ch} ——雷电流，kA，一般 $I_{ch} \leqslant 100\text{kA}$。

地网冲击电阻的估算式分别为：

对长孔接地网

$$R_{ch} = 0.6\sqrt{\rho} \tag{6-26}$$

对方孔接地网

$$R_{ch} = 0.2\sqrt{\rho} \tag{6-27}$$

式中　ρ ——接地网所在土壤的电阻率，Ω·m。

2）设备外壳处的地网电压升高的计算式为

$$U'_{ch} = U_{ch} e^{-12.6l/\rho} \tag{6-28}$$

式中　U'_{ch} ——设备外壳处地网电压，kV。

l ——引流点至设备外壳接地点沿接地线的最短距离，m。

3）设备反击过电压的估算式为

$$U = K_f U'_{ch} \tag{6-29}$$

式中　U ——设备上的反击过电压，kV；

K_f ——反击电压系数。

反击电压系数与设备充电回路的时间常数 T_0 有关，即

$$T_0 = ZC \tag{6-30}$$

式中　Z ——架空线（电缆）的波阻抗，Ω；

C ——设备连接端子对地入口电容，pF。

反击电压系数可由图 6-11 曲线查得。

4）电气设备反击电压经校验后，对电气设备绝缘有危害时，应采取措施，如将接地点远离避雷针（线）的引流点，或采用避雷器进行保护。当采用这些办法有困难时，应将避雷针（线）移至别处。

（二）感应雷过电压保护

避雷针、避雷线尽量远离 35kV 及以下电压等级的配电装置，包括组合导线、母线廊道等，以降低感应过电压。

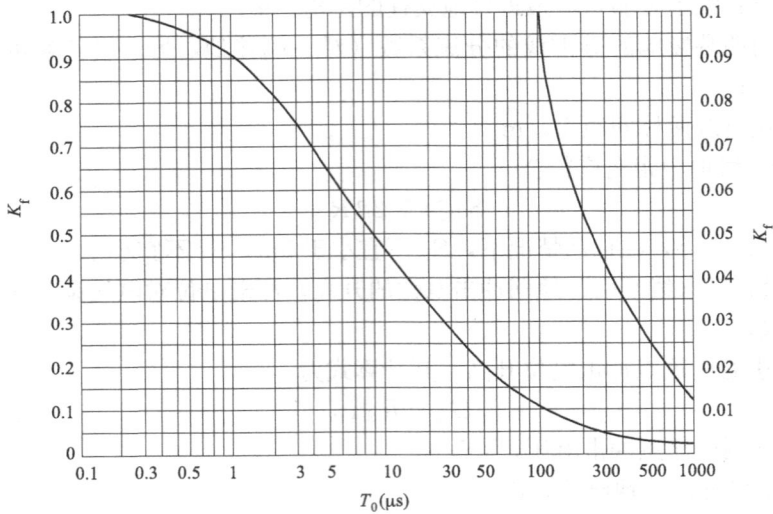

图 6-11　反击电压系数曲线

对发电厂、变电站内各类建筑物的供电，一律采用电缆，不允许将架空线引入建筑物。电缆的金属铠装在供电端必须接地，而直接进入建筑物的电缆铠装则应接在防感应雷接地网上。不允许任何用途的架空导线靠近建筑物，其距离不小于 10m。

为防止感应雷，应沿建筑物的周围敷设防止感应雷的接地装置，接地装置敷设成环路，其总接地电阻应不大于 5～10Ω（此接地装置可利用保护接地的接地装置）。应将所有金属物体（钢屋架、钢筋、器械、管道）与防止感应雷的接地装置相连。若屋顶为金属结构，则由屋顶两端起，每隔 10～20m 装一根引下线。钢筋混凝土的屋顶则应将钢筋焊接后再每隔 10～20m 连接至接地体；非金属材料的屋顶可在上面装设 8～10m 格子的金属网，再与防止感应雷的接地装置相连。

建筑物内所有长的金属管道或电缆，当它们之间距离在 10cm 以内时，应相互连接，并每隔 20～30m 接地。电缆头、法兰盘等要用截面积为 16～35mm² 的铜或钢导体接成良好的电气通路。

防止感应雷的接地装置应与防止直击雷的接地装置分开设置，相互间距离不得小于 3m。

六、发电厂、变电站的雷电侵入波过电压保护

（一）保护措施

发电厂、变电站中限制雷电侵入波过电压主要是靠装设避雷器，以及与避雷器相配合的进线段保护来联合实现的。

220kV 及以下的配电装置电气设备绝缘与阀式避雷器通过雷电流为 5kA 幅值下的残压进行配合。220～330kV 和 500kV 的配电装置电气设备绝缘与阀式避雷器通过雷电流分别为 10kA 幅值下的残压进行配合，500kV 配电装置电气设备绝缘与阀式避雷器通过雷电流为 20kA 幅值下的残压进行配合。

进线段保护的作用在于利用本身的阻抗来限制雷电流幅值和利用其电晕衰减来降低雷电流陡度，并通过进线段上阀式避雷器的作用，使之不超过上述绝缘配合所要求的数值。

因此，配电装置对侵入波的保护设计除了考虑在配电装置内适当地点装设阀式避雷器外，还必须对线路进线段的保护措施提出要求。

（二）避雷器的配置

（1）发电厂、变电站的高压电气主接线在各种运行方式下，有可能受到雷电侵入波危害的设备，都应在避雷器的保护范围内。

发电厂、变电站内的所有避雷器应以最短的接地线与配电装置的主接地网连接，同时应在其附近装设集中接地装置。

（2）对敞开式的电气设备，避雷器至被保护物设备的最大允许电气距离可查表6-10。出线回路数应按雷雨季节可能运行的最少回路数确定，对双回路杆塔出线，有同时遭受雷击的可能，应按一回路出线考虑。设计中还应充分考虑到初期出线回路数较少的情况。避雷器与主变压器及其他被保护电气设备的电气距离，应尽量缩短。

表 6-10　　　　　　　　　　避雷器至被保护设备的最大允许电气距离

电压等级（kV）	进线保护段	避雷器至变压器的最大电气距离（m）					采用无间隙金属氧化物避雷器或磁吹避雷器保护变压器距离增加百分数（%）	避雷器至其他电气设备的最大电气距离（m）
		避雷器形式	运行出线回路数					
			1	2	3	4及以上		
35	1km	普通阀式（FZ）	25	40	50	55	—	按至变压器距离增加35%计算
	2km及全线		50	75	90	105		
66	1km		45	65	80	90		
	2km及全线		80	105	130	145		
110	2km及全线		100	135	160	180	25	
220	全线		105	165	195	220	20	
330	全线	磁吹阀式（FCZ）	95	145	175	195	—	

注　35、66、110、220kV 变压器的绝缘水平分别为 200、325、480、950kV。

（3）对比较复杂的电气接线（除本款第 1 条接线外的其他复杂的接线和 GIS 电气设备的接线）和具有电缆段的电气接线以及 500kV 电气接线，雷电侵入波保护的避雷器配置应采用惯用法在计算机上进行计算。在计算时应满足以下要求。

1）将进线保护段与高压配电装置作为一个网络整体进行计算，尽量不简化接线。

2）雷击点位于 2km 处，绝缘子串的闪络特性应以绝缘子串的伏秒特性来确定。

3）进线保护段导线应考虑冲击电晕对侵入雷电波波形的影响（见附录 C）；在具有电缆段的接线，应考虑侵入雷电波幅值在电缆段上的衰减（见附录 D）。

4）避雷器的放电伏秒特性和阀片的伏安特性，应根据制造厂提供的数据或曲线采用分段模拟计算。

5）雷电流参数。

a. 雷电流波形。雷电流波形为 $2.6/50\mu s$。

b. 雷电流幅值。雷电流幅值为进线保护段耐雷水平的 1.5 倍。

6）电气设备上作用的电压波形若与全波相似，应与全波耐压配合；若与截波相似，应与截波耐压配合。

7）应考虑油纸绝缘设备的累积效应，其保证耐压为试验电压的 0.85 倍（3～220kV）、0.9 倍（330kV）、0.95 倍（500kV）。

（三）进线段保护

进线段保护的含义：对靠近变电站 1～2km 的一段线路（进线段）必须加强保护。进线保护段应具有较高的耐雷水平，避雷线的保护角一般不宜超过 20°，最大不超过 30°，以使雷击进线段线路时发生反击和绕击的概率大大减小。

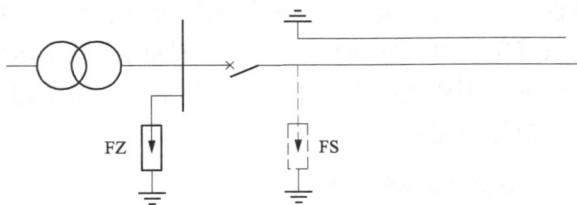

图 6-12 全线架设避雷线时的进线段保护接线

（1）对 110kV 及以上沿全线架设避雷线的线路，将靠近变电站 1～2km 的线段列为进线保护段。其标准保护接线如图 6-12 所示。

（2）对未沿全线架设避雷线的 35～110kV 架空电力线路，在进线段架设避雷线。其标准接线如图 6-13 所示。

在木杆线路进线保护段的首端、装设一组阀式避雷器 FS1，其工频接地电阻不宜超过 10Ω。铁塔或铁横担、瓷横担的钢筋混凝土杆线路，以及全线用避雷线保护的线路，其进线段首端一般可不装设阀式避雷器。FZ 是变电站内的阀式或氧化锌避雷器，用以保护变电站内的电气设备。

对在雷雨季节可能经常开路运行，而其线路侧又带有电压的 35～110kV 变电站，为保护其进出线的断路器和隔离开关，应在变电站线路的进出口处装设一组阀式避雷器 FS2。其间隙的整定，应使其在断路器处于分闸状态下能可靠动作，以保护隔离开关或断路器。

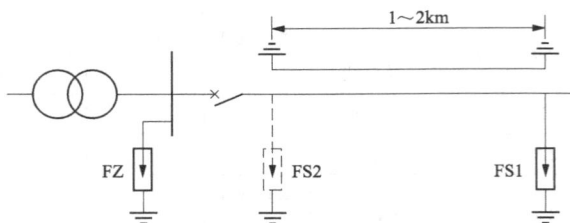

图 6-13 未沿全线架设避雷线时的进线段保护接线

（3）35kV 及以上的电缆进线段保护。对发电厂、变电站的 35kV 及以的上电缆进线段，在电缆与架空线的连接处，由于侵入波的多次折、反射，可能形成很高的过电压，一般需装设避雷器保护，避雷器的接地端应与电缆金属外皮连接。35kV 及以上电缆段的变电站进线保护接线如图 6-14 所示。对三芯电缆，末端的金属外皮应直接接地，如图 6-14（a）所示。对单芯电缆，因为不许外皮流过工频感应电流而不能两端同时接地，又需限制末端形成的过电压，所以可将电缆一端外皮直接接地，而另一端应经氧化锌电缆护层保护器（FC）或保护间隙接地，如图 6-14（b）所示。

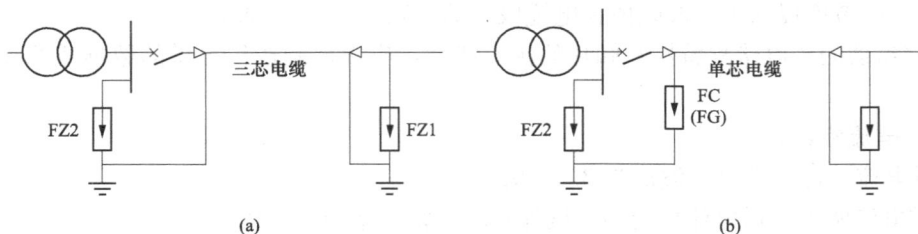

图 6-14 35kV 及以上电缆段的变电站进线保护接线

（a）三芯电缆段的变电站进线保护接线；（b）单芯电缆段的变电站进线保护接线

如电缆长度不超过 50m 或虽超过 50m，但经校验装设一组阀式避雷器即能满足要求时，图 6-14（a）、图 6-14（b）中可只装 FZ1 或 FZ2。

若电缆长度超过 50m，且断路器在雷雨季节可能经常开路运行时，为了防止开路端全反射形成很高的过电压损坏断路器，应在电缆末端装设阀式避雷器。

连接电缆进线段前的架空线路应架设 1km 避雷线。

对全线电缆-变压器组接线的变电站内是否装设避雷器，应根据电缆前端是否有雷电过电压波入侵，经校验确定。

七、变压器的防雷保护

（一）自耦变压器的防雷保护

（1）当自耦变压器一侧断开后，因为绕组间波的直接传递，会在线路断开的一侧出现对绝缘有危险的过电压。所以，在自耦变压器的两个自耦合的绕组的出线上必须装设避雷器。此避雷器应装在自耦变压器和断路器之间，并采用图 6-15 中实线所示保护接线。

35kV 及以下的自耦变压器，还应在串联绕组的两端跨接阀式避雷器 FZ3，如图 6-15 中虚线所示。

（2）使用金属氧化物避雷器保护自耦变压器，当高压侧有侵入波作用时，若中压侧避雷器先于高压侧避雷器动作，中压侧避雷器可能因能力小而损坏。因此，在选择避雷器时，应校核中压侧避雷器，使其额定电压不低于高压侧换算到中压侧的电压值。

（二）三绕组变压器和分裂绕组变压器保护

（1）与架空线路连接的三绕组变压器（包括一台变压器与两台电机相连的分裂绕组变压器）的低压绕组如有开路运行的可能，以及发电厂双绕组变压器当发电机断开由高压侧倒送厂用电时，应在变压器低压绕组出线上装设一组避雷器，以防止来自高压绕组的雷电波的静电感应电压危及低压绕组绝缘。但若该绕组接有长度 25m 及以上的金属外皮电缆段，因增大的对地电容足以限制此静电感应过电压，则可不必再装避雷器。

图 6-15　自耦变压器的防雷保护接线

（2）当三绕组变压器高、中压侧之间的变比较大（如 330kV/35kV），而中压侧又有较长时间开路运行的可能时，应考虑在中压侧的一相出口上加装一只阀式避雷器。

（3）分裂绕组变压器同样有可能在其中一个分支绕组断开时，另一绕组仍继续运行，故应在每个分支绕组的一相出口处装设一只阀式避雷器。若发电厂的高压厂用工作变压器的分裂绕组，由于它的高压侧是发电机电压，没有架空线引入，这种情况不需保护。

（三）变压器中性点的过电压保护

（1）在运行中有可能不直接接地的变压器中性点应设置避雷器或棒间隙保护，以防止雷电侵入波对变压器中性点绝缘的危害。

（2）变压器中性点避雷器的额定电压（对碳化硅阀式避雷器为灭弧电压）不应低于系统单相接地时变压器中性点上的最大工频电压。变压器中性点的雷电绝缘配合系数不应低于 1.25。

根据表 6-11 变压器中性点绝缘水平，保护变压器中性点绝缘的避雷器型号按表 6-12 选定。

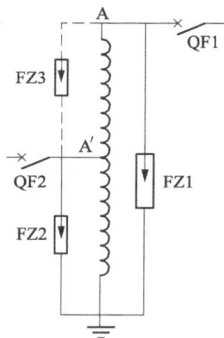

表 6-11　　　　　　　　　　变压器中性点绝缘水平（kV）

系统标称电压		35	66	110	220	330	500
变压器中性点	工频	85	140	95	200	95	140
绝缘水平	冲击	180	325	250	400	250	325

表 6-12　　　　　　　　　保护变压器中性点绝缘的避雷器型号

系统标称电压（kV）	35	66	110	220	330	500
避雷器型号	FZ-35 FCZ-35	FZ-60 FCZ-70	FZ-40 FCZ-70 Y1W84/200	FZ-110J FCZ-110J Y1W146/320	FCZ-70 （2×FCZ-35） Y1W84/200	FCZ-110J Y1W102/255

注　35kV 变压器中性点接有消弧线圈时，应采用 FCZ-35 型。

（3）断路器非全相运行时，将引起 110～220kV 变压器的中性点工频电压升高，采用表 6-12 中的避雷器是不能实现保护的。此时，可选用避雷器额定电压不低于变压器最大工作相电压的避雷器保护；也可选用棒间隙保护，间隙在单相接地短路时的暂态过电压作用下不应动作，而在雷电过电压作用下应动作，并能保护变压器的中性点绝缘，间隙大小应根据 X_0/X_1 值的大小确定。避雷器型号或棒间隙值可按表 6-13 选定。

表 6-13　　　　　断路器非全相运行时，变压器中性点避雷器型号或棒间隙值的选定

系统标称电压（kV）	110	220
避雷器型号	FCZ-70（2×FCZ-35） Y1W84/200	FCZ-154J Y1W146/320
棒间隙值（mm）	$65+25\dfrac{X_0^{①}}{X_1}$	$150+70\dfrac{X_0^{①}}{X_1}$

①棒间隙公式适用 $1\leqslant\dfrac{X_0}{X_1}\leqslant3$。

（四）配电变压器的防雷保护

（1）为防止高压侧的雷电波侵入，配电变压器的高压侧（3～10kV 侧）应装设阀式避雷器（FS-3 型～FS-10 型）或氧化锌避雷器保护。避雷器要尽可能地靠近配电变压器装设，其接地端要与变压器金属外壳及低压侧绕组中性点（当中性点绝缘时，则与中性点的击穿保险器接地端）连在一起共同接地（称为三点联合接地），并尽量减小接地线的长度。

（2）为避免雷电波由高压侧侵入，高压侧避雷器动作后产生的反变换过电压对高压侧中性点绝缘或纵绝缘的威胁，同时防止沿低压线路的雷电波侵入，在配电变压器低压侧也要装设避雷器（MY-470 型或 FS-0.25 型）进行保护，并使其接地端与高压侧的接地共同接地。

配电变压器的防雷保护接线如图 6-16 所示。

低压侧中性点不接地的配电变压器应在中性点装设击穿保险器，接线如图 6-16（b）所示。

（3）对于强雷区（年平均雷暴日超过 90 日的地区），可采用特殊的高压绕组为 Z 型连接的防雷变压器，它可消除反变换过电压。

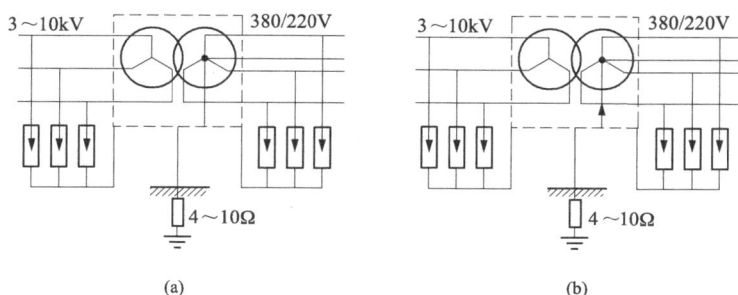

图 6-16　配电变压器的防雷保护接线

（a）低压侧中性点接地；（b）低压侧中性点不接地

八、旋转电机的雷电过电压保护

（一）直配电机的过电压保护

直接与架空电力线路连接的旋转电机（包括发电机、大型电动机等）称为直配电机，在此情况下，因线路上的雷电波可以直接传入旋转电机绕组中，故其防雷保护显得特别突出。

（1）单机容量为 6000～60 000kW 的直配电机，宜采用图 6-17 （a）、（b）所示的保护接线。单机容量为 60 000kW 以上的电机，不应与架空电力线路直接连接。图中电缆段的长度 l_c，对单机容量为 6000～25 000kW 的电机，取 100m；对单机容量为 25 000kW 及以上的电机和多雷区的单机容量为 6000～25 000kW 的电机，取 150m。

若电缆首端的短路电流较大，可采用图 6-17 （b）所示的保护接线。

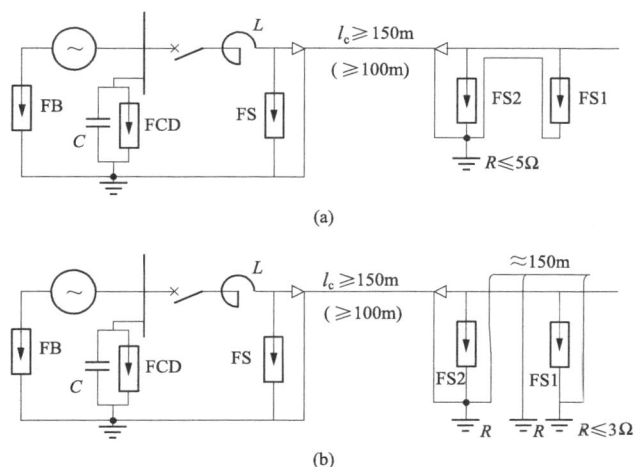

图 6-17　6000～60 000kW 直配电机的保护接地

（a）电缆首端短路电流不大时；（b）电缆首端短路电流较大时

L—限制短路电流用的电抗器；FB—磁吹或普通阀式避雷器；FCD—磁吹避雷器；C—电容器

FS1 和 FS2 的接地端应采用钢绞线连接。钢绞线架设在导线下方，距导线不应小于 2m，也不应大于 3m，并应与电缆首端的金属外皮在装设 FS2 的杆塔处连在一起，其工频接地电阻不应大于 5Ω。

进线电缆段的金属外皮应多点接地，以充分利用其金属外皮的分流作用。对直接埋设在土中的电缆，应在电缆接地处采取防潮、防腐措施。

进线段上的阀式避雷器 FS 的接地端，应与电缆的金属外皮和避雷线连在一起接地，接地电阻不应大于 3Ω。

（2）单机容量为 6000～12 000kW 的直配电机，如出线无限流电抗器，可采用图 6-18（a）、（b）的保护接线。在雷电活动强烈地区，宜采用有电抗线圈的图 6-18（a）的保护接线。

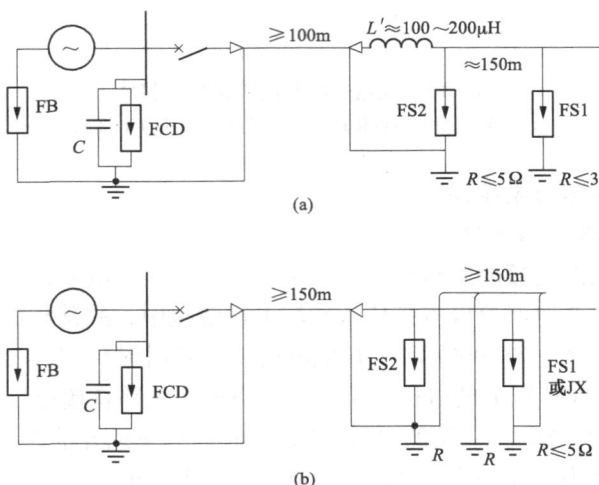

图 6-18　6000～12 000kW 无限流电抗器直配电机的保护接线

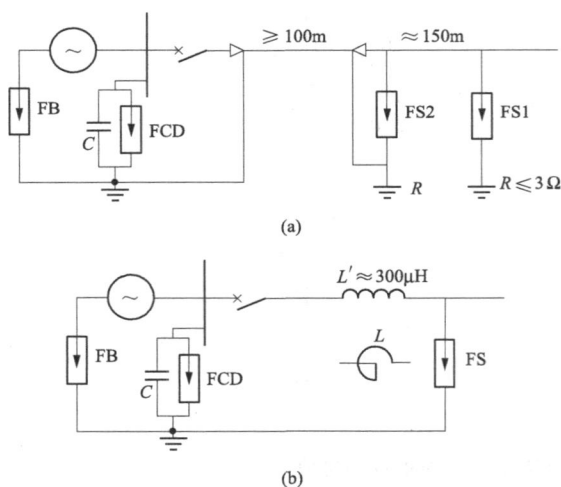

图 6-19　1500～6000kW 直配电机的保护接线
（a）无电抗线圈或限流电抗器；（b）有电抗线圈或限流电抗器

（3）单机容量为 1500～6000kW 的直配电机，可采用图 6-19（a）所示接线，也可采用图 6-19（b）所示的有电抗线圈 L' 或限流电抗器 L 的保护接线。

在进线段长度内，应装设避雷针或避雷线。进线段长度一般采用 450～600m。

（4）保护高压旋转电机用的避雷器，一般采用 FCD 型磁吹避雷器或氧化锌避雷器。单机容量为 25 000kW 及以上的直配电机，应在每台电机出线处装设一组避雷器。单机容量为 25 000kW 以下的直配电机，避雷器也应尽量靠近电机装设，如每组母线上的电机不超过两台，避雷器也可装在每组母线上。

（5）直配电机的中性点能引出且未直接接地，应在中性点上装设一只阀式避雷器，其额定电压不应低于电机的最高运行相电压，其型号宜按表 6-14 选定。

（6）为保护直配电机而架设的避雷线，对边相导线的保护角不应大于 30°。

为保护直配电机的匝间绝缘和防止感应过电压，应在每相母线上装设 0.25～0.5μF 的电容器；对于中性点不能引出或双排并绕线圈的电机，每相应装设 1.5～2μF 的电容器。与母线连接的电容器宜有短路保护。

表 6-14　　　　　　　　　　　保护选择电机中性点绝缘的避雷器型号

电机额定电压（kV）	3.15	6.3	10.5
避雷器型号	FCD-2、 FZ-2	FCD-4、 FZ-4	FCD-6、 FZ-6、FS-6

（二）非直配电机的过电压保护

（1）在多雷区，对 3～66kV 出线的发电机-变压器组，来自变压器高压绕组雷电波的电磁感应电压已超过磁吹式避雷器的保护水平，应在发电机出口装设一组磁吹避雷器。

（2）若发电机-变压器组之间的母线桥或组合导线无金属屏蔽部分的长度大于 50m，应采取防止感应过电压的措施。在发电机侧每相装设 0.15μF 的电容器或磁吹避雷器；在变压器侧如已按前述装有避雷器，就不再增设，否则应装设一组阀式避雷器。

九、近区供电的雷过电压保护

（一）35kV 小容量变电站的过电压保护

（1）容量为 3150～5000kVA 的 35kV 变电站，可根据负荷的重要性及雷电活动的强弱等条件简化保护接线。变电站进线段的长度可减少到 600～800m，并应采用图 6-20 所示保护接线。

（2）容量在 3150kVA 以下的 35kV 变电站，可采用图 6-20 所示的保护接线，但变电站进线段长度可进一步减小为 400～600m。

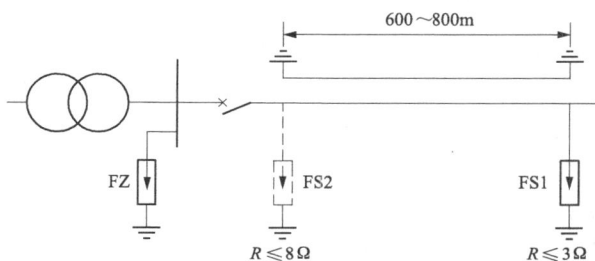

图 6-20　3150～5000kVA 35kV 变电站
简化进线段保护接线

（3）保护接线简化的变电站［（1）、（2）项］，阀式避雷器与主变压器和电压互感器的最大电气距离不宜超过 10m。

（4）35kV 变电站的进线，如架设避雷线有困难，或在土壤电阻率大于 500Ω·m 的地区，进线段难以达到所需的耐雷水平时，可在进线的终端杆上装设一组电感线圈 L'，以代替进线段的避雷线，其保护接线如图 6-21 所示。

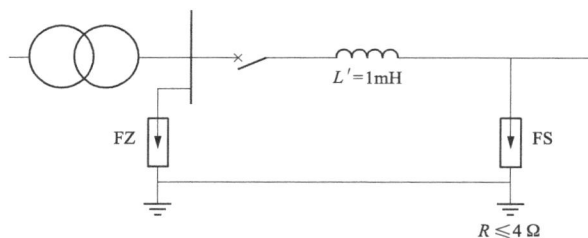

图 6-21　用电抗线圈代替进线段避雷线的保护接线

（二）3～10kV 变电站的过电压保护

变电站的 3～10kV 配电装置（包括电力变压器），应在每组母线和每回架空进线上装设阀式避雷器，并应采用图 6-22 所示的保护接线。

母线上，避雷器与 3～10kV 主变压器的电气距离不宜大于表 6-15 所列数值。

表 6-15　　　　　　　　　　　避雷器与 3～10kV 主变压器的最大电气距离

雷季经常运行的进线路数	1	2	3	4 及以上
最大电气距离（m）	15	20	25	30

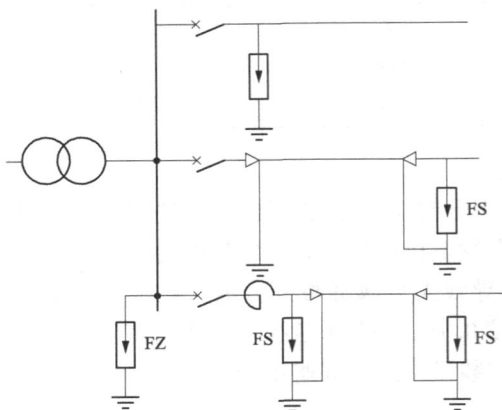

图 6-22　3～10kV 配电装置雷电侵入波的保护接
线（FZ、FS 为阀式避雷器）

有电缆段的架空线路，避雷器应装设在电缆头附近，其接地端应和电缆金属外皮相连。如各架空线均有电缆段，避雷器与主变压器的最大电气距离不受限制。

避雷器应以最短的接地线与变电站、配电所（仅有开闭和分配电能的配电装置，母线上无变压器）的主接地网连接（包括通过电缆金属外皮连接）。避雷器附近应埋设集中接地体。

（三）架空配电线路的过电压保护

（1）3～10kV 柱上断路器和负荷开关、应用阀式避雷器保护，也可用间隙保护。经常开路运行而又带电的柱上断路器、负荷开关或隔离开关，应在带电侧装设避雷器，其接地线应与柱上断路器等的金属外壳连接，且接地电阻不宜超过 10Ω。

（2）3～10kV 钢筋混凝土杆配电线路一般采用瓷横担，如采用铁横担，宜采用高一级电压等级的绝缘子，并应尽量以较短的时间切除故障，以减少雷击跳闸和断线等事故。

（3）低压架空线路接户线的绝缘子铁脚宜接地，接地电阻不宜超过 30Ω。土壤电阻率在 200Ω·m 及以下的铁横担钢筋混凝土杆线路，由于连续多杆的自然接地作用，可不另设接地装置。屋内有电力设备接地装置的建筑物，在入口处宜将绝缘子铁脚与该接地装置相连，可不另设接地装置。

十、微波通信站的雷过电压保护

（1）微波天线应有防直击雷的保护措施，宜采用避雷针，并将其固定在微波塔上。

微波机房应有防直击雷的保护措施，应在房顶敷设避雷带，如已在微波塔避雷针的保护范围内，则可不另设直击雷保护装置。

（2）由于微波塔较高，遭雷击概率较大，为防止冲击电位影响到发电厂的控制设备，宜将微波塔和微波机房接地网与发电厂接地网分别设置，并采用弱连接，即将微波站接地网就近用两根接地带与发电厂接地网相连接，但应尽量远离有控制电缆的电缆沟接地干线和控制室的接地网。微波塔接地装置应按冲击接地的原则设计，不宜采用较远的引外接地。

微波塔的接地电阻不宜超过 5Ω，在土壤电阻率较低的有条件的地区不宜超过 1Ω，在高土壤电阻率地区不宜超过 10Ω。接地体应围绕塔基做成闭合环形，以尽量减小接触电压和跨步电压。

波导管或同轴电缆的金属外皮至少应在上、下两端与塔身金属结构连接，并在机房入口处与机房地网连接，在该处加设集中接地体。

机房的接地网与微波塔的接地网间至少应有两根接地带连接。

（3）微波机房内接地应进行等电位处理和采取防止感应过电压的措施，沿机房顶四周，应敷设闭合均压带。在机房外应围绕机房敷设水平闭合接地带，在机房内四周和顶部设置屏蔽网，应围绕机房敷设环形接地母线。机房内各种电缆的金属外皮，设备的金属外壳和不带电的金属部分、各种金属管道、金属门框等建筑物金属结构、电缆架等，以及保护接地、工作接地，均应以最短距离与环形接地母线连接。

环形接地母线与外部闭合接地带和房顶闭合均压带间，至少应有 4 个对称布置的连接线相互连接，相邻连接线间的距离不宜超过 15m。

机房内的电力线、通信线，应在机房内装设防雷装置。通信线的不运行线对，应在终端配线架上接地。

（4）微波塔上的照明灯电源线应采用金属外皮电缆，或将导线穿入金属管。金属外皮或金属管至少应在上、下两端与塔身相连，并应水平埋入地中，埋入的长度在 10m 以上才允许引入机房、配电装置和配电变压器。

机房内的电力线、通信线应有金属外皮或金属屏蔽层，或敷设在金属管内。由机房引出的电力线、通信线，其金属外皮或金属管在屋外水平埋入地中的长度不应少于 10m。

由机房引到附近建筑物内的金属管道，机房外埋入地中的长度应在 10m 以上。若不能直接埋入地中，至少应在金属管道屋外部分沿长度均匀分布在两处接地，每处接地电阻不宜大于 10Ω；在高土壤电阻率的地区，每处接地电阻不宜大于 30Ω，但宜适当增加接地的处数。

第二节　内部过电压保护

一、暂时过电压及其保护

（1）暂时过电压的幅值和持续时间与系统结构、容量、参数、运行方式及各种安全自动装置的特性有关。暂时过电压除增大绝缘承受的电压外，还对选择过电压保护装置有重要影响。

330kV 及以上的系统中，当工频过电压超过规定值时，需采取措施限制工频过电压。

各级电压系统，需采取措施防止产生谐振过电压或用特殊保护装置限制其幅值和持续时间。

（2）系统中，工频电压的升高一般由线路空载、突然失去负荷和单相接地故障等引起。

1）空载长线引起的末端工频过电压的计算式为

$$U_g = \frac{E_d}{\cos\lambda - \dfrac{X_s}{Z}\sin\lambda} \qquad (6\text{-}31)$$

$$\lambda = \omega l / \nu \ (f = 50\mathrm{Hz})$$

式中　U_g——空载线路末端工频电压，kV；

　　　E_d——送端系统的等值电动势，kV；

　　　X_s——送端系统的等值电抗，Ω；

　　　Z ——线路波阻抗，Ω；

　　　λ ——线路波长，rad；

　　　ν ——波速，km/s；

l ——输电线路长度，km。

2）突然失去负荷引起的工频过电压的计算式为

$$E_{\mathrm{d}}'=U_{\mathrm{m}}\sqrt{\left(1+\frac{P\tan\varphi}{S_{\mathrm{G}}}X_{\mathrm{s}}^{*}\right)^{2}+\left(\frac{P}{S_{\mathrm{G}}}X_{\mathrm{s}}^{*}\right)^{2}}\tag{6-32}$$

式中　　E_{d}'——失去负荷前的发电机等值暂态电动势，kV；

　　　　U_{m}——失去负荷前的母线电压，kV；

　　　　S_{G}——发电机视在功率，kVA；

　　　　P ——线路输送功率，kW；

　　　　X_{s}^{*}——送端系统等值电抗标幺值；

　　　　φ ——功率因数角。

3）单相接地故障，健全相工频过电压的计算式为

$$U=\sqrt{3}\,\frac{\sqrt{1+k+k^{2}}}{2+k}U_{X}\tag{6-33}$$

式中　　U ——健全相工频过电压，kV；

　　　　U_{X} ——故障相在故障前的相电压，kV；

　　　　k ——系统零序电抗与正序电抗的比值。

（3）各级电压系统允许工频过电压的水平不宜超过下列数值。

1）3～10kV 系统：$1.9U_{\mathrm{xg}}$

2）35～66kV 系统：$\sqrt{3}U_{\mathrm{xg}}$

3）110～220kV 系统：$1.3U_{\mathrm{xg}}$

4）330～500kV 系统：线路断路器母线侧为 $1.3U_{\mathrm{xg}}$，线路断路器线路侧为 $1.4U_{\mathrm{xg}}$。

线路侧工频过电压限制到 $1.4U_{\mathrm{xg}}$ 特别困难时，可通过技术经济比较确定限制措施和相应的工频过电压数值，且需校核设备承受工频过电压的能力。

（4）220kV 及以下的系统中，一般不采取特殊措施限制工频过电压。

330kV 及以上的系统中，正常输电状态下突然失去负荷和在线路受电端有接地故障的情况下突然失去负荷时，可能产生幅值很高的工频过电压。一般采用在线路上安装并联电抗器的措施限制工频过电压。当线路上装设一组电抗器时，应安装在线路的受电端。在线路上架设良导体避雷线降低工频过电压时，宜通过技术经济比较加以确定。

（5）各级电压系统均应采取措施，防止在电力系统操作和故障情况下，由于电感、电容参数的不利组合引起的谐振过电压。谐振过电压一般具有工频性质，持续时间长，不能用避雷器限制。

谐振过电压一般有自励磁过电压、水轮发电机不对称短路过电压和铁磁谐振过电压。

（6）水轮发电机在不同运行情况下，其感抗值呈周期性变化，当发电机经升压变压器与空载线路相连时，发电机外电路容抗值在发电机感抗变化范围内，只要电感或电容上存在微小的能量就可导致电磁能量的集聚，使电流、电压幅值急剧上升，产生自励磁过电压。由于受发电机和变压器的磁饱和限制，自励磁过电压一般不超过 $(1.5\sim2.0)U_{\mathrm{xg}}$。

当外电路容抗值在 $X_{d}\sim X_{q}$ 和 $X_{q}\sim X_{d}'$ 范围内时，就会产生同步自励磁和异步自励磁过电压。同步自励磁电压上升速度较慢，异步自励磁电压上升速度较快。由于自励磁过电压时间长、危害性大，必须采取如下措施对其加以限制。

1）使发电机的容量大于被投入空载线路的充电功率。

2）采用快速励磁自动调节器限制同步自励磁过电压；采用遄动过电压继电保护断开发电机，消除可能产生的异步自励磁过电压。

3）对 330kV 及以上的系统，由于输电线路较长，容抗值较小，易发生自励磁过电压，常采用并联电抗器加以限制，并联电抗器限制自励磁过电压的最小容量可按下式计算

$$Q > P_\lambda \tan\lambda - \cfrac{1}{\cfrac{X_\sigma\%}{S_T} + \cfrac{X_d\%}{S_G}} \tag{6-34}$$

式中　Q——并联电抗器容量，kvar；

$\quad\quad P_\lambda$——线路自然功率，kW；

$\quad\quad S_T$——升压变压器容量，kVA；

$\quad\quad S_G$——发电机容量，kVA；

$\quad\quad X_\sigma\%$——升压变压器漏抗标幺值；

$\quad\quad X_d\%$——发电机直轴电抗标幺值。

（7）水轮发电机发生不对称短路时，在发电机定子绕组和转子绕组上分别产生脉动磁场和直流磁场，会在健全相上产生幅值较高的谐振过电压。

在水轮发电机的转子上加装阻尼绕组，可以限制过电压幅值不超过 $3U_{xg}$。

加装阻尼绕组的水轮发电机发生不对称短路时的过电压的计算式为

$$U_G = k_d \left(2\frac{X_q''}{X_d''} - 1 \right) U_{xgf} \tag{6-35}$$

式中　U_G——发电机不对称短路过电压幅值，kV；

$\quad\quad k_d$——系数，两相短路 $k_d=1$，两相短路接地 $k_d=1.5$；

$\quad\quad X_q''$——发电机直轴超瞬态电抗，Ω；

$\quad\quad X_d''$——发电机交轴超瞬态电抗，Ω；

$\quad\quad U_{xgf}$——发电机最高运行相电压幅值，kV。

（8）具有铁芯的电感设备，因系统操作和故障引起设备上电压增高或产生励磁涌流，都会导致铁芯饱和。在谐振频率下，当感抗与容抗值相等时，就会引起铁磁谐振过电压。

铁磁谐振过电压的幅值一般不超过 $(1.5\sim2.5)U_{xg}$，个别可达到 $3.5U_{xg}$ 以上。系统中的铁磁谐振过电压一般由以下原因引起：电磁式电压互感器引起的铁磁谐振，非全相运行引起的铁磁谐振，合带空载线路的变压器引起的二次谐波铁磁谐振。

1）在直接接地系统中，采用带有均压电容的断路器开断连接有电磁式电压互感器的空载母线，根据经验估算有可能产生铁磁谐振过电压时，宜选用电容式电压互感器。

在不接地系统中，带绝缘监视用的电磁式电压互感器与空载母线或空载短线引起的铁磁谐振过电压，电源中性点发生对地位移，引起虚幻接地信号。谐振频率可能是基波谐振，也可能是高频（2、3 次）谐振和分频（1/2、1/3 次）谐振。

防止和限制电磁式电压互感器引起的铁磁谐振过电压的措施如下：

a. 选用励磁特性饱和点较高的电磁式电压互感器。

b. 增大母线对地电容，减小对地容抗，使对地容抗与互感器励磁感抗之比 X_∞/X_m ＜0.01。

c. 在互感器开口三角绕组中装设 $R_O \leqslant 0.4X_m/K_{13}^2$（$K_{13}$ 为互感器一次绕组与开口三角绕组的变比）的电阻阻尼谐振或采用消谐装置消除谐振。

d. 10kV 及以下互感器高压绕组的中性点经 $R \geqslant 0.06X_m$（容量大于 600W）的电阻接地。

2）中性点不接地系统中和中性点直接接地有不接地变压器的单端电源系统中，发生线路断线或断路器（熔断器）非全相分合闸。由于空载或轻载变压器励磁电感与线路对地电容构成串联铁磁谐振，在各级电压的系统中都会发生，谐振可能是基频，也可能是高频和分频。

在双端电源线路中，发生线路断线或断路器（熔断器）非全相分合闸，由于两端电源的不同步，在各级电压的系统中都会引起中性点位移过电压。不接地变压器中性点位移电压可接近 2 倍工频相电压。非直接接地有补偿的系统中，过电压使不接地变压器中性点位移电压更高。

在有并联电抗器补偿的系统中，当线路处于非全相空载运行状态，且并联电抗器零序电抗小于线路零序容抗时，由于线间电容的影响，断开相上可能激发基频铁磁谐振过电压。

防止和限制非全相运行引起铁磁谐振的措施如下：

a. 采用同期性能较好的断路器。

b. 对中性点直接接地的系统，操作时应将不接地变压器中性点临时接地，必要时可在不接地变压器中性点加装棒间隙。

c. 在并联电抗器中性点装设小电抗器，以消除并联电抗器非全相运行引起的铁磁谐振。

3）在自振频率接近 100Hz 的中性点直接接地的系统中，带空载变压器的线路分合闸操作时，由于变压器电感周期性变化，在高压空载或轻载线路中引起幅值较高的二次谐波为主的铁磁谐振过电压。

应避免在只带空载线路的变压器低压侧合闸，在故障中确实无法避免时，可在线路继电保护装置内增设过电压速断保护，以缩短过电压持续时间。

二、操作过电压及其保护

（1）系统中的操作过电压一般由以下原因引起：

1）间歇性电弧接地。

2）空载线路分、合（重合）闸。

3）空载变压器和并联电抗器分闸。

4）线路非对称故障分闸和振荡解列等。

220kV 及以下系统中，由于绝缘水平较高，能承受可能出现的操作过电压，一般不采取限制措施。330kV 及以上系统中，应采取限制操作过电压的措施。

（2）系统操作过电压计算倍数的确定，应考虑系统结构、系统容量、电气参数、中性点接地方式、断路器性能、母线上的出线回路数，以及系统运行接线、操作方式等因素。操作过电压计算倍数宜取下列数值。

对地绝缘，以设备的最高运行相电压 U_{xg} 的倍数表示：

1）3～66kV 系统中，计算用最大过电压为 U_{xg} 的 4.0 倍。

2）110～220kV 系统中，计算用最大过电压为 U_{xg} 的 3.0 倍。

3）330kV 系统中，2% 统计过电压为 U_{xg} 的 2.2 倍。

4）500kV 系统中，2%统计过电压为 U_{xg}2.0 倍。

相间绝缘，以相对地操作过电压的倍数表示：

1）3～220kV 系统中为 1.3～1.4 倍。

2）330～500kV 系统中为 1.5 倍。

确定相间绝缘时，两相的电位宜分别取相间操作过电压的＋60%和－40%。

（3）在中性点不接地系统中，当单相接地故障电流超过一定数值时，将产生不稳定电弧，形成熄灭和重燃交替的间歇性电弧，导致电磁能的强烈振荡，并在健全相以致故障相中产生较高的过电压。过电压数值随接地方式的不同而不同，一般情况下，过电压不超过下列数值：

1）中性点不接地系统中为 3.5U_{xg}。

2）中性点消弧线圈接地系统中为 3.2U_{xg}。

3）中性点电阻接地系统中为 2.5U_{xg}。

（4）空载线路在分闸过程中，当断路器触头间的绝缘恢复强度低于电压恢复强度时，触头间发生电弧重燃，引起系统电磁振荡，产生分闸过电压。对 3～66kV 的系统，空载线路分闸过电压一般不超过 4.0U_{xg}，110～220kV 系统一般不超过 3.0U_{xg}。空载线路分闸过电压是控制 220kV 及以下的系统操作过电压绝缘水平的主要依据。采用不重燃断路器是限制分闸过电压的有效措施。线路侧采用电磁式电压互感器，可泄放线路残压电荷，以降低触头间的恢复电压，可避免断路器电弧重燃或降低重燃过电压。330kV 及以上的系统应采用不重燃断路器。

（5）空载线路合闸时，由于线路电感、电容的振荡，将产生合闸过电压。线路重合闸时，由于电源电动势较高，以及线路上残压电荷的存在，加剧了这一电磁振荡过程，使过电压进一步提高。线路合闸和重合闸过电压是控制 330kV 及以上系统操作过电压绝缘水平的主要依据，必须将此种过电压限制在系统允许的操作过电压范围内。限制合闸和重合闸过电压的措施如下：

1）采用无间隙 MOA 保护，避雷器应能承受安装点的各种过电压的幅值和持续时间（除谐振过电压）。安装在出线断路器线路侧的避雷器称为线路避雷器，安装在电厂和变电站侧的避雷器称为电站避雷器。避雷器的通流容量和允许吸收能量应满足系统要求。

2）计算采用无间隙 MOA 限制合闸过电压达不到要求时，还应采用具有合闸电阻的断路器，使合闸分两个阶段进行，以降低合闸时触头间的电位差，使振荡过电压得到降低。

（6）空载变压器和电抗器分闸时，由于断路器强制熄弧引起电磁能转换振荡，将产生过电压。它与断路器结构、回路参数、变压器（并联电抗器）的接线和特性等因素有关。

采用灭弧性能较强又无分闸电阻的断路器（除六氟化硫断路器），断开励磁电流标幺值较大的空载变压器时所产生的高幅值过电压，可在断路器与变压器（并联电抗器）间装设避雷器予以限制。对变压器而言，避雷器可安装在低压侧或高压侧，一般装在低压侧更经济，且维护更方便。但若高、低压系统中性点的接地方式不同，低压侧宜采用保护水平较低的避雷器。

（7）系统送、受电端的联系薄弱，如线路因非对称故障导致分闸，或在系统振荡状态下解列，将产生线路非对称故障分闸或振荡解列过电压。预测线路非对称故障分闸过电压，可选择线路受电端存在单相接地故障的条件，分闸时，线路送、受电端的电动势相位差应按实际情况选取。当过电压幅值较高时，应采用线路避雷器加以限制。

第七章　变电站二次系统设计

第一节　变电站综合自动化系统设计

一、变电站综合自动化系统的结构设计

变电站综合自动化系统的结构可采用目前流行的分层分布式结构，如图 7-1 所示。

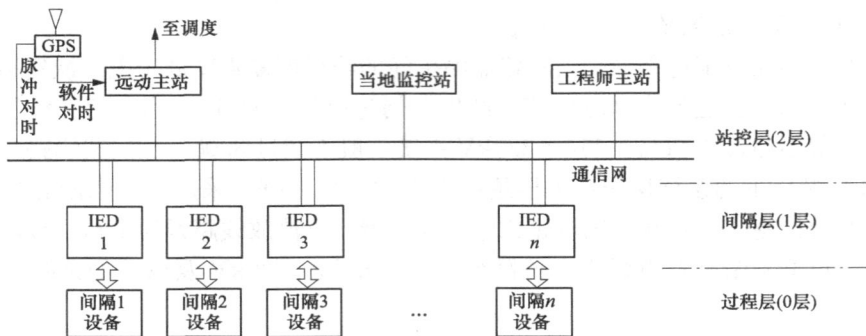

图 7-1　分层分布式结构的变电站综合自动化系统的结构

过程层主要包含变电站内的一次设备，如母线、线路、变压器、电容器、断路器、隔离开关、电流互感器和电压互感器等，它们是变电站综合自动化系统的监控对象。

间隔层各智能电子装置（intelligent electronic device，IED）为了完成对过程层设备进行监控和保护等任务，需设置各种测控装置、保护装置、保护测控装置、电能计量装置及各种自动装置等。

站控层一般主要由当地监控站、远动主站、工程师主站及"五防"主机组成，对于事故分析处理指导和培训等专家系统，以及用户要求的其他功能的工作站则可根据需要增减。

在大型变电站内，站控层的设备要多一些，除通信网络外，还包括由工业控制计算机构成的 1～2 个监控站、1～2 个远动主站、工程师主站等。但在中、小型的变电站内，站控层的设备要少一些，通常由 2 台互为备用的计算机完成监控、远动及工程师主站的全部功能。图 7-2 所示为变电站自动化系统方案示意图，对于电压等级较高、较重要的变电站，为了提高自动化系统的可靠性，通常可采用双网络系统。

二、间隔层保护、测控装置的配置原则

对于 110kV 以下电压等级的输电线路间隔，通常将输电线路保护、监控及远动等功能用一个装置完成，即保护测控装置。它可以完成一个输电线路间隔的所有保护及监控任务。需要指出的是，有的保护测控装置在其内部带有操作电路，可直接完成断路器的控制操作，不需要另外接断路器的控制回路，而有的保护测控装置在装置内部没有断路器的控制电路，因而需要另外接线完成断路器的控制操作（一般将构成控制电路的继电器组合在一起构成三相操作箱）。

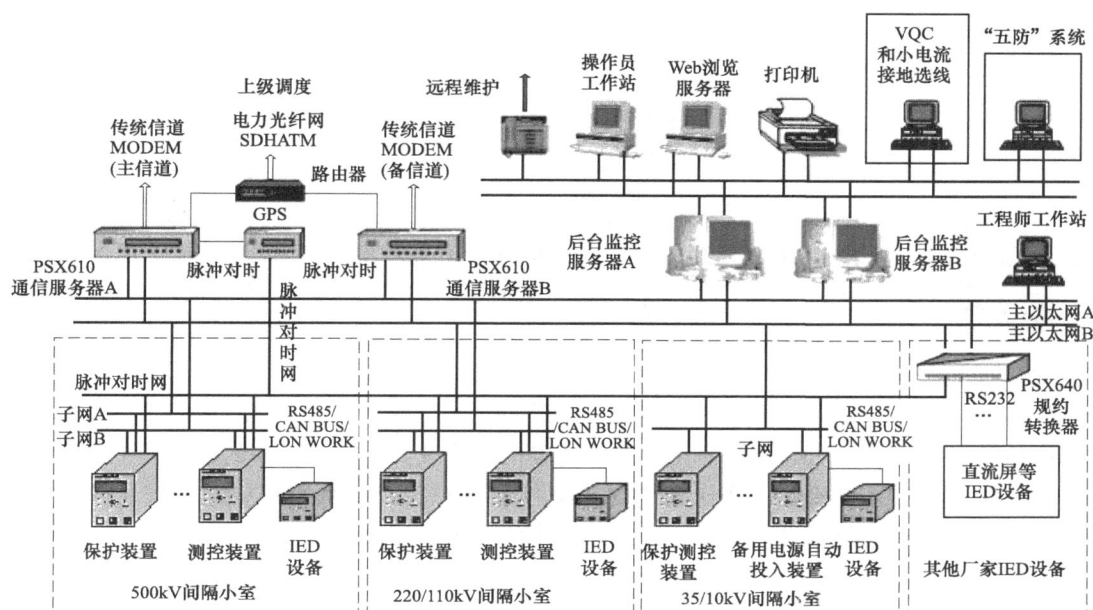

图 7-2　变电站自动化系统方案示意图

对于 220kV 及以上电压等级的输电线路，保护装置和测控装置是各自独立的，即每个输电线路间隔需要设置输电线路保护装置（且保护通常采用双重化配置，即同时设置两套不同原理的输电线路保护装置，形成双主保护、双后备保护的双重化保护）和综合测控装置。保护装置只完成对该输电线路的保护功能，而综合测控装置则完成该间隔的监控任务。因为220kV 及以上电压等级的输电线路允许分相操作，其控制操作回路相对比较复杂，所以通常将其控制回路做成分相操作箱（由构成控制操作电路的继电器组成），与保护装置和测控装置配合完成该间隔的控制操作。

对于 220kV 变压器，一般配置双重化的主保护、后备保护于一体的变压器保护装置和一套非电量保护，操作箱及操作继电器装置按断路器装设。

三、变电站自动化系统的组屏及安装方式的选择

组屏及安装方式指将间隔层各 IED、站控层各计算机及通信设备进行组屏和安装。一般情况下，在分层分布式变电站综合自动化系统中，站控层的各主要设备都布置在主控室内；间隔层中的电能计量单元和根据变电站需要而选配的备用电源自动投入装置、故障录波装置等公共单元分别组合为独立的一面屏柜或与其他设备组屏，也安装在主控室内；间隔层中的各个 IED 通常根据变电站的实际情况安装在不同的地方。按照间隔层中 IED 的安装位置，变电站综合自动化系统有以下 3 种不同的组屏及安装方式。

1. 集中式的组屏及安装方式

集中式的组屏和安装方式是将间隔层中各个保护测控装置机箱根据其功能分别组装为变压器保护测控屏、各电压等级线路保护测控屏（包括 10kV 出线）等多个屏柜，把这些屏集中安装在变电站的主控室内。图 7-3 所示为集中式组屏安装的变电站综合自动化系统。

图7-3 集中式组屏安装的变电站综合自动化系统

集中式的组屏及安装方式的优点如下：便于设计、安装、调试和管理，可靠性也较高。不足之处如下：需要控制的电缆较多，增加了电缆的投资。这是因为反映变电站内一次设备运行状况的参数都需要通过电缆送到主控室内各个屏上的保护测控装置机箱，而保护测控装置发出的控制命令也需要通过电缆送到各间隔断路器的操动机构处。目前，我国110kV及以下的农网变电站大多采用此种方式。

2. 分散与集中相结合的组屏及安装方式

这种安装方式是将配电线路的保护测控装置机箱分散安装在所对应的开关柜上，而将高压线路的保护测控装置机箱、变压器的保护测控装置机箱，均采用集中组屏安装在主控室内。分散与集中相结合的组屏及安装方式示意图如图7-4所示。

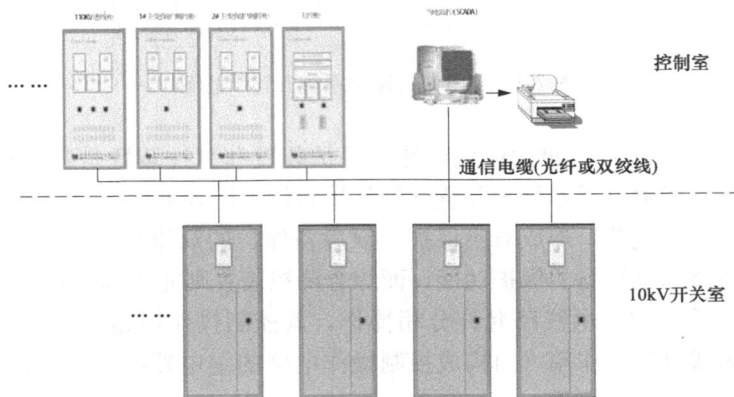

图7-4 分散与集中相结合的组屏及安装方式示意图

这种安装方式的特点如下：

(1) 10～35kV馈线保护测控装置采用分散式安装，即就地安装在10～35kV配电室内各对应的开关柜上，而各保护测控装置与主控室内的变电站层设备之间通过单条或双条通信电缆（如光缆或双绞线等）交换信息，这样可以节约大量的二次电缆。

(2) 高压线路保护和变压器保护、测控装置，以及其他自动装置（如备用电源自投入装置和电压、无功综合控制装置等），都采用集中组屏结构，即将各装置分类集中安装在控制室内的线路保护屏（如110kV线路保护屏、220kV线路保护屏等）和变压器保护屏等上面，使这些重要的保护装置处于比较好的工作环境中，对可靠性较为有利。

3. 全分散式组屏及安装方式

这种安装方式将间隔层中所有间隔的保护测控装置（包括低压配电线路、高压线路和变压器等间隔的保护测控装置）均分散安装在开关柜上或距离一次设备较近的保护小间内，各装置只通过通信（如光缆或双绞线等）与主控室内的变电站层设备之间交换信息。全分散式组屏及安装方式图例如图 7-5 所示。

图 7-5　全分散式组屏及安装方式图例

（a）某 10kV 配电室开关柜上的保护测控装置；（b）某 66kV 户外保护测控柜；（c）500kV 保护小间

这种安装方式的优点如下：

（1）因为各保护测控装置安装在一次设备附近，不需要将大量的二次电缆引入主控室，所以大大简化了变电站二次设备之间的互连线，同时节省了大量连接电缆。

（2）由于主控室内不需要大量的电缆引接，也不需要安装许多的保护屏、控制屏等，这就极大地简化了变电站二次部分的配置，大大缩小了控制室的面积。

（3）减少了施工和设备安装的工程量。由于安装在开关柜内的保护和测控单元等间隔层设备在开关柜出厂前已由厂家安装和调试完毕，再加上铺设电缆的数量大大减少，可有效缩短现场施工、安装和调试的工期。

这种安装方式的不足之处如下：由于变电站各间隔层保护测控装置及其他自动化装置安装在距离一次设备很近的地方，且可能在户外，需解决它们在恶劣环境下（如高温、低温、潮湿、强电磁场干扰、有害气体、灰尘、振动等）长期可靠运行问题和常规控制、测量与信号的兼容性问题等，对变电站综合自动化系统的硬件设备、通信技术等要求较高。

目前，变电站综合自动化系统的功能和结构都在不断地向前发展，全分散式的结构已成为主流结构。

第二节　输电线路保护配置

一、35kV 及以下线路保护配置

1. 相间故障保护配置

35kV 和 10kV 系统相对简单，一般采用带方向或不带方向的电流电压保护作为相间故障的主保护及后备保护。利用瞬时电流速断保护和限时电流速断保护相互配合，可以使全线路范围内的相间短路故障都能在短时间内被快速切除。这两种保护一般用来作为 35kV 及以下电压等级的线路的主保护。定时限过电流保护被广泛用来作为线路的后备保护，主变压器的后备保护可作为线路的远后备保护。

2. 接地保护配置

35kV 和 10kV 系统是中性点不直接接地系统，在这种系统中，如果发生了接地故障，设备中的电流几乎不变，系统可以继续运行若干时间，所以这种系统中保护的任务只是发信号。中性点不接地系统中，线路的接地保护通常可以配置零序电压保护、零序电流保护、零序功率方向保护。

零序电压保护又称为绝缘监视装置，根据系统发生单相接地故障时出现零序电压的特点实现保护作用，该装置只能判断发生故障的相别，不能判别故障线路，是无选择性接地保护。

在中性点不接地电网中发生单相接地短路时，故障线路的零序电流大于非故障线路的零序电流，利用这一特点可构成零序电流保护，尤其在出线较多的电网中，故障线路的零序电流比非故障线路的零序电流大得多，保护动作更灵敏。

在出线较少的中性点不直接接地电网中，发生单相接地故障时，故障线路的零序电流与非故障线路的零序电流相差不大，零序电流保护往往不能满足灵敏度的要求，需采用零序功率方向保护来区分故障线路和非故障线路，从而有选择性地动作。

在中性点经消弧线圈接地的电网中，消弧线圈对基波电容电流有补偿作用，而消弧线圈的 5 次谐波电感电流相对于 5 次谐波电容电流来说是很小的，起不到补偿 5 次谐波电容电流的作用，故在 5 次谐波分量中可以不考虑消弧线圈的影响。这样，5 次谐波电容电流在消弧线圈接地系统中的分配规律就与基波在中性点不接地系统中的分配规律相同。所以，需根据 5 次谐波零序电流的大小和方向来判别故障线路与非故障线路。

目前，多数变电站综合自动化系统中配置小电流接地选线装置，当小电流接地系统发生接地故障时，正确地选择出故障线路，为工作人员的检修提供方便。该装置的基本原理是将上述几种接地保护配合在一起，通过综合判断选择出故障线路。

3. 其他功能配置

由于线路上发生瞬时性故障的概率较大，一般要求配置三相一次重合闸功能，并配合设置后加速保护，用于重合或手合于故障时加速切除故障线路。另外，根据线路的实际情况，还可以配置过负荷保护，当线路过负荷时，动作于发信号。还可配置低频减载功能，用于系统频率下降时切除线路所带负荷，防止系统频率持续下降。

综上所述，35kV 及以下线路按照最大化原则可配置如下保护功能：

（1）三段式定时限过电流保护（可经低电压、方向闭锁），其中Ⅲ段可整定为反时限段（整定为反时限时，定时限过电流Ⅱ、Ⅲ段保护自动退出）。

（2）三段式定时限零序过电流保护（可经方向闭锁），其中Ⅲ段可整定为反时限段（整定为反时限时，定时限零序过电流Ⅱ、Ⅲ段保护自动退出）。

（3）分散式小电流接地选线。

（4）过负荷保护。

（5）合闸加速保护（前加速、后加速和手合后加速）。

（6）分散式低频减载（即按频率自动减负荷）保护。

（7）低压解列功能。

（8）三相一次重合闸（可实现检同期、检无压或非同期重合闸）。

上述保护功能基本涵盖了中、低压输电线路所需的保护，且加入了一些常规自动装置功能，如自动重合闸、自动按频率减负荷、低压解列等功能，而具体到某一输电线路时，需要什么保护功能则应根据具体情况通过硬连接片或软连接片来选取、整定。

二、110kV 线路保护配置

1. 配置原则

电流、电压保护具有简单、经济、可靠性高等突出优点，但是它们均存在保护动作范围受电网运行方式的变化影响很大的缺点，尤其是在长距离、重负荷的高压线路上，以及长、短线路的保护配合中，往往不能满足灵敏性的要求。电压等级在 35kV 及以上、运行方式变化较大的多电源复杂电网，通常采用性能较完善的距离保护。所以，110kV 线路首先应配置反应相间故障的三段式相间距离保护。

110kV 系统属于大电流接地系统（即中性点直接接地系统），在这种系统中如果发生了接地故障，设备中会产生很大的短路电流，如不及时切除故障设备，后果不堪设想，所以在这种系统中接地保护的任务是尽早跳闸。因此，110kV 线路应配置反应接地故障的三段式接地距离保护和三段式或四段式零序电流保护。

一般将距离（接地、相间）Ⅰ、Ⅱ 段保护和零序方向电流 Ⅰ、Ⅱ 段保护作为 110kV 线路的主保护，将距离Ⅲ段保护、零序方向电流Ⅲ段保护、重合闸（后加速）作为近后备保护，将主变压器的复压闭锁过电流保护作为远后备保护。对于超短线路，当距离保护、接地距离保护和零序保护的整定值已不能满足实际要求时，可采用纵联保护作为主保护。

2. 110kV 线路保护的实际配置

（1）接地故障保护：阶段式零序保护（Ⅳ段）和接地距离保护（Ⅲ段式）。

（2）相间故障保护：阶段式相间距离保护（Ⅲ段式）。

（3）后备保护：一般采用远后备。

（4）重合闸：三相一次重合闸。

（5）在重要线路配置纵联保护作为 110kV 线路主保护，再以距离保护和零序保护作为后备保护。

三、220kV 线路保护配置

1. 配置原则

（1）优先采用主保护、后备保护一体化的微机型继电保护装置，保护应能反应被保护设备的各种故障及异常状态。

（2）220kV 及以上电压等级的线路保护应按双重化配置。

（3）两套主保护的电压回路宜分别接入电压互感器的不同二次绕组。电流回路应分别取自电流互感器互相独立的绕组，并合理分配电流互感器二次绕组，避免可能出现的保护死区。

（4）对双母线接线按近后备原则配置的两套主保护，当合用电压互感器的同一二次绕组时，至少应配置一套分相电流差动保护。

（5）双重化配置的每套线路保护宜对应启动一套断路器失灵保护，动作于断路器的一组跳闸线圈。

（6）线路保护应具有断路器三相不一致保护和过电流保护功能。

所以，220kV 线路一般配置全线速动的纵联保护作为主保护。配置三段式距离保护和三段式零序电流保护，其中瞬时动作的 Ⅰ 段也是主保护，但不能保护线路的全长，只能辅助纵联保护，Ⅱ段和Ⅲ段作为近后备保护。将主变压器的后备保护及相邻线路的后备保护作为远后备保护。重合闸采用综合重合闸，包括三相重合闸、单相重合闸、综合重合闸、停用4种方式。还可配置断路器失灵保护、断路器三相不一致保护和过电流保护等辅助保护。

2. 保护双重化配置原则

220kV及以上线路因为电压等级较高，发生故障时对系统稳定性破坏更严重，所以对其保护可靠性要求更高，一般要按双重化配置，即每条线路配置独立的两套保护。220kV及以上保护双重化配置原则的要求如下：

（1）每套完整、独立的保护装置应能处理可能发生的所有类型的故障。两套保护之间不应有任何电气联系，当一套保护退出时不影响另一套保护的运行。

（2）两套保护的跳闸回路应与断路器的两个跳圈线圈分别对应。

（3）双重化的线路保护应配置两套独立的通信设备（复用光纤通道、载波等通道等），两套通信设备应分别使用独立的电源。双重化配置保护装置的直流电源应取自不同蓄电池组供电的直流母线段。

（4）双重化配置的线路和变压器保护应使用主、后备一体化的保护装置。

（5）双重化配置的保护装置宜采用不同原理、不同厂家的保护装置。

3. 断路器失灵保护配置原则

母线引出线上发生故障，当故障所在线路的保护动作，而断路器拒绝动作时，为了缩小事故范围，利用故障线路的动作保护，在较短的时间内跳开母线上其他有关断路器的装置称为断路器失灵保护。断路器失灵保护的配置原则如下：

（1）110kV及以下电压等级的设备不配置断路器失灵保护。

（2）220kV及以上电压等级的设备配置单套断路器失灵保护。

（3）3/2接线方式下，断路器失灵保护按断路器配置。

4. 重合闸选用原则

输电线路，瞬时性故障所占比例很大，一般配置重合闸。110kV及以下线路一般配置三相重合闸，而220kV及以上线路要配置综合重合闸。变压器、发电机等站内设备不采用重合闸，母线不配置重合闸。

重合闸方式包括以下四种。

（1）综合重合闸方式：单相故障，单相跳闸，单相重合，重合于永久性故障跳开三相；相间故障三相跳闸三相重合，重合于永久性故障再次跳开三相。

（2）三相重合闸方式：任何类型故障跳三相，重合三相，重合于永久性故障再次跳开三相。

（3）单相重合闸方式：单相故障，跳单相，重合单相，重合于永久性故障跳三相；相间故障三相跳开后不重合。

（4）停用重合闸方式：重合闸退出。任何故障跳三相，不重合。

重合闸方式的选用原则如下：

（1）一般凡选用简单的三相重合闸方式能满足电力系统实际需要的，优先使用三相重合闸方式。

（2）在220kV及以上电压的单回联络线上，两侧电源之间相互联系薄弱的线路或当电网发生单相接地时，使用三相重合闸不能保证系统稳定的线路，宜采用单相重合闸或综合重合闸方式。

（3）对于系统允许使用三相重合闸的线路，当使用单相重合对系统或恢复供电有较好效果时，可采用综合重合闸方式。

（4）线路采用双微机保护时，为简化保护与重合闸的配合方式，只启用其中一套重合闸（两套微机保护均启动该重合闸实现重合闸功能），另一套重合闸不用。

第三节　变压器保护配置

变压器故障分为油箱内故障和油箱外故障，油箱内故障时，除了变压器各侧电流、电压变化外，油箱内的油、气、温度等非电量也会发生变化。因此，作为变压器的保护分为电量保护和非电量保护。对于 220kV 及以上电压等级的变压器，应配置两套主保护、两套后备保护、一套非电量保护，并保证两套主保护完全独立，即交流电压、电流回路，直流电源回路，以及出口跳闸回路完全独立。

一、变压器的主保护

（一）气体保护

变压器油对变压器有绝缘和冷却作用。当变压器油箱内故障时，在故障电流和故障点电弧的作用下，变压器油（和其他绝缘材料）会因受热而分解，产生大量气体。气体排出的多少及排出速度与变压器故障的严重程度有关。利用气体来实现的保护称为气体保护。

气体保护是针对变压器油箱内的各种故障及油面的降低而设置的保护，分为轻瓦斯保护和重瓦斯保护，轻瓦斯保护动作于信号，重瓦斯保护动作跳开变压器各电源侧的断路器。

对于容量在 800kVA 及以上的油浸式变压器和容量在 400kVA 及以上的车间内油浸式变压器，应装设气体保护。

（二）差动保护或电流速断保护

为防止变压器绕组、套管及引出线上的故障，根据变压器容量的不同，应装设纵联差动保护或电流速断保护。

电流速断保护用于容量在 10 000kVA 以下的变压器，且其过电流保护的动作时限大于0.5s。纵联差动保护用于以下条件的变压器：容量 10 000kVA 以上、单独运行的变压器；容量 6300kVA 以上、并列运行的变压器或发电厂厂用变压器及企业中的重要变压器；容量在 2000kVA 以上的变压器，当其电流速断保护的灵敏性不能满足要求时。变压器纵联差动保护或电流速断保护动作后，均跳开变压器各电源侧的断路器。

二、变压器的后备保护

电力变压器的后备保护主要是防止变压器的外部短路，并作为主保护的后备保护。

（一）相间短路的后备保护

（1）过电流保护：一般用于降压变压器，保护装置的整定值应考虑事故状态下可能出现的过负荷电流。

（2）复合电压启动的过电流保护：一般用于升压变压器及过电流保护灵敏性不满足要求的降压变压器上。

（3）负序电流及单相式低电压启动的过电流保护：一般用于大容量升压变压器或系统联络变压器。

（4）阻抗保护。对于升压变压器或系统联络变压器，当采用上述（2）、（3）的保护不能满足灵敏性和选择性要求时，可采用阻抗保护。

在当前的微机变压器保护装置中，最常用的是复合电压启动的过电流保护。该保护的国家电网标准化配置如下：在变压器高压侧和中压侧配置三段复压启动过电流保护，保护动作后一时限跳母联断路器，二时限跳本侧断路器，三时限跳主变压器各侧断路器；在变压器低压侧配置两段复压启动过电流保护，保护动作后一时限跳分段断路器，二时限跳本侧主变压器断路器。

（二）接地短路的后备保护

1. 变压器中性点接地方式选择的原则

电网中变压器中性点的接地方式主要有如下几种：①中性点不接地方式；②中性点经高电阻接地方式；③中性点经低电阻接地方式；④中性点经消弧线圈接地方式；⑤中性点直接接地方式。

110kV 及以上电压等级的接地系统属于大电流接地系统，应当设置中性点直接接地设施，但不是所有变压器中性点直接接地，而是在满足零序保护灵敏度的前提下实行部分接地，从而控制电网的零序电流。

35、10、6kV 电压等级的接地系统属于小电流接地系统，变压器中性点一般不接地，但当系统规模较大，分布电容电流超过 10A 时，变压器中性点应经过消弧线圈接地。

在企业内部的 3～10kV 供电系统，根据企业供电需要，也可以采用中性点经高电阻、中电阻及消弧线圈接地方式。

380/220V 低压供电系统，变压器中性点直接接地。

中性点直接接地系统发生接地短路时，零序电流的大小和分布与系统中变压器中性点接地的数目和位置有很大关系。为了限制短路电流，并保证系统中零序电流的大小和分布尽量不受系统运行方式变化的影响，从而使零序电流保护有足够的灵敏度和不使变压器承受危险过电压，在考虑变压器中性点接地的方式、位置和数目时，一般采用以下原则：

（1）在多电源系统中，每个发电厂或变电站至少有一台变压器的中性点接地，以防止发生由于接地短路引起的危险过电压。

（2）当发电厂或低压侧有电源的变电站中，变压器多于一台时，应将部分变压器的中性点接地。当接地的变压器检修或由于其他原因停止运行时，可将另一台变压器接地，以保持变压器中性点接地数目不变，从而保持零序电流的分布基本不变。

（3）低压侧无电源的变压器的中性点多采用不接地运行，以提高保护的灵敏度和简化保护接线。

显然，在中性点直接接地系统中的每台电力变压器，中性点的接地方式有可能为直接接地，也可能是在系统不失去接地点时不接地。所以，电力变压器接地保护的设置也可分为中性点直接接地运行变压器的接地保护、中性点可接地或不接地运行变压器的接地保护两种形式。

2. 变压器接地保护配置

（1）对于中性点直接接地的变压器，为防止外部接地短路引起变压器过电流，应装设零序电流保护。通常采用两段式零序电流保护，零序电流均由变压器中性点电流互感器的二次侧获得，每段保护均设置两个动作时限。每段保护动作后，都以较小的时限跳开母联（或分段）断路器，以减小故障范围；以较长时限跳开变压器各侧断路器。

（2）自耦变压器和高、中压侧中性点都直接接地的三绕组变压器，当有选择性要求时，应装设零序方向元件。

（3）对于中性点接地或不接地运行的每台变压器，其接地保护需配置两套，一套作为中性点接地运行方式时的接地保护，另一套用于中性点不接地运行方式时的接地保护。中性点接地运行方式时的接地保护通常采用两段式零序过电流保护，中性点不接地运行方式时的接地保护通常采用零序过电压保护和间隙零序电流保护。

（三）过负荷保护

变压器长期过负荷运行时，绕组会因发热而受到损伤。对容量为 400kVA 以上的变压器，当数台并列运行，或单独运行并作为其他负荷的备用电源时，应根据可能过负荷的情况装设过负荷保护。过负荷保护接于一相电流上，并延时作用于信号。对于无经常值班人员的变电站，必要时过负荷保护可动作于自动减负荷或跳闸。

对于双绕组变压器，过负荷保护装设在电源侧；对于三绕组降压变压器，若三相容量相同，过负荷保护装在电源侧；若三相容量不同，只有电源侧和容量较小的一侧装设过负荷保护；两侧电源的三绕组降压变压器或联络变压器，三侧均装设过负荷保护。

（四）过励磁保护

当频率降低和电压升高引起变压器过励磁时，励磁电流急剧增加，铁芯及附近金属构件的损耗增加，引起高温。长时间或多次反复过励磁，将因过热而使绝缘老化。电压为 500kV 及以上的变压器应装设过励磁保护，在变压器允许的过励磁范围内，保护作用于信号，当过励磁超过允许值时，可动作于跳闸。

（五）其他非电量保护

当变压器温度及油箱内压力升高和冷却系统故障时，应按现行有关变压器的标准要求，专门设置可作用于信号或动作于跳闸的非电量保护。

1. 压力保护

（1）压力保护也是变压器油箱内部故障的主保护，其作用原理与重瓦斯保护基本相同，但它是反应变压器油的压力。

（2）压力释放装置由弹簧和触点构成，置于变压器本体油箱上部。当变压器内部故障时，温度升高，油膨胀分解造成压力升高，弹簧动作带动继电器动触点，使触点闭合，切除变压器。

2. 冷却器全停

强油循环风冷和强油循环水冷变压器，当冷却系统故障切除全部冷却器时，允许带额定负载运行 20min。若 20min 后，顶层油温尚未达到 75℃，则允许上升到 75℃，但在这种状态下，运行的最长时间不得超过 1h。

3. 油温、油位异常保护

（1）当变压器温度升高时，温度保护动作发出告警信号。

（2）油位异常保护是反应储油柜内油位异常的保护，运行时，变压器漏油或者其他原因使油位降低时，油位保护动作，发出告警信号。

三、220kV 变压器保护常规配置

变压器主保护常规配置见表 7-1。变压器后备保护配置见表 7-2。

表 7-1　　　　　　　　　　　　　　　变压器主保护配置

保护类型	保护配置			本侧母联开关	本侧开关	各侧开关
主保护	电气量保护	比例差动	二次谐波			√
			波形对称			√
		速断差动				√
	非电量保护	重瓦斯				√

表 7-2　　　　　　　　　　　　　　　变压器后备保护配置

保护类型	保护配置			本侧母联开关	本侧开关	各侧开关
后备保护	高（中、低）压侧后备保护	复压方向过电流保护	Ⅰ时限	√		
			Ⅱ时限		√	
			Ⅲ时限			√
	高（中、低）压侧后备保护	复压过电流保护	Ⅰ时限		√	
			Ⅱ时限			√
	高、中压侧后备保护	零序方向过电流保护	Ⅰ时限	√		
			Ⅱ时限		√	
			Ⅲ时限			√
	高、中压侧后备保护	零序过电流保护	Ⅰ时限		√	
			Ⅱ时限			√
	高、中压侧后备保护	间隙保护	Ⅰ时限		√	
			Ⅱ时限			√
	高压侧后备保护	非全相保护	Ⅰ时限		√	
			Ⅱ时限			√

第四节　母线保护配置

一、母线保护的方式

母线保护的方式主要有利用供电元件的保护装置切除母线故障和装设专用的母线保护两种。

（一）利用供电元件的保护装置切除母线故障

对于不太重要且电压等级较低的发电厂和变电站，可采用母线上连接的其他供电元件的后备保护作为母线保护。

（1）发电厂采用单母线接线，母线上的故障可利用发电机的定子过电流保护使发电机的断路器跳闸予以切除，如图 7-6 所示。

（2）对降压变电站，其低压母线采用单母线分段，正常时分开运行，低压母线上的故障可以由相应变压器的过电流保护使变压器的断路器跳闸予以切除，如图 7-7 所示。

（3）利用线路电流保护切除母线故障如图 7-8 所示，即在 C 站母线故障时，利用 BC 线路 B 站侧的Ⅱ段保护带有一定时限动作，切除母线故障。

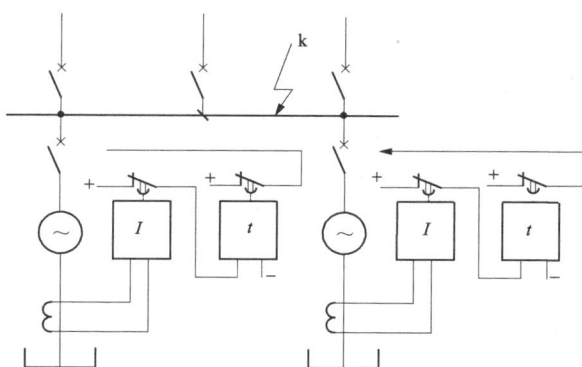

图 7-6　利用发电机的定子过电流保护切除母线故障

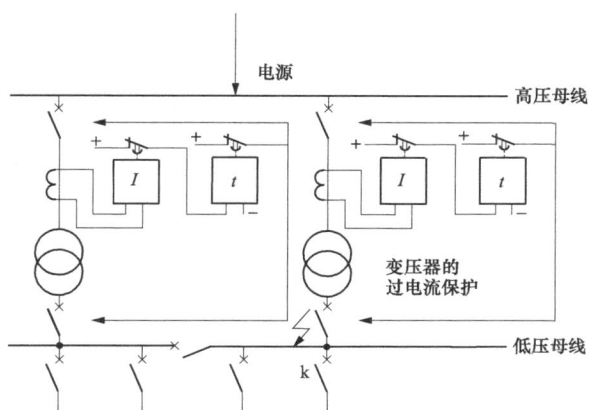

图 7-7　利用变压器的过电流保护切除低压母线故障

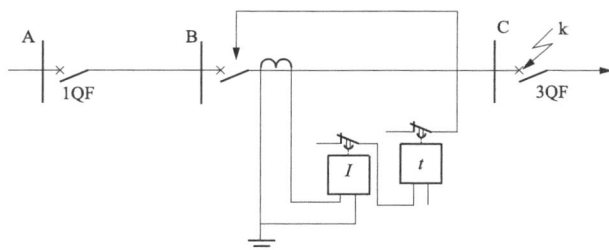

图 7-8　利用线路电流保护切除母线故障

　　利用供电元件的后备保护来切除故障母线，简单、经济，但切除故障的时间长。此外，当双母线同时运行或母线为分段单母线时，上述保护不能保证只切除故障母线。因此，对于重要的母线，应装设专用的母线保护。

（二）专用的母线保护

在下列情况下应装设专用的母线保护。

（1）110kV 及以上电压等级电网的双母线和分段单母线。

（2）110kV 及以上电压等级的单母线，重要发电厂的 35kV 母线或高压侧为 110kV 及以上的重要降压变电站的 35kV 母线，按照装设全线速动保护的要求，必须快速切除母线上的故障时，应装设专用的母线保护。

（3）发电厂和主要变电站的 6～10kV 分段母线及并列运行的双母线，在下列情况下应装设专用母线保护：必须快速而有选择地切除一段或一组母线上的故障，以保证发电厂和电力网的安全运行时；对重要负荷可靠供电时；当线路断路器不允许切除线路电抗器前的短路时。

二、微机型母线保护配置

近年来，随着微机保护在电力系统应用的普及和深入，微机型母线保护的产品与型号也较多，不同型号产品的保护配置有所差异，但大多数产品的保护配置及其原理有很多的相似之处。它们通常配置的保护有比率制动式差动保护、母联断路器失灵或母线差动保护死区故障的保护、母线充电保护、线路断路器失灵保护，以及电压互感器、电流互感器二次回路断线闭锁及告警等。

（一）比率制动式差动保护

比率制动式差动保护主要由大差动、小差动保护元件，复合电压元件 U_{KF}，母线并列运行识别元件及电流互感器饱和识别等元件组成。比率制动式差动保护逻辑如图 7-9 所示。

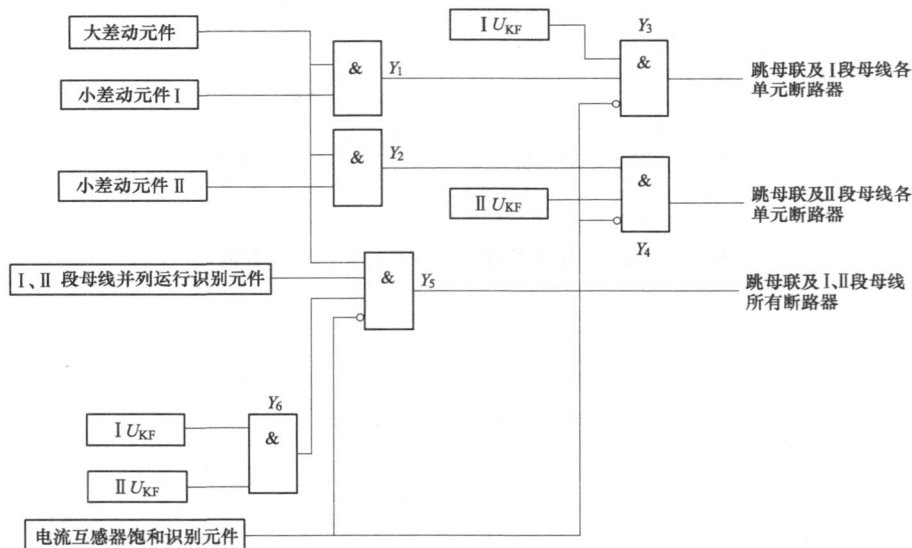

图 7-9　比率制动式差动保护逻辑

1. 大差动、小差动保护元件

大差动、小差动保护元件是母线差动保护的核心元件。每组母线差动通常包含一个母线大差动保护和几个各段母线小差动保护。母线大差动保护指除母联断路器或分段断路器以外，由各母线上所有支路电流构成的差动回路。大差动保护用于判别母线区内或区外故障，其保护范围是所有母线，即当大差动保护动作时，跳开母线上所有支路的断路器。母线小差动保护指各分段母线的小差动保护。某分段母线的小差动指与该母线相连接的所有支路电流构成的差动回路，其中包括与该母线相关联的母联断路器或分段断路器。小差动对应的是故障母线的选择元件，用于判断故障母线，当小差动保护动作时，跳本段母线所连接的各支路断路器，即小差动保护的保护范围是本段母线。

2. 复合电压元件 U_{KF}

母线保护中的复合电压元件是由正序低电压、零序和负序过电压组成的"或"元件。其作用是防止电流互感器二次回路断线引起保护误动，从而提高母线保护的可靠性。

通常，每一段母线都设有一个复合电压闭锁元件 I U_{KF} 和 II U_{KF}，只有当差动保护判别出某段母线故障，同时该段母线的复合电压元件动作时，才允许跳该母线上各支路的断路器，从而达到防止电流互感器二次回路断线引起保护误动的目的。

3. 母线并列运行方式识别元件

在双母线系统中，根据运行方式的需要，母线上的连接元件需在两条母线间频繁切换，为此，要求母线保护应能够自动跟踪一次系统的隔离开关操作。微机型母线保护装置通常采用隔离开关辅助触点及软件搜索两种识别方式，来跟踪一次系统的隔离开关操作。

4. 电流互感器饱和识别元件

电流互感器饱和识别元件的作用是防止母线保护在母线发生区外故障时，由于电流互感器严重饱和形成的差动电流引起母线保护的误动作。微机型母线差动保护装置的电流互感器饱和识别元件，通常根据电流互感器饱和后其二次电流波形的特点，来区分母线区外故障电流互感器饱和与区内故障。

（二）母联断路器失灵或母线差动保护死区故障的保护

1. 母联断路器失灵保护

母联断路器失灵示意图如图 7-10 所示。双母线运行方式下，当 I 段母线内部故障，I 段母线差动保护动作，发出跳母联断路器及 I 段母线所有连接元件后，经延时确认，母联支路仍有电流存在，则可确认母联断路器失灵。此时，若大差动保护动作，且母联支路电流越限，则跳开双母线上的所有连接元件，起到母联失灵保护的作用。

2. 母线差动保护死区故障的保护

母线差动保护死区故障示意图如图 7-11 所示，当母联断路器一侧装设电流互感器时，如果 k 点发生故障，对 II 段母线差动保护来说是外部故障，II 段母线差动保护不动作；对 I 段母线差动保护为内部故障，I 段母线差动保护动作，跳开 I 段母线上连接的所有元件及母联断路器。但此时故障仍然存在，所以，k 点的故障称为 I 段母线差动保护的死区故障。

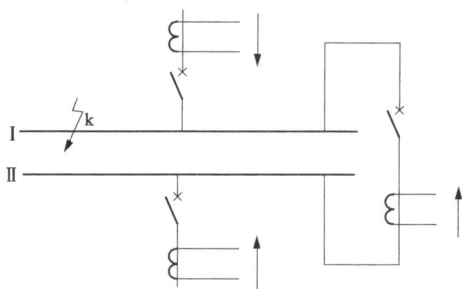

图 7-10　母联断路器失灵示意图

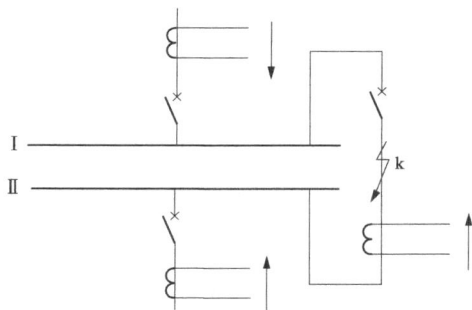

图 7-11　母线差动保护死区故障示意图

母线差动保护死区故障的保护：当某段母线发生区内故障时，该段母线差动保护动作，当监视到母联断路器三相全部跳开后，若母联支路仍有电流存在，则判断为死区故障；此时，若大差动保护动作，且母联支路电流越限，则跳开双母线上的所有连接元件，起到母联死区保护的作用。

（三）母线充电保护

当一段母线经母联开关对另一段母线充电时，若被充电母线存在故障，此时需由充电保护将母联断路器跳开。为了防止由于母联电流互感器极性错误造成母线差动保护的误动，在接到充电保护投入信号后先将差动保护闭锁。此时，若母联电流越限，且母线复合电压元件动作，经延时后，将母联断路器跳开；当母线充电保护投入的触点延时返回时，将母线差动保护正常投入。

（四）电压互感器和电流互感器二次回路断线闭锁与告警

1. 电压互感器二次回路断线

为防止电压互感器二次回路断线时引起复合电压元件误动作，从而误开放差动保护。微机型母线差动保护装置通过复合电压元件来判断电压互感器二次回路是否断线。当检测到Ⅰ段母线复合电压元件ⅠU_{KF}或Ⅱ段母线复合电压元件ⅡU_{KF}动作，经延时后，如差动保护未动作，则判为电压互感器二次回路断线，发出电压互感器断线信号。

2. 电流互感器二次回路断线

电流互感器断线将引起差动保护误动，判断电流互感器断线通常采用如下两种方法：①若差动电流越限，而母线电压正常，则认为是电流互感器断线；②依次检测各单元的三相电流，若某一相或两相电流为零，而另两相或一相有负荷电流，则认为是电流互感器二次回路断线。

（五）线路断路器失灵保护

线路断路器失灵保护：当线路上发生故障，且该线路断路器失灵时，该保护动作，跳开故障线路所在母线上的所有断路器。微机型母线保护装置的线路断路器失灵保护通常采用接受来自线路保护发出的失灵触点，经延时确认后，若相应的母线复合电压元件动作，则跳开母联及该段母线上所有支路的断路器。

第五节　10kV 电容器保护配置

电力电容器的主要作用是利用其无功功率补偿工频交流电力系统中的感性负荷，提高电力系统的功率因数，改善电网质量，降低线路损耗。电容器组一般由许多单台小容量的电容器串并联组成。安装时，可以集中于变电站进行补偿，也可以分散到用户进行就地补偿。接线方式是并联在交流电气设备、配电网及电力线路上。为了抑制高次谐波电流和合闸涌流，并且能够同时抑制开关熄弧后的重燃，一般在电容器组主回路中串联接入一只小电抗器。为了确保电容器组停止运行后的人身安全，电容器组均装有放电装置，低压电容器一般通过放电电阻放电，高压电容器通常用电抗器或电压互感器作为放电装置。为了保证电力电容器安全运行，与其他电气设备一样，电力电容器也应该装设适当的保护装置。

一、并联电容器组的主要故障及其保护方式

1. 电容器组与断路器之间连接线的短路

电容器组和断路器之间连接线的短路，可装设带有短时限的电流速断和过电流保护，并应动作于跳闸。速断保护的动作电流应按最小运行方式下，电容器端部引线发生两相短路时有足够的灵敏度，保护的动作时限应确保电容器充电产生涌流时不误动。过电流保护装置的动作电流应按躲过电容器组长期允许的最大工作电流整定。

2. 电容器内部故障及其引出线的短路

电容器内部故障及其引出线的短路，宜对每台电容器分别装设专用的熔断器，熔丝的额定电流可为电容器额定电流的 1.5～2.0 倍。熔断器的选型及安装由电气一次专业完成。有的制造厂已将熔断器装在电容器壳内。单台电容器由若干埋入式熔丝和电容器并联组成。一个元件故障，由熔丝熔断自动切除，不影响电容器的运行，因而对单台电容器内部极间短路，理论上可以不安装外部熔断器，但是为防止电容器箱壳爆炸，一般都装设外部熔断器。

3. 电容器组多台电容器故障

当电容器组中的故障电容器切除到一定数量后，引起剩余电容器组端电压超过 105％的额定电压时，保护应带时限动作于信号；过电压超过 110％的额定电压时，保护应将整组电容器断开。对不同接线的电容器组，可采用下列保护之一：

（1）中性点不接地单星形接线的电容器组可装设中性点电压不平衡保护。

（2）中性点接地单星形接线的电容器组可装设中性点电流不平衡保护。

（3）中性点不接地双星形接线的电容器组可装设中性点间电流或电压不平衡保护。

（4）中性点接地双星形接线的电容器组可装设中性点回路电流差的不平衡保护。

（5）多段串联单星形接线的电容器组可装设段间电压差动或桥式差电流保护。

（6）三角形接线的电容器组可装设零序电流保护。

二、并联电容器组不正常运行及其保护方式

1. 电容器组的单相接地故障

电容器组单相接地故障，可利用电容器组所连接母线上的绝缘监察装置检出；当电容器组所连接母线有引出线路时，可装设有选择性的接地保护，并应动作于信号；必要时，保护应动作于跳闸。安装在绝缘支架上的电容器组可不再装设单相接地保护。

2. 母线电压升高

电容器组只能允许在 1.1 倍额定电压下长期运行，因此当系统引起母线稳态电压升高时，为保护电容器组不致损坏，电容器组应装设过电压保护，并应带时限动作于信号或跳闸。

3. 电容器组失电压

当系统故障造成母线失电压时，电容器组失去电源开始放电，而后线路重合闸或备用电源自动投入装置动作使母线重新带电。此时，若电容器端子上的残余电压没有足够时间放电到 0.1 倍的额定电压，可能使电容器组长期承受 1.1 倍额定电压的合闸过电压，而使电容器组损坏，因而电容器组应装设失电压保护，当母线失电压时，应带时限跳开所有接于母线上的电容器。

4. 电容器组过负荷

电容器过负荷是由系统过电压及高次谐波所引起的，按照国家标准的规定，电容器在有效值为 1.3 倍的额定电流下长期运行，对于具有最大正偏差的电容器，过电流允许达到 1.43 倍的额定电流。因为电容器组必须装设过电压保护，又因为大容量电容器组一般装设抑制高次谐波的串联电抗器，所以可以不装设过负荷保护。仅当系统高次谐波含量较高或电容器组投运后经过实测在其回路中的电流超过允许值时，才装设过负荷保护，保护延时动作于信号或跳闸。为了与电容器的过载特性相配合，也可采用反时限特性。

第八章 220kV 变电站电气部分初步设计应用（案例）

第一节 电气主接线和站用电设计

一、原始资料分析

根据电力系统规划需新建一座 220kV 的降压变电站，该站建成后与 110kV 和 220kV 电网相连，并供电给近区用户。按规划要求，近期该站装设两台变压器，远期增设一台；该站设有 220、110kV 和 10kV 3 个电压等级，220kV 侧出线为近期 3 回，远期 5 回；110kV 侧出线为近期 6 回，远期 8 回。

1. 拟建变电站概况

220kV 拟建变电站系统示意图如图 8-1 所示。其系统参数见表 8-1，线路参数见表 8-2。

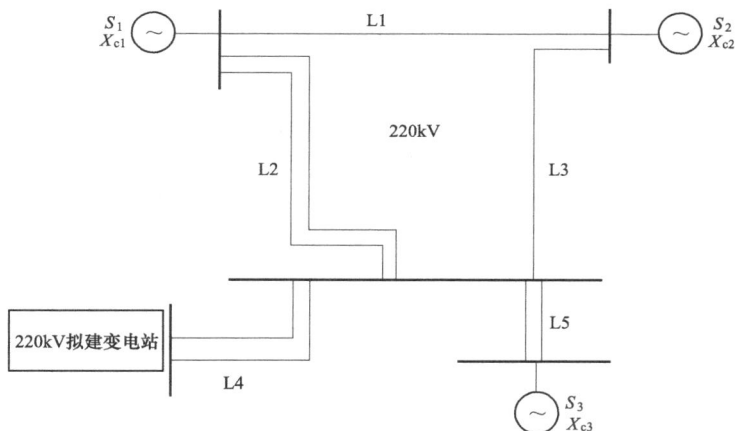

图 8-1 220kV 拟建变电站系统示意图

表 8-1   拟建变电站系统参数

组别	系统 1		系统 2		系统 3	
	S_1（MVA）	X_{c1}	S_2（MVA）	X_{c2}	S_3（MVA）	X_{c3}
1 组	2000	0.38	1600	0.45	750	0.3
2 组	1850	0.36	1650	0.42	800	0.34
3 组	2100	0.45	1580	0.43	900	0.36
4 组	2150	0.44	1460	0.41	1000	0.38

注 S_1、S_2 为火电系统容量，S_3 为水电系统容量，X_{c1}、X_{c2}、X_{c3} 为系统电抗标幺值。

表 8-2　　　　　　　　　　　　　　　拟建变电站线路参数

组别	线路长度（km）				
	L1	L2	L3	L4	L5
1 组	160	100	170	100	150
2 组	140	110	180	120	140
3 组	150	120	190	130	130
4 组	155	130	160	110	120

2. 地区自然条件

该变电站位于市郊荒土地上，地势平坦，交通便利，环境污染小。其年最高气温 35℃，年最低气温 −5℃，年平均气温 18℃，最热月日平均温度为 28℃，土壤温度为 18℃，海拔 400m。

3. 负荷资料

（1）220kV 线路 5 回，其中预留 1 回备用，架空出线。

（2）110kV 线路 8 回，其中两回出线供给远方大型冶炼厂，容量为 50MVA，其他作为一些地区变电站进线，架空出线。110kV 线路负荷资料见表 8-3。

（3）10kV 接站用变压器及无功功率补偿装置。

表 8-3　　　　　　　　　　　　　　　110kV 线路负荷资料

名称	最大负荷（MW）		$\cos\varphi$	回路数
	1、2 组	3、4 组		
A 厂	45	47	0.9	2
B 厂	42	44	0.9	2
A 变电站	32	31	0.9	1
B 变电站	34	30	0.9	1
C 变电站	28	33	0.85	1
D 变电站	35	29	0.85	1

注　表中各负荷间的同时系数为 0.9。

二、主变压器的选择（所有参数计算均以第 1 组为例，下同）

在变电站中，用来向电力系统或用户输送功率的变压器称为主变压器。主变压器的容量、台数直接影响电气主接线的形式和配电装置的结构。它的确定除依据传递容量等基本原始资料外，还应根据电力系统 5～10 年的发展规划、输送功率的大小、馈线回路数、电压等级及接入系统的紧密程度等因素，进行综合分析和合理选择。

（一）变压器容量、台数的确定

主变压器的容量一般按变电站建成后 5～10 年所带负荷的性质和电网结构来确定，并适当考虑远期 10～20 年的负荷发展；对于重要负荷的变电站，应考虑当一台主变压器停止运行时，其余变压器的容量在计及过负荷能力后的允许时间内，应保证用户的一级和二级负荷；对于一般变电站，当一台主变压器停止运行时，其余变压器的容量应能保证全部负荷的 70%～80%。

对大城市郊区的一次变电站，在中、低压侧已构成环网的情况下，变电站以装设两台主变压器为宜。对地区孤立的一次变电站或大型工业专用变电站，在设计时应考虑装设第三台主变压器的可能性。

根据拟建变电站的负荷情况及性质，主变压器选择两台，其容量应满足

$$S_N \geqslant (0.7 \sim 0.8)S_{max}/(n-1)$$

式中 S_{max}——变电站的最大负荷，MVA；

n——变电站主变压器的台数；

S_N——变压器的额定容量，MVA；

0.9——同时系数。

取 $S_N \geqslant 0.75 \times 219.69 = 164.77$(MVA)，其中 S_{max} 为 A 厂、B 厂和 A～D 变电站（1、2 组）最大负荷之和，即 $S_{max} = 0.9 \times (45/0.9 + 42/0.9 + 32/0.9 + 34/0.9 + 28/0.85 + 35/0.85) = 0.9 \times 244.1 = 219.69$(MVA)。

查产品目录，选择每台容量为 180 000kVA 的主变压器。

（二）变压器形式的确定

1. 变压器相数的确定

在 330kV 及以下系统中，一般选用三相变压器，因为单相变压器组相对来讲投资大、占地多，运行损耗也较大，同时配电装置结构复杂，也增加了事故维修工作量。根据原始资料分析，该站位于平原地区，地势平坦，交通便利，无环境污染。经考察，其运输不受限制，因此选用三相变压器。

2. 变压器绕组的确定

双绕组和三绕组都可使用，但三绕组和双绕组相比，一台三绕组变压器的价格及所用的控制电器和辅助设备的价格比相对应的两台双绕组都较低，所以从经济方面来考虑，选用普通三绕组变压器。

3. 变压器绕组连接方式的确定

变压器绕组的连接方式必须和系统电压相位一致，否则不能并列运行。因为 220kV 系统和 110kV 系统均采用中性点直接接地，10kV 系统采用中性点不接地，所以主变压器的接线方式采用 YNyn0d11。

（三）变压器电压调整方式的确定

为了保证发电厂或变电站的供电质量，电压必须维持在允许的范围内，通过主变压器的分接开关切换，改变变压器高压侧的绕组匝数，从而改变其变比，实现电压调整。切换方式有两种：一种是不带电切换，称为无载调压；另一种是带负荷切换，称为有载调压。本变电站处于区域负荷中心，负荷对电能质量的要求较高，故选用有载调压变压器。

综上所述，本设计可选用两台 SFPS7-180000/220 型三绕组变压器，其参数见表 8-4。

表 8-4   所选变压器的型号及其参数（一）

型号	额定容量（kVA）	容量比（%）	额定电压（kV）			联结组标号	损耗（kW）		空载电流（%）	阻抗电压（%）		
			高压	中压	低压		短路	空载		高—低	高—中	中—低
SFPS7-180000/220	180 000	100/100/50	220	121	10.5	YNyn0d11	650	178	0.7	23.0	14.0	7.0

三、电气主接线设计

电气主接线设计的选择原则应有以下几方面。

(1) 应满足正常运行检修、短路和过电压情况下的要求,并考虑远景发展。

(2) 应满足安装地点和当地环境条件的校核。

(3) 应力求技术先进和经济合理。

(4) 同类设备应尽量减少品种。

(5) 与整个工程的建设标准协调一致。

(6) 选用的新产品均应具有可靠的试验数据,并经正式鉴定合格,特殊情况下选用未经正式鉴定的新产品应经上级批准。

(一) 电气主接线设计方案

1. 220kV 母线接线设计

根据 DL/T 5218—2012《220~750kV 变电站设计技术规程》的规定,220kV 配电装置出线在 4 回及以上时宜采用双母线或其他接线,故设计中考虑了两种方案。

方案一:采用双母线接线,变压器接在不同母线上,负荷分配均匀,调度灵活、方便,运行可靠性高,任一条母线或母线上设备的检修,不需要停掉线路,但出线间隔内任意一个设备检修,此线路都需要停电。

方案二:采用双母线带旁路母线,可解决上述问题,但增大投资。

目前,220kV 断路器均采用六氟化硫断路器,其检修周期长、可靠性高,故可不设旁路母线。本设计选用双母线接线。

2. 110kV 母线接线设计

因为 110kV 侧本期有 8 回出线供给远方大型冶炼厂及附近地区的变电站,如发生停电故障,会造成较大范围的停电事故及很大的经济损失,所以 110kV 侧接线对可靠性的要求也很高。可考虑采用双母线或单母线分段带旁路母线接线。因为 110kV 侧负荷较为重要,且双母线调度灵活,便于扩建,所以 110kV 仍采用双母线接线方式。

3. 10kV 母线接线设计

对 10kV 侧的接线方式,按照相关规程要求,采用单母线或单母线分段接线。对重要回路,可以双回路供电,保证供电的可靠性。考虑到减小配电装置的占地和占用空间,消除火灾、爆炸的隐患,以及环境保护的要求,电气主接线不宜采用带旁路的接线。

(二) 电气主接线方案技术经济比较

电气主接线方案技术经济比较见表 8-5。

表 8-5   电气主接线方案技术经济比较

项 目	方案一	方案二
220kV	双母线接线	双母线带旁路母线
技术性	可以轮流检修一组母线而不致使供电中断;一组母线故障后能迅速恢复供电;检修任意一条回路的母线隔离开关时,只需断开此隔离开关相连的该组母线,其他线路均可通过另一组母线继续运行	一段工作母线发生故障后,将故障段母线所连接的电源回路和出线回路切换到备用母线上,即可恢复供电。所以,只是部分短时停电,而不必全部短时停电。比双母线接线增加了两台断路器
经济性	双母线带旁路母线比双母线接线增加了两台断路器,投资有所增加	

续表

项　目	方案一	方案二
110kV	双母线接线	单母线分段接线
技术性	可以轮流检修一组母线而不致使供电中断；一组母线故障后，能迅速恢复供电；检修任意一条回路的母线隔离开关时，只需断开此隔离开关相连的该组母线，其他线路均可通过另一组母线继续运行	母线和母线隔离开关可分段轮流检修；对重要用户，可从不同母线段引双回路供电，当一段母线发生故障或任意一个连接元件故障，断路器拒动时，由继电保护动作断开分段断路器，将故障限制在故障母线范围内，非故障母线继续运行，整个配电装置不会全停，也能保证对重要用户的供电，提高了供电可靠性
经济性	双母线所用设备增多，投资增大	
10kV	单母线分段接线	单母线带旁路母线接线
技术性	母线和母线隔离开关可分段轮流检修；对重要用户，可从不同母线段引双回路供电，当一段母线发生故障或任意一个连接元件故障，断路器拒动时，由继电保护动作断开分段断路器，将故障限制在故障母线范围内，非故障母线继续运行，整个配电装置不会全停，也能保证对重要用户的供电，提高了供电可靠性	不需要停电而能检修任意一个出线断路器；当母线检修或故障时，10kV 线路全部停电
经济性	单母线带旁路母线增加了一组旁路母线、造价昂贵，运行复杂，投资增加	

综上所述，通过在技术经济上对每个电压等级电气主接线的两个方案进行比较，方案一较方案二更加合理，且可靠性、灵活性均能满足要求，故选用方案一为最终设计方案。即 220kV 侧和 110kV 侧均采用双母线接线，10kV 侧采用单母线分段接线，电气主接线如图 8-2 所示。

四、站用电设计

1. 站用电源的容量及数量

枢纽变电站、总容量为 60MVA 及以上的变电站、装有水冷却或强迫油循环冷却的主变压器及装有同步调相机的变电站，均应装设两台站用变压器。

采用整流操作电源或无人值班的变电站装设两台站用变压器，且分别接在不同等级的电源或独立电源上。

如果能够从变电站外引入可靠的 380V 备用电源，上述变电站可以只装设一台站用变压器。

220kV 变电站装设两个工作电源。当主变压器为两台时，可以分别接在每一台主变压器的第三绕组上。两台站用变压器的容量应相等，并按全站所计算负荷来选择。当建设初期只有一台主变压器时，可以只接一台工作变压器。当设有备用变压器时，一般均装设备用电源自动投入装置。

2. 站用电源引接方式

（1）当站内有较低电压的母线时，一般均由这类母线上引接 1～2 个站用电源。这一站

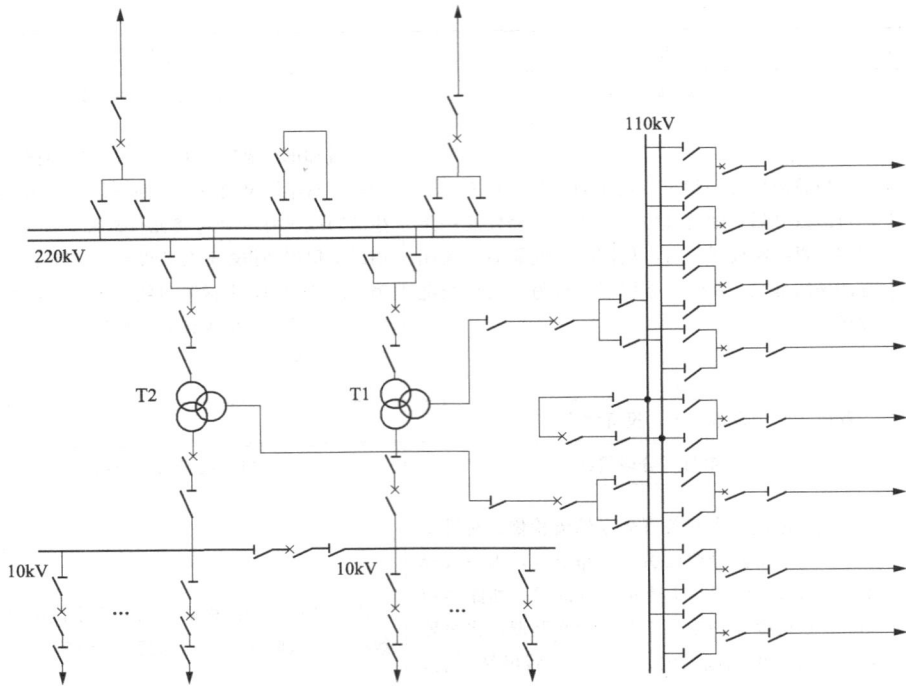

图 8-2 电气主接线（方案一）

用电源引接方式具有经济和可靠性较高的特点。如能由不同电压等级的母线上分别引接两个电源，则更可保证站用电的不间断供电。

（2）由主变压器第三绕组引接，站用变压器高压侧要选用大断流容量的开关设备，否则要加装限流电抗器。

（3）由于低压网络故障概率较高，从站外电源引接站用电源的可靠性较低。有些工程保留了施工时架设的临时线路，多用于只有一台主变压器或一段低压母线时的过渡阶段。

3. 站用变压器低压侧接线

站用电系统采用 380/220V 中性点直接接地的三相四线制，动力与照明合用一个电源。

（1）站用变压器低压侧多采用单母线接线方式。当有两台站用变压器时，采用单母线分段接线方式，平时分列运行，以限制故障范围，提高供电可靠性。

（2）220kV 变电站设置不间断供电装置，向通信设备、交流事故照明及监控计算机等负荷供电，其余负荷都允许停电一定时间，故可不装设失电压启动的备用电源自动投入装置，避免备用电源投合在故障母线上，扩大为全站停电事故。

（3）具备条件时，调相机专用负荷优先采用由站用变压器低压侧直接供电的方式。

4. 备用电源

站用备用电源用于工作电源因事故或检修而失电时的替代工作电源，起后备作用。备用电源应具有独立性和足够的容量。

综上所述，可选择两台 SZ9-2000/10 双绕组站用变压器，具体参数见表 8-6。

表 8-6 所选变压器的型号及其参数（二）

型号	额定容量 （kVA）	额定电压（kV）		联结组标号
		高压	低压	
SZ9-2000/10	2000	10.5 （±4×2.5%）	0.4	Yyn0

损耗（kW）		空载电流 （%）	阻抗电压 （%）	
空载	负载			
3.22	17.97	0.6	4.5	

第二节 短路电流的计算

计算短路电流的作用：选择断路器等电气设备或对这些设备提出技术要求；评价并确定网络方案，研究限制短路电流的措施；为继电保护设计与调试提供依据；分析计算输电线路对通信网络设施的影响等。

短路电流的计算应按远景规划水平年来考虑，远景规划水平年一般取工程建成后 5~10 年中的某一年。计算内容为系统在最大运行方式时，各枢纽点的三相短路电流。

一、短路类型

短路故障分为对称短路和不对称短路。三相短路是对称短路，造成的危害最为严重，但发生的机会较少。其他短路都是不对称短路，其中单相短路发生的机会最多，占短路总数中的 70% 以上。所以，在进行短路计算时，选择最严重的那种，即对三相短路进行计算。

二、短路电流的计算步骤

一般三相短路电流产生的热效应和电动力最大，所以只对三相短路电流进行计算。计算步骤如下：

（1）画等值电路。

（2）网络化简（消去中间节点），得到各电源对短路点的转移阻抗。

（3）求各电源的计算电抗。

（4）查运算曲线，得到各电源送至短路点电流的标幺值。

（5）求各电源送至短路点电流的有名值之和，即短路点的短路电流。

三、短路电流的计算过程

1. 系统等值电路

系统等值电路如图 8-3 所示。

2. 各元件电抗标幺值的计算

取基准容量 $S_B = 100MVA$，基准电压 $U_B = $ 平均额定电压 U_{av}。

主变压器的容量为 $S_{N1} = S_{N2} = 180MVA$，阻抗电压百分比为 $U_{k(1-2)}\% = 14, U_{k(1-3)}\% = 23, U_{k(2-3)}\% = 7$，则

$$U_{k1}\% = \frac{1}{2}[U_{k(1-2)}\% + U_{k(1-3)}\% - U_{k(2-3)}\%] = \frac{1}{2} \times (14 + 23 - 7) = 15$$

$$U_{k2}\% = \frac{1}{2}[U_{k(1-2)}\% + U_{k(2-3)}\% - U_{k(1-3)}\%] = \frac{1}{2} \times (14 + 7 - 23) \approx 0$$

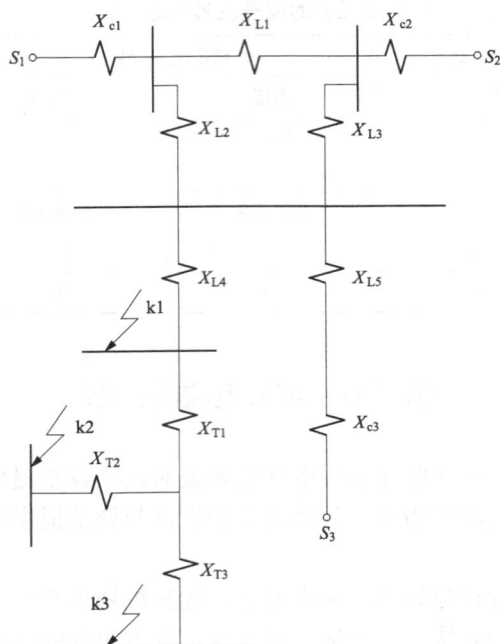

图 8-3　系统等值电路（一）

$$U_{k3}\% = \frac{1}{2}\left[U_{k(1-3)}\% + U_{k(2-3)}\% - U_{k(1-2)}\%\right] = \frac{1}{2} \times (23 + 7 - 14) = 8$$

三绕组变压器的电抗标幺值为

$$X_{T1} = \frac{U_{k1}\%}{100} \times \frac{S_B}{S_N} = \frac{15}{100} \times \frac{100}{180} \approx 0.083$$

$$X_{T2} = \frac{U_{k2}\%}{100} \times \frac{S_B}{S_N} \approx 0$$

$$X_{T3} = \frac{U_{k3}\%}{100} \times \frac{S_B}{S_N} = \frac{8}{100} \times \frac{100}{180} \approx 0.044$$

系统的电抗标幺值为

$$X_{c1} = 0.38 \times \frac{100}{2000} = 0.019$$

$$X_{c2} = 0.45 \times \frac{100}{1600} \approx 0.028$$

$$X_{c3} = 0.3 \times \frac{100}{750} = 0.04$$

架空线路的电抗标幺值为

$$X_{L1} = 0.4 \times 160 \times \frac{100}{230^2} \approx 0.121$$

$$X_{L2} = \frac{1}{2} \times 0.4 \times 100 \times \frac{100}{230^2} \approx 0.038$$

$$X_{L3} = 0.4 \times 170 \times \frac{100}{230^2} \approx 0.129$$

$$X_{L4} = \frac{1}{2} \times 0.4 \times 100 \times \frac{100}{230^2} \approx 0.038$$

$$X_{L5} = \frac{1}{2} \times 0.4 \times 150 \times \frac{100}{230^2} \approx 0.057$$

3. 化简等值电路

将图 8-3 所示等值电路化简为图 8-4 所示的等值电路。

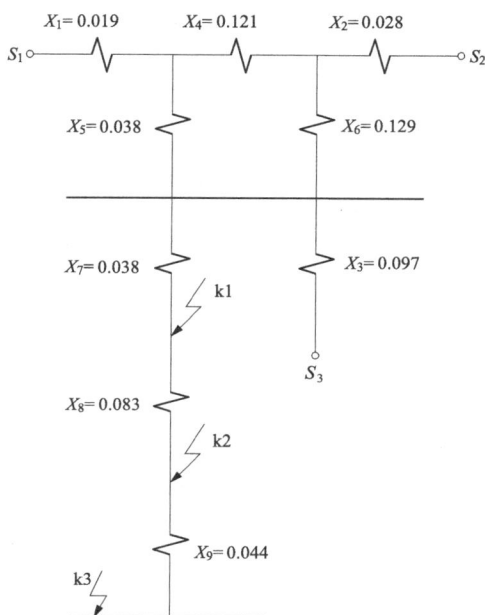

图 8-4　系统等值电路（二）

将电抗为 X_4、X_5、X_6 的三角形电路变换成电抗为 X_{10}、X_{11}、X_{12} 的星形电路，则

$$X_{10} = \frac{X_4 X_5}{X_4 + X_5 + X_6} = \frac{0.121 \times 0.038}{0.121 + 0.038 + 0.129} \approx 0.016$$

$$X_{11} = \frac{X_4 X_6}{X_4 + X_5 + X_6} = \frac{0.121 \times 0.129}{0.121 + 0.038 + 0.129} \approx 0.054$$

$$X_{12} = \frac{X_5 X_6}{X_4 + X_5 + X_6} = \frac{0.038 \times 0.129}{0.121 + 0.038 + 0.129} \approx 0.017$$

将图 8-4 所示等值电路化简为图 8-5 所示等值电路。为简化计算，采用统一变化法，故将 3 个电源 S_1、S_2、S_3 合并为一个等效电源 S，则图 8-5 等值电路化简为图 8-6、图 8-7 等值电路。

其中

$$X_{13} = X_{12} + \frac{(X_1 + X_{10})(X_{11} + X_2)}{X_1 + X_{10} + X_{11} + X_2}$$

$$= 0.017 + \frac{(0.019 + 0.016) \times (0.054 + 0.028)}{0.019 + 0.016 + 0.054 + 0.028}$$

$$= 0.017 + 0.025 = 0.042$$

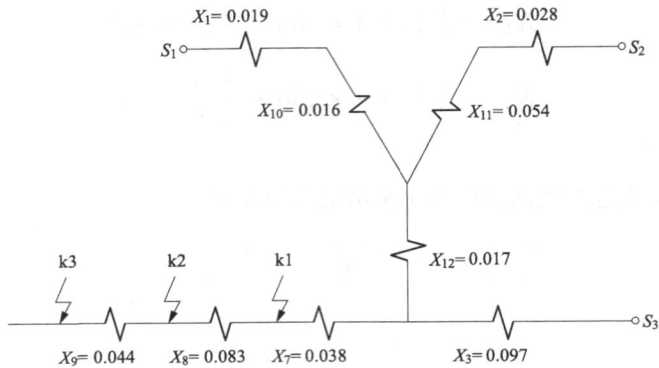

图 8-5　系统等值电路（三）

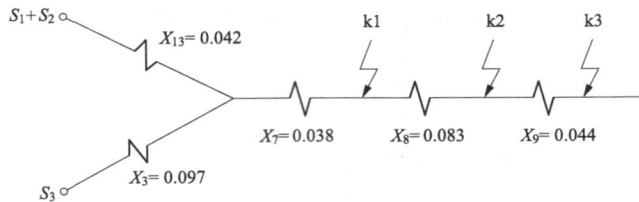

图 8-6　系统等值电路（四）

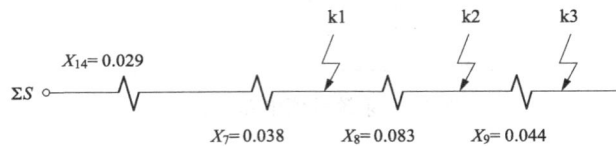

图 8-7　系统等值电路（五）

$$X_{14} = \frac{0.042 \times 0.097}{0.042 + 0.097} = 0.029$$

4. 求各短路点的计算电抗

已知 $S_1 = 2000\mathrm{MVA}$，$S_2 = 1600\mathrm{MVA}$，$S_3 = 750\mathrm{MVA}$，则

$$S = S_1 + S_2 + S_3 = 2000 + 1600 + 750 = 4350(\mathrm{MVA})$$

220kV（k1 点）处的计算电抗为

$$X_{js7} = (X_{14} + X_7)\frac{S}{100} = (0.029 + 0.038) \times \frac{4350}{100} = 2.91$$

110kV（k2 点）处的计算电抗为

$$X_{js8} = (0.067 + 0.083) \times \frac{4350}{100} = 6.525$$

10kV（k3 点）处的计算电抗为

$$X_{js9} = (0.15 + 0.044) \times \frac{4350}{100} = 8.439$$

各短路点的计算电抗接近或大于 3，故短路电流的计算按无限大容量电源考虑。

5. 各短路点短路电流的计算

220kV 侧

$$I'' = I_\infty = I_t = \frac{1}{2.91} \times \frac{4350}{\sqrt{3} \times 230} = 3.75(\mathrm{kA})$$

$$i_{sh} = 2.55 \times 3.75 = 9.56(\mathrm{kA})$$

110kV 侧

$$I'' = I_\infty = I_t = \frac{1}{6.525} \times \frac{4350}{\sqrt{3} \times 115} = 3.347(\mathrm{kA})$$

$$i_{sh} = 2.55 \times 3.75 = 8.53(\mathrm{kA})$$

10kV 侧

$$I'' = I_\infty = I_t = \frac{1}{8.349} \times \frac{4350}{\sqrt{3} \times 10.5} = 28.34(\mathrm{kA})$$

$$i_{sh} = 2.55 \times 28.34 = 72.27(\mathrm{kA})$$

式中　I''——$t = 0$ 时，周期分量的起始有效值；

　　　I_t——时间为 t 时，周期分量的有效值；

　　　I_∞——$t \to \infty$ 达到稳定时，周期分量的有效值；

　　　i_{sh}——短路冲击电流。

6. 短路电流的计算结果

短路电流的计算结果见表 8-7。

表 8-7　　　　　　　　　　　　短路电流的计算结果

短路编号	短路位置	计算电抗	短路电流 (kA)	冲击电流 i_{sh} (kA)	基准电压 U_B (kV)
k1	220kV 母线	2.91	3.75	9.56	230
k2	110kV 母线	6.525	3.347	8.53	115
k3	10kV 母线	8.439	28.34	72.27	10.5

第三节　主要电气设备的选择

一、电气设备选择的原则及一般条件

（一）电气设备选择的原则

（1）电气设备的选择应满足正常运行检修、短路和过电压的要求，并考虑远景的发展。

（2）应力求技术先进及经济合理。

（3）应按当地环境条件校验。

（4）同类设备应尽可能地减少品种。

（5）与整个工程的建设标准应协调一致。

（二）电气设备选择的一般条件

1. 按正常工作条件选择电气设备

（1）按最高工作电压选择设备。在选择电气设备时，一般可按电气设备的最高工作电压

U_N 不低于系统的最高电压 U_{NS} 的条件选择，即

$$U_N \geqslant U_{NS}$$

（2）按额定电流选择设备。电气设备的额定电流 I_N 指在额定环境温度 θ_0 下，电气设备的长期允许电流。I_N 应不小于该回路在各种合理运行方式下的最大持续工作电流 I_{max}，即

$$I_N \geqslant I_{max}$$

（3）按环境条件选择电气设备。

1）按温度和湿度选择设备。一般高压电气设备可在温度不超过 40℃、相对湿度为 90% 的环境下长期正常运行。当环境的相对湿度超过标准时，应选用型号后带有"TH"字样的湿热带型产品。

2）按污染情况选择设备。安装在污染严重，有腐蚀性物质、烟气、粉尘等恶劣环境中的电气设备，应选用防污型产品或设备布置在室内。

3）按海拔选择设备。一般电气设备的使用条件为海拔不超过 1000m。当用在高原地区时，因为气压较低，电气设备的外绝缘水平将相应降低。所以，电气设备应选用高原型产品或用外绝缘提高一级的产品。现行电压等级为 110kV 及以下的设备，其外绝缘都有一定的裕度，实际上均可使用在海拔不超过 2000m 的地区。

4）按安装地点选择设备。配电装置为室内布置时，电气设备应选户内式；配电装置为室外布置时，电气设备应选户外式。此外，还应考虑地形、地质条件及地震影响等。

2. 按短路状态校验设备

（1）短路热稳定校验。通常制造厂直接给出电气设备的热稳定电流（有效值）I_t 及允许持续时间 t。热稳定条件为

$$I_t^2 t \geqslant Q_k$$

式中　$I_t^2 t$——设备允许承受的热效应，$kA^2 \cdot s$；

　　　　Q_k——所在回路的短路电流热效应，$kA^2 \cdot s$。

（2）短路动稳定校验。制造厂一般直接给出设备的动稳定峰值电流 i_{max}，动稳定条件为

$$i_{max} \geqslant i_{sh}$$

式中　i_{sh}——所在回路的冲击短路电流，kA；

　　　　i_{max}——设备允许的动稳定电流（峰值），kA。

二、具体设备的选择与校验

本设计主要选择的设备有断路器、隔离开关、互感器、熔断器、绝缘子、避雷器及母线等。根据电气设备选择的一般原则，按照正常运行情况选择设备，按短路情况校验设备。同时兼顾今后的发展，选用性价比高、运行经验丰富、技术成熟的设备，尽量减少选用设备的类型，以减少备品、备件，也有利于运行、检修等工作。

（一）断路器

1. 最高工作电压和额定电流的选择

额定电压和额定电流的选择依据为

$$U_N \geqslant U_{NS}$$

$$I_N \geqslant I_{max}$$

式中　U_N，U_{NS}——电气设备的最高工作电压和系统的最高电压，kV；

I_N，I_{max}——电气设备的额定电流和电网的最大负荷电流，A。

（1）220kV 侧断路器的最高工作电压和额定电流的选择。

1）最高工作电压的选择依据为

$$U_N \geqslant U_{NS} = 220kV$$

2）额定电流的选择。流过断路器的最大长期工作电流为

$$I_{gmax} = \frac{1.05 \times 180}{\sqrt{3} \times 220} \approx 0.496(kA) = 496(A)$$

$$I_N \geqslant I_{gmax} = 496A$$

初选断路器的型号及其参数见表 8-8。

表 8-8　　　　　　　　　　　**220kV 侧断路器的型号及其参数**

型号	额定电流（A）	额定开断电流 I_{Nbr}（kA）	额定关合电流（峰值，kA）	动稳定电流 i_{es}（峰值，kA）	3s 热稳定电流 I_t（kA）	固有分闸时间（s）
LW□-252/3150	3150	40	100	100	40	0.025

（2）110kV 侧断路器的最高工作电压和额定电流的选择。

1）最高工作电压的选择依据为

$$U_N \geqslant U_{NS} = 110kV$$

2）额定电流的选择。流过断路器的最大长期工作电流为

$$I_{gmax} = \frac{1.05 \times 180}{\sqrt{3} \times 110} \approx 0.992(kA) = 992(A)$$

$$I_N \geqslant I_{gmax} = 992A$$

初选断路器的型号及其参数见表 8-9。

表 8-9　　　　　　　　　　　**110kV 侧断路器的型号及其参数**

型号	额定电流（A）	额定开断电流 I_{Nbr}（kA）	额定关合电流（峰值，kA）	动稳定电流 i_{es}（峰值，kA）	3s 热稳定电流 I_t（kA）	固有分闸时间（s）
LW□-126/3150	3150	31.5	100	100	40	0.025

（3）10kV 侧断路器的最高工作电压和额定电流的选择。

1）最高工作电压的选择依据为

$$U_N \geqslant U_{NS} = 10kV$$

2）额定电流的选择。10kV 侧仅有站用负荷和无功功率补偿，故流过断路器的最大长期工作电流按一台站用变压器的容量计算，则

$$I_{gmax} = \frac{1.05 \times 2000}{\sqrt{3} \times 10.5} = 115.47(A)$$

$$I_N \geqslant I_{gmax} = 115.47A$$

初选断路器的型号及其参数见表 8-10。

表 8-10 10kV 侧断路器的型号及其参数

型号	额定电流 (A)	额定开断电流 I_{Nbr} (kA)	额定关合电流 (峰值 kA)	动稳定电流 i_{es} (峰值 kA)	3s 热稳定电流 I_t (kA)	固有分闸时间 (s)
ZN□-10/3150	3150	40	100	100	40	0.05

2. 校验开断电流

校验开断电流的依据为

$$I_{br} \geqslant I_{kt}$$

式中 I_{br}——断路器的额定开断电流，kA；

I_{kt}——断路器实际开断瞬间的短路电流周期分量，kA。

当断路器的 I_{br} 较系统短路电流大很多时，简化计算时可用 $I_{br} \geqslant I''$ 进行选择，I'' 为短路电流周期分量的起始有效值。

（1）220kV 侧断路器开断电流的校验依据为

$$I_{br} = 40\text{kA} > I'' = 3.75\text{kA}$$

满足要求。

（2）110kV 侧断路器开断电流的校验依据为

$$I_{br} = 31.5 > I'' = 3.347\text{kA}$$

满足要求。

（3）10kV 侧断路器开断电流的校验依据为

$$I_{br} = 40\text{kA} > I'' = 28.34\text{kA}$$

满足要求。

3. 热稳定校验

短路热稳定计算时间 t_{dz} 等于继电保护动作时间加断路器全分闸时间，近似计算取 3.3s（以下计算相同）。

（1）220kV 侧断路器的热稳定校验依据为

$$I_t^2 t = 40^2 \times 3 = 4800(\text{kA}^2 \cdot \text{s}) \geqslant Q_k = I_\infty^2 t_{dz} = 3.75^2 \times 3.3 \approx 46.4(\text{kA}^2 \cdot \text{s})$$

满足要求。

（2）110kV 侧断路器的热稳定校验依据为

$$I_t^2 t = 31.5^2 \times 3 = 2976.75 \geqslant Q_k = I_\infty^2 t_{dz} = 3.347^2 \times 3.3 \approx 36.97(\text{kA}^2 \cdot \text{s})$$

满足要求。

（3）10kV 侧断路器的热稳定校验依据为

$$I_t^2 t = 40^2 \times 3 = 4800 \geqslant Q_k = I_\infty^2 t_{dz} = 28.34^2 \times 3.3 \approx 2650.41(\text{kA}^2 \cdot \text{s})$$

满足要求。

4. 动稳定校验

（1）220kV 侧断路器的短路冲击电流校验依据为

$$i_{sh} = 2.55 \times 3.75 \approx 9.56(\text{kA}) \leqslant i_{max} = 100(\text{kA})$$

满足要求。

（2）110kV 侧断路器的短路冲击电流校验依据为

$$i_{sh} = 2.55 \times 3.347 \approx 8.53(\text{kA}) \leqslant i_{max} = 100(\text{kA})$$

满足要求。

（3）10kV 侧断路器的短路冲击电流校验依据为

$$i_{sh} = 2.55 \times 28.34 \approx 72.27 (\text{kA}) \leqslant i_{max} = 100 (\text{kA})$$

满足要求。

（二）隔离开关

隔离开关与断路器相比，最高工作电压、额定电流的选择及短路动、热稳定校验的项目相同。但由于隔离开关不能接通和切断短路电流，无须进行开断电流的校验。各侧隔离开关的选择结果见表 8-11～表 8-13。

表 8-11　　　　　　　　　　220kV 侧隔离开关的选择结果

计　算　数　据		技　术　参　数	
		型号 GW□-252/1250	
U_{NS}	220kV	最高工作电压 U_N	252kV
I_{gmax}	496A	额定电流 I_N	1250A
i_{sh}	9.56kA	动稳定电流 i_{es}	80kA
Q_k	46.4kA^2·s	短路允许热效应 $I_t^2 t$	3969kA^2·s

表 8-11 中的数据满足要求。

表 8-12　　　　　　　　　　110kV 侧隔离开关的选择结果

计　算　数　据		技　术　参　数	
		型号 GW□-126/1250	
U_{NS}	110kV	最高工作电压 U_N	126kV
I_{gmax}	992A	额定电流 I_N	1250A
i_{sh}	8.53kA	动稳定电流 i_{es}	50kA
Q_k	36.97kA^2·s	短路允许热效应 $I_t^2 t$	1600kA^2·s

表 8-12 中的数据满足要求。

表 8-13　　　　　　　　　　10kV 侧隔离开关的选择结果

计　算　数　据		技　术　参　数	
		型号 GN□-10T/4000	
U_{NS}	10kV	最高工作电压 U_N	10kV
I_{gmax}	115.47A	额定电流 I_N	4000A
i_{sh}	72.27kA	动稳定电流 i_{es}	160kA
Q_k	2650.41kA^2·s	短路允许热效应 $I_t^2 t$	40 000kA^2·s

表 8-13 中的数据满足要求。

（三）母线

1. 选型

导体通常由铜、铝、铝合金制成，载流导体一般使用铝或铝合金材料，铜导体只用在持续电流大，且出线位置特别狭窄或污秽对铝有严重腐蚀的场所。

常用的载流导体分软导体和硬导体两种。常用硬导体的截面有矩形、槽形和管形。其中，槽形导体的机械强度好、载流量大、集肤效应系数较小，一般用于 4000～8000A 的配电装置中。导体的布置方式应根据载流量的大小、短路电流水平和配电装置的具体情况而定。

2. 截面积的选择

导体截面积可按长期发热允许电流或经济电流密度选择。对负荷利用小时数大（通常指 $T_{max} > 5000h$）、传输容量大、长度在 20m 以上的导体，其截面积一般按经济电流密度选择。而配电装置的汇流母线通常在正常运行方式下，传输容量不大，可按长期最大工作电流选择。

3. 母线校验

(1) 电晕电压校验。对 110kV 及以上的裸导体，需要按照晴天不发生全面电晕条件校验，即裸导体的临界电压 U_{cr} 应大于最高工作电压 U_N。

(2) 热稳定校验。热稳定校验需满足热稳定要求的导体最小截面积 $S_{min} = \dfrac{1}{C}\sqrt{K_f Q_k}$（$C$ 为热稳定系数，K_f 为集肤效应系数），实际选用的导体截面积 $S \geqslant S_{min}$ 即可。

(3) 动稳定校验。各种形状的硬导体通常都安装在支柱绝缘子上，短路冲击电流产生的电动力将使导体发生弯曲，因此导体应按弯曲情况进行应力计算。而软导体不必进行动稳定校验。本设计只进行 10kV 硬母线的选择。

4. 10kV 硬母线的选择

(1) 截面积的选择。按长期最大工作电流选择时，所选母线截面的长期允许电流 I_{al} 应大于装设回路中的最大持续工作电流 I_{gmax}，即

$$I_{al} \geqslant I_{gmax}$$
$$I_{al} = KI_N$$

式中　　I_N ——基准环境条件下的长期允许电流；

　　　　K ——温度校正系数。

$$I_{gmax} = \frac{1.05 \times 90\,000}{\sqrt{3} \times 10.5} \approx 5196.2\,(A)$$

因为 $I_{gmax} = 5196.2A > 4000A$，所以选择槽形截面铝导体母线，三相母线水平布置，便于巡视、维护检修。

根据基准环境温度 $\theta_0 = 25℃$，该地区的最热月日平均最高气温 $\theta = 28℃$，导体长期发热允许最高温度 $\theta_{al} = 70℃$，则温度修正系数为 $K = \sqrt{\dfrac{\theta_{dl} - \theta}{\theta_{dl} - \theta_0}} = \sqrt{\dfrac{70 - 28}{70 - 25}} \approx 0.966$。

由 $I_{gmax} \leqslant KI_N \Rightarrow I_N \geqslant I_{gmax}/K = 5196.2/0.966 = 5379.1\,(A)$。

查母线载流量表，初选 10kV 槽形铝母线，其具体参数见表 8-14。

表 8-14　　　　　　　　　　　　　10kV 槽形铝母线参数

截面尺寸 （mm）				双槽导体 截面积 S （mm²）	集肤效应 系数 K_f	导体载流量 （A）	截面系数 W_y （cm³）	惯性矩 I_y （cm⁴）	惯性半径 r_y （cm）	最大允许 应力 $\sigma(\times 10^6 Pa)$
h	b	t	r	3570	1.126	5650	14.7	68	1.97	70
150	65	7	10							

（2）热稳定校验。实际环境温度为 θ，通过载流导体的负荷电流为 I_{gmax} 时，稳定温度 θ_i 的计算式为

$$\theta_i = \theta + (\theta_{al} - \theta)\left(\frac{I_{gmax}}{I_{al}}\right)^2 = 28 + (70 - 28) \times \frac{5196.2^2}{5457.9^2} \approx 66(℃)$$

查热稳定系数 C 表得 $C=89$，导体最小截面积为

$$S_{min} = \frac{1}{C}\sqrt{Q_k K_f} = \frac{1}{89} \times \sqrt{1.126 \times 2650.41 \times 10^6} \approx 613.81(mm^2) < S = 3570(mm^2)$$

满足热稳定要求。

（3）动稳定校验。取母线相间距离 $a=0.7m$，绝缘子跨距 $L=1.2m$，衬垫跨距 $L_b=0.4m$。

母线相间应力 σ_x 的计算过程如下：

单位长度上的相间电动力 f_x（实际计算中，β 均取 1）的计算式为

$$f_x = 1.73 \times \frac{i_{sh}^2}{a} \times \beta \times 10^{-7} = 1.73 \times \frac{(72.27 \times 10^3)^2}{0.7} \times 10^{-7} = 1290.8(N/m)$$

母线水平布置，则其截面系数为

$$W = 2W_y = 2 \times 14.7 = 29.4(cm^3) = 29.4 \times 10^{-6}(m^3)$$

则

$$\sigma_x = \frac{F_x L^2}{10W} = \frac{1290.8 \times 1.2^2}{10 \times 29.4 \times 10^{-6}} \approx 6.32 \times 10^6(Pa)$$

母线同相槽间应力 σ_t 的计算过程如下：

单位长度上的槽间电动力 F_t 的计算式为

$$f_t = 5i_{sh}^2 \frac{1}{h} \times 10^{-8} = 5 \times 72.27^2 \times 10^6 \times \frac{1}{0.15} \times 10^{-8} \approx 1741(N/m)$$

则

$$\sigma_t = \frac{f_t L_b^2}{12W_Y} = \frac{1741 \times 0.4^2}{12 \times 14.7 \times 10^{-6}} \approx 1.58 \times 10^6(Pa)$$

槽形母线总应力 σ_{max} 的计算式为

$$\sigma_{max} = \sigma_x + \sigma_t = 6.32 \times 10^6 + 1.58 \times 10^6 = 7.9 \times 10^6(Pa)$$

$$\sigma_{max} < \sigma = 70 \times 10^6 Pa$$

满足动稳定要求。

（四）绝缘子

绝缘子用来支撑和固定载流导体，并使载流导体与地绝缘，或使装置中不同相的载流导体间绝缘。支持软母线应选用悬式绝缘子，支持硬母线应选用支柱绝缘子。

1. 悬式绝缘子

根据所在电网的电压选择绝缘子的最高工作电压，并根据电压等级选择绝缘子片数。

2. 支柱绝缘子

（1）选型。根据装设地点、环境选择屋内、屋外式或防污式及其他满足使用要求的产品形式。

（2）选择最高工作电压。支柱绝缘子的最高工作电压应不小于所在系统的最高电压。

（3）动稳定校验。动稳定校验的依据为

$$F_c = \frac{H_1}{H}F_{max} \leqslant 0.6F_P$$

式中　H_1——绝缘子底部导体距导体水平中心线的高度，m；

　　　H——绝缘子高度，m；

　　　F_P——绝缘子抗弯破坏负荷，N；

　　F_{max}——发生短路时的绝缘子受力，N；

　　　F_c——三相短路时，作用于绝缘子帽的计算作用力，N；

　　0.6——绝缘子潜在强度系数。

本设计仅选择 10kV 硬母线支柱绝缘子。根据 $U_N \geqslant U_{NS} = 10kV$，选用绝缘子的型号及其参数见表 8-15。

表 8-15   10kV 支柱绝缘子的型号及其参数

型号	额定电压 U_N (kV)	安装地点	绝缘子高度 H (mm)	机械破坏负荷 F_P (N)
ZC-10	10	屋内式	225	12 250

（4）动稳定校验的计算过程。发生短路时的绝缘子受力为

$$F_{max} = 0.173 \frac{i_{sh}^2}{a} L\beta = 0.173 \times \frac{72.27^2}{0.7} \times 1.2 \times 1 = 1548.98(N)$$

绝缘子底部导体距导体水平中心线的高度为

$$H_1 = H + b' + h/2 = 0.225 + 0.012 + 0.15/2 = 0.312(m)$$

式中　b'——导体支持器下片厚度，一般槽形导体取 12mm；

　　　h——母线高度。

三相短路时，作用于绝缘子帽的计算作用力为

$$F_c = \frac{H_1}{H} F_{max} = \frac{0.312}{0.225} \times 1548.98 \approx 2147.92(N) \leqslant 0.6F_P = 0.6 \times 12\ 250 = 7350(N)$$

满足动稳定要求。

（五）电流互感器

所有断路器的回路均应装设电流互感器，以满足测量仪表、继电保护和自动装置的要求。变压器的中性点上装设一台电流互感器，以检测零序电流。电流互感器一般按三相配置。对 10kV 母线分段回路和出线回路按两相式配置，以节省投资，同时提高供电可靠性。

（1）种类和形式的选择。选择电流互感器种类和形式时，应根据安装地点和安装方式选择。

（2）一次回路最高工作电压和额定电流的选择。

$$U_N \geqslant U_{NS}$$
$$I_{1N} \geqslant I_{max}$$

式中　U_N，U_{NS}——电流互感器的最高工作电压和系统的最高电压，kV；

　　　I_{1N}——电流互感器一次回路的额定电流，A；

　　　I_{max}——电网的最大负荷电流，A。

（3）准确度级的选择。为了保证测量仪表的准确度，电流互感器的准确度级不得低于所供测量仪表的准确度级。

（4）动稳定和热稳定校验。

$$I_t^2 t \geqslant Q_k$$
$$i_{es} \geqslant i_{sh}$$

式中　Q_k——短路电流产生的热效应；

　　　I_t，t——电流互感器允许通过的热稳定电流和时间；

　　　i_{sh}——短路冲击电流幅值；

　　　i_{es}——电流互感器允许通过的动稳定电流幅值。

1. 220kV 母线侧电流互感器

220kV 母线侧母联断路器、变压器侧和出线上均应装设电流互感器。

（1）型号初选。根据 $U_N \geqslant U_{NS} = 220$kV 及 $I_{1N} \geqslant I_{max} = 496$A，初选电流互感器的型号及其参数见表 8-16。

表 8-16　　　　　　　　　　　220kV 母线侧电流互感器的型号及其参数

型号	额定电压 U_N(kV)	额定电流比 (A/A)	级次组合	1s 热稳定电流 I_t(kA)	动稳定电流 (kA)	准确度级
LCWB2-220W	220	600/5	0.2/0.5/P/P/P/P	31.5	80	0.2

（2）内部动稳定校验。

1）短路冲击电流的校验依据为

$$i_{sh} = 9.56\text{kA} < i_{es} = 80\text{kA}$$

2）动稳定满足要求。

（3）热稳定校验。已知

$$Q_k = 46.4 \text{kA}^2 \cdot \text{s}$$
$$I_t^2 t = 31.5^2 \times 1 = 992.25 (\text{kA}^2 \cdot \text{s})$$

则

$$Q_k < I_t^2 t$$

满足热稳定要求。

2. 110kV 出线侧电流互感器

（1）型号初选。根据 $U_N \geqslant U_{NS} = 110$kV 及 $I_{1N} \geqslant I_{max} = 992$A，初选电流互感器的型号及其参数见表 8-17。

表 8-17　　　　　　　　　　　110kV 出线侧电流互感器的型号及其参数

型号	额定电压 (kV)	额定电流比	级次组合	1s 热稳定倍数 K_t	动稳定倍数 K_{es}	准确度级
LCWD-110	110	2×600/5	D1/D2/0.5	75	130	0.5

（2）内部动稳定校验。短路冲击电流为

$$i_{sh} = 8.53\text{kA} < i_{es} = (K_{es}\sqrt{2} I_{1N}) = 130 \times \sqrt{2} \times 2 \times 0.6 \approx 220.6 (\text{kA})$$

式中　K_{es}——动稳定倍数。

满足动稳定要求。

（3）热稳定校验。已知 $Q_k = 36.97 \text{kA}^2 \cdot \text{s}$，则

$$(K_t I_{1N})^2 t = (75 \times 2 \times 0.6)^2 \times 1 = 8100 (\text{kA}^2 \cdot \text{s}) > Q_k = 36.97 (\text{kA}^2 \cdot \text{s})$$

式中　K_t——1s 热稳定倍数。

满足热稳定要求。

3. 10kV 出线侧电流互感器

（1）型号初选。根据 $U_N \geqslant U_{NS} = 10\text{kV}$ 及 $I_{1N} \geqslant I_{\max} = 115.47\text{A}$，初选电流互感器的型号及其参数见表 8-18。

表 8-18   **10kV 出线侧电流互感器的型号及其参数**

型号	额定电压 U_N（kV）	额定电流比	级次组合	1s 热稳定倍数 K_t	动稳定倍数 K_{es}	准确度级
LRJ-10	10	4000A/5A	0.5/D	50	90	0.5

（2）内部动稳定校验。短路冲击电流为

$i_{sh} = 72.27(\text{kA}) < i_{es} = K_{es}\sqrt{2}\,I_{1N} = 90 \times \sqrt{2} \times 4 = 509.12(\text{kA})$，满足动稳定要求。

（3）热稳定校验。已知 $Q_k = 2650.41\text{kA}^2 \cdot \text{s}$，则

$$(K_t I_{1N})^2 t = (50 \times 4)^2 \times 1 = 40\,000(\text{kA}^2 \cdot \text{s}) > Q_k = 2650.41(\text{kA}^2 \cdot \text{s})$$

满足热稳定要求。

（六）电压互感器

220kV 侧和 110kV 侧的每组母线上应装设一组单相串级式三绕组电压互感器，用于同步、测量仪表和继电保护、自动装置等；10kV 侧的每段母线上装设一台三相五柱式电压互感器。110kV 及以上的出线为了测量电压及供给继电保护等用，并进行绝缘监视，应选择电容式电压互感器。由于电压互感器并联于电网中，不通过电网短路电流，电压互感器不需要进行动、热稳定校验。

1. 初选形式

根据装设地点和使用条件选择电压互感器的种类和形式。

2. 一次绕组最高电压和二次绕组额定电压的选择

电压互感器的一次绕组最高电压应根据互感器的接线方式来确定；二次绕组额定电压根据其形式的不同，通常为 100V 或 $100/\sqrt{3}$V。开口三角形的辅助绕组电压用于 35kV 及以下中性点不接地系统的电压为 100/3V，而用于 110kV 及以上中性点接地系统的电压为 100V。

3. 准确度级的选择

根据仪表和继电器接线要求选择电压互感器的接线形式，并尽可能将负荷均匀分布在各相上，然后计算负荷的大小，按照所接仪表的准确度级和容量选择电压互感器的准确度级和额定容量。电压互感器的型号及其参数见表 8-19。

表 8-19   **电压互感器的型号及其参数**

电压等级（kV）	型号	额定电压比（kV/kV/kV）	二次额定容量（VA）	最大容量（VA）	准确度级
220（出线）	YDR-220	$(220/\sqrt{3})/(0.1/\sqrt{3})$	150	1200	0.5
220（母线）	JCC2-220	$220/\sqrt{3})/(0.1/\sqrt{3})/0.1$	500	2000	1
110（母线）	JCC2-110	$(110/\sqrt{3})/(0.1/\sqrt{3})/0.1$	500	2000	1
10（母线）	JSJW-10	$10/0.1/(0.1/\sqrt{3})$	120	960	0.5

（七）熔断器

保护电压互感器的高压熔断器一般选用 RN2 型，其额定电压（最高工作电压）应不小于所在系统的最高电压，额定电流通常为 0.5A，其开断电流 I_{br} 应满足 $I_{br} \geqslant I''$。10kV 侧熔断器的型号及其参数见表 8-20。

表 8-20　　　　　　　　　　　　10kV 侧熔断器的型号及其参数

型号	额定电压（kV）	额定电流（A）	最大切断电流 I_{br}（kA）
RN2-10	10	0.5	50

切断能力校验

$$I_{br} = 50 > I'' = 28.34$$

满足要求

（八）避雷器

避雷器用于保护电力系统各种电气设备免遭线路传来的雷电过电压或由操作引起的内部过电压的损害，是保证电力系统安全运行的重要保护设备之一。

氧化锌避雷器是当前较先进的过电压保护设备，与传统碳化硅阀式避雷器相比，具有优良的非线性、动作迅速、残压低、通流量大、无续流、结构简单、可靠性高、耐污性强、维护简便等优点，是传统碳化硅阀式避雷器的更新换代产品。因此，本设计对 110kV 及以上电压等级均采用氧化锌避雷器，避雷器型号见表 8-21。

表 8-21　　　　　　　　　　　　避雷器型号

电压等级（kV）	220	110	10	变压器中性点
型号	Y10W5-220/565	Y10W5-110/268	FZ-10	FCZ-220J FCZ-110J

第四节　配电装置规划设计

一、配电装置的基本要求
（1）保证运行可靠。
（2）便于操作、巡视、检修。
（3）保证工作人员安全。
（4）力求提高经济。
（5）具有扩建的可能。

二、配电装置的设计原则
变电站的配电装置选型，应考虑所在地区的地理情况及环境情况，因地制宜、节约用地；运行安全和操作、巡视方便；便于检修和安装；节约材料，降低造价。配电装置的具体设计原则如下：

（1）满足安全净距的要求。

（2）满足施工、运行和检修的要求。

（3）满足噪声允许标准。

（4）满足静电感应的场强水平。

（5）满足无线电干扰水平的允许标准。

三、配电装置选型

选型时应考虑配电装置的电压等级，电气设备的形式，出线多少和方式，以及有无电抗器、地形、环境等因素。

（1）220kV 和 110kV 高压配电装置。110kV 及以上的配电装置大多采用屋外配电装置。分相中型配电装置的优点是施工、检修和运行都比较方便，抗震能力较好，造价较低；缺点是占地面积较大。此种形式一般用在非高产农田地区和不占良田、土石方工程不大的地方，故 220kV 和 110kV 配电装置均采用屋外分相中型布置。

（2）10kV 高压配电装置。35kV 及以下的电压等级多采用屋内配电装置。10kV 配电装置选用成套高压开关柜，占地面积不大，故采用单层式布置。高压开关柜布置在 10kV 高压开关室左侧，为单列布置；站用变压器室、电抗器室、电容器室布置在 10kV 高压开关室右侧，出线全部采用电缆。

第五节　继电保护装置规划设计

一、主变压器保护

变压器是电力系统中十分重要的供电元件，它的故障将对供电可靠性和系统的正常运行带来严重的影响，同时大容量的电力变压器也是十分昂贵的元件。因此，必须根据变压器的容量和重要程度考虑好装设性能良好，工作可靠的继电保护装置。

变压器的内部故障可以分为油箱内故障和油箱外故障两种。油箱内故障包括绕组的相间短路、接地短路、匝间短路及铁芯的烧损等。对变压器来讲，这些故障都是十分危险的，因为油箱内故障发生时产生的电弧将引起绝缘物质的剧烈气化，从而可能引起爆炸，所以这些故障应该尽快排除。油箱外故障主要是套管和引出线上发生相间短路和接地短路。

变压器的不正常运行状态主要以下几种：

（1）由于变压器外部相间短路引起的过电流和外部接地短路引起的过电流及中性点过电压。

（2）由于负荷超过额定容量引起的过负荷。

（3）由于漏油等原因引起的油面降低。

根据上述故障类型和不正常运行状态，对变压器进行如下继电保护规划。

（一）变压器气体保护

气体保护是反应变压器油箱内各种故障的主保护。当油箱内故障产生轻微瓦斯或油面下降时，气体保护应瞬时动作于信号；当产生大量瓦斯时，气体保护应瞬时动作于断开变压器各侧断路器。

气体保护动作于信号的轻瓦斯部分，通常按产生气体的容积整定。对于容量 10MVA 以上的变压器，整定容积为 $250 \sim 300 \text{cm}^3$。

气体保护动作于跳闸的重瓦斯部分，通常按通过气体继电器的油流流速整定。流速的整定与变压器的容量、接气体继电器的导管直径、变压器的冷却方式、气体继电器的形式等有关。

（二）变压器差动保护

差动保护是变压器内部故障的主保护，主要反应变压器油箱内部、套管和引出线的相间和接地短路故障，以及绕组的匝间短路故障，其保护瞬时动作，跳开各侧电源断路器。

目前，应用于电力系统的微机型变压器差动保护，多采用比率制动式差动保护、励磁涌流鉴别制动差动保护、差动速断保护、电流互感器断线告警等原理，并将其结合应用，提高保护的性能。

1. 比率制动式差动保护

（1）动作电流 I_{dz} 与制动电流 I_{zh} 的计算。

1）对于双绕组变压器，动作电流的计算式为

$$I_{dz} = |\dot{I}_h + \dot{I}_1|$$

制动电流的计算式为

$$I_{zh} = \frac{1}{2}|\dot{I}_h - \dot{I}_1|$$

2）对于三绕组变压器，动作电流的计算式为

$$I_{dz} = |\dot{I}_h + \dot{I}_1 + \dot{I}_m|$$

制动电流的计算有以下两种方法：

a. 取差电流最大相中最大的电流，即 $I_{zh} = \max\{|\dot{I}_h|, |\dot{I}_1|, |\dot{I}_m|\}$。

b. 取 3 个制动电流量中的最大值，即 $I_{zh} = \max\{I_{r1}, I_{r2}, I_{r3}\}$。

$$I_{zh1} = \frac{1}{2}|\dot{I}_h + \dot{I}_1 - \dot{I}_m|$$

$$I_{zh2} = \frac{1}{2}|\dot{I}_h + \dot{I}_m - \dot{I}_1|$$

$$I_{zh3} = \frac{1}{2}|\dot{I}_m + \dot{I}_1 - \dot{I}_h|$$

式中　$\dot{I}_h$，$\dot{I}_m$，$\dot{I}_1$——经相位变换、电流补偿后，变压器高、中、低各侧电流互感器二次侧的计算电流。

（2）比率制动式差动保护的动作特性。为提高差动保护的灵敏性，微机型差动保护通常采用折段式动作特性。其动作判据为

$$I_{dz} \geqslant \begin{cases} I_{dz,\,min} & I_{zh} < I_{zh0} \\ I_{dz,\,min} + K_1(I_{zh} - I_{zh0}) & I_{zh0} \leqslant I_{zh} \leqslant I_{zh1} \\ I_{dz,\,min} + K_1(I_{zh1} - I_{zh0}) + K_2(I_{zh} - I_{zh1}) & I_{zh} > I_{zh1} \end{cases}$$

式中　$I_{dz,\,min}$——保护的最小动作电流整定值，应按躲过正常额定负载时的最大不平衡电流整定（最大不平衡电流应考虑电流互感器变比误差、带负荷调压等因素的影响），一般工程宜采用不小于 $0.3I_N$（I_N 为变压器基准侧二次额定电流），并应实测最大负载时差回路中的不平衡电流；

I_{zh0}，I_{zh1}——第一、第二折点对应的制动电流整定值；

K_1，K_2——第一、第二段折线的斜率（制动系数），通常取 $K_1=0.3\sim0.75$，$K_2=0.75\sim2.5$。

I_{zh0}、I_{zh1} 通常按下式取值

$$I_{zh0}=(0.5\sim1.2)I_N$$
$$I_{zh1}=(3\sim4)I_e$$

式中　I_e——变压器基准侧二次额定电流。

2. 励磁涌流鉴别制动差动保护

变压器空载合闸和突然丢失负荷时所产生的励磁涌流特别严重，差动保护必须采取措施防止误动，通常采用以下方法。

(1) 二次谐波闭锁。二次谐波闭锁是根据变压器励磁涌流中含有大量二次谐波分量的特性，采用三相差动电流中二次谐波电流与基波电流的比值作为励磁涌流闭锁的判据。二次谐波闭锁的方式为"或"门出口，即三相差动电流中任意一相判为励磁涌流时，闭锁三相比率差动保护。其闭锁判据为

$$I\geqslant K_{xb}I_{dz,w}$$

式中　I——U，V，W 三相差动电流中各自的二次谐波电流值；

$I_{dz,w}$——对应的三相基波差动电流动作值；

K_{xb}——二次谐波制动系数，通常取 $0.1\sim0.3$。

二次谐波电流与基波电流的比值与变压器铁芯质量、饱和程度及变压器的容量均有关，一般变压器容量越小，励磁涌流中二次谐波的含量越大，K_{xb} 取值也偏大。在实际应用中，用户可以在 K_{xb} 取值为 $0.15\sim0.25$ 间先做 5 次空载合闸试验，或用谐波分析仪确定变压器的励磁涌流中二次谐波的含量比，并作为二次谐波制动比的整定依据。

(2) 波形比较闭锁。波形比较闭锁是根据励磁涌流波形有间断角的特性，采用波形比较技术将变压器的励磁涌流和故障电流分开，实现励磁涌流闭锁差动保护的目的。波形比较闭锁的判据为以下两式，即两式同时满足时，判为有励磁涌流，闭锁比率制动差动保护。

$$\left.\begin{array}{c}\theta>\theta_{zd}\\\alpha<\alpha_{zd}\end{array}\right\}$$

式中　θ，α——涌流的波宽和涌流的间断角，$\theta=360°-\alpha$；

θ_{zd}，α_{zd}——波宽整定值和间断角整定值，通常取 $\theta_{zd}\approx140°$、$\alpha_{zd}\approx65°$。

3. 差动速断保护

当变压器内部发生严重故障时，为快速切除故障，不再进行任何制动条件的判断，只要任意一相差动电流大于差动速断的整定值，保护瞬时动作，跳开变压器各侧断路器。其动作判据为

$$I_d\geqslant I_{s,zd}$$

式中　I_d——变压器差动电流；

$I_{s,zd}$——差动电流速断保护定值。

4. 电流互感器断线告警

当任意一相差动电流大于 $0.1I_N$（电流互感器二次额定电流）时，启动电流互感器断线判别程序。如果本侧三相电流中一相无电流且其他两相与启动前电流相等，认为是电流互感器断线，发出告警信号，并可选择闭锁或不闭锁差动保护。

（三）变压器复合电压启动的过电流保护

复合电压启动的过电流保护，宜用于灵敏性要求较高的降压变压器。它是反应变压器外部相间短路和内部短路的后备保护。本次设计的变电站，电源侧为 220kV，主要负荷在 110kV 侧，所以在主变压器三侧各装设一套复压过电流保护。

（四）变压器零序电流保护

110kV 及以上的中性点直接接地电网中，接地短路是常见的故障形式，所以处于该系统中的变压器应装设零序电流保护，以反应变压器高压绕组、引出线上的接地短路，并作为变压器的主保护和相邻母线、线路接地保护的后备保护。

（五）变压器过负荷保护

对于容量为 400kVA 以上的变压器，当数台并列运行时，应根据可能的过负荷情况装设过负荷保护，作为变压器主保护的后备保护，并作为相邻元件的后备保护。

单侧电源的三绕组降压变压器，过负荷保护装于电源侧和绕组容量较小的一侧，一般装于高压侧和低压侧。

二、母线保护

根据有关规程规定，母线应装设专用保护，它们大多采用具有比率制动特性的电流差动母线保护。它减小了外部短路时的不平衡电流，防止了内部短路时可能出现的过电压，保证了动作的选择性，并提高了母线故障动作的灵敏性。

对于 220kV 和 110kV 侧的双母线，应装设能快速、有选择地切除故障的母线保护，宜选用比率制动式电流差动保护；对于 10kV 侧单母线分段母线，宜选用低阻抗的电流差动母线保护，以保证电网的安全运行。

三、线路保护

（一）220kV 侧线路保护

220kV 侧线路如以满足装设一套或两套全线速动保护的条件，则除应装设全线速动保护作为主保护外，还应装设接地后备保护与相间短路后备保护。通常宜装设光纤纵差保护作为主保护，装设反时限零序电流保护作为接地后备保护，装设相间距离保护作为相间短路后备保护。

（二）110kV 侧线路保护

110kV 侧线路宜装设全线速动保护作为主保护，还应装设接地后备保护和相间短路后备保护。通常宜装设光纤纵差保护作为主保护，装设反时限零序电流保护作为接地后备保护，装设相间距离保护作为相间短路后备保护。

（三）10kV 侧线路保护

10kV 侧线路的相间短路保护必须动作于断路器跳闸，单相接地时，由于接地电流较小，三相电压仍能保持平衡，对用户影响不大，一般动作于信号。相间短路的保护通常采用三段式保护。第 I 段为无时限电流速断保护，第 II 段为带时限电流速断保护，第 III 段为过电流保护。

四、断路器失灵保护

高压电网的保护装置和断路器都应采取一定的后备保护，以使在保护装置拒动或断路器失灵时，仍能可靠地切除故障。对于重要的 220kV 及以上的主干线路，针对断路器拒动，则应装设断路器失灵保护。

第六节　防雷装置规划设计

在输电线路上形成的雷闪过电压，会沿输电线路运动至变电站的母线上，并对与母线有连接的电气设备构成威胁。在母线上装设避雷器是限制雷电入侵波过电压的主要措施。

在变电站内部主要采用 220、110kV 配电装置构架上设避雷针，10kV 配电装置架设独立避雷针进行直击雷保护。为了防止反击，主变压器构架上不设置避雷针。

一、避雷器配置的原则

配电装置的每组母线上，一般应装设避雷器；三绕组变压器的中压侧或低压侧可能会开路运行时，应在其出线处设置一组避雷器；直接接地系统中，变压器中性点为分级绝缘且装有隔离开关时，应装设避雷器。

避雷器的选择，考虑到氧化锌避雷器的非线性伏安特性优于碳化硅避雷器（磁吹避雷器），且没有串联间隙，保护特性好，没有工频续流、灭弧等问题，所以本设计的 220kV 和 110kV 系统中，主要采用氧化锌避雷器。避雷器型号见表 8-21。

二、避雷针的保护范围的确定

避雷针的保护范围与避雷针的高度、支数及避雷针与避雷针之间的距离等有关。

1. 单支避雷针的保护范围

图 8-8 所示为单支避雷针的保护范围。若避雷针高为 h，则其保护范围的下半部分为一高 $0.5h$、顶圆半径 $0.5h$、底圆半径 $1.5h$ 的圆台，上半部分为一底圆半径 $0.5h$、高 $0.5h$ 的圆锥体。一般用距离地面高 h_x 的水平面上的保护半径 r_x 来表征避雷针的保护范围。

（1）地面上的保护半径，即 $h_x=0$ 时的 r 为

$$r = 1.5hp \tag{8-1}$$

式中　p——高度影响系数，当 $h \leqslant 30\text{m}$ 时，$p=1$；当 $30 < h \leqslant 120\text{m}$ 时，$p = 5.5/\sqrt{h}$；当 $h > 120\text{m}$ 时，按 120m 计算。

（2）高度为 h_x 的水平面上的保护半径 r_x 的计算式为

当 $h_x \geqslant 0.5h$ 时

$$r_x = (h - h_x)p \tag{8-2}$$

当 $h_x < 0.5h$ 时

$$r_x = (1.5h - 2h_x)p \tag{8-3}$$

工程上多采用两支或多支避雷针，以扩大保护范围。

2. 两支等高避雷针的保护范围

两支等高避雷针的保护范围如图 8-9 所示。两针外侧的保护范围按单支避雷针的计算方法确定，两针之间的保护范围像一个马鞍形，由通过两针顶点和保护范围上部边缘最低点 O 的圆弧确定。O 的高度 h_O 为

$$h_O = h - \frac{D}{7p} \tag{8-4}$$

式中　h_O——两针间保护范围上部边缘最低点的高度，m；
　　　　D——两针间的距离，m。

两针间在高 h_x 的水平面上保护范围一侧的最小宽度 b_x 为

$$b_x = 1.5(h_O - h_x) \qquad (8\text{-}5)$$

3. 两支不等高避雷针的保护范围

两支不等高避雷针外侧的保护范围按单支避雷针的计算方法确定，它们之间的保护范围的确定方法如下：先按单支避雷针的方法确定较高避雷针 1 上部的保护范围，接着由较低避雷针 2 的顶点作水平线与较高避雷针的上部保护范围交于点 3，把点 3 作为一支假想的与避雷针 2 等高的避雷针的顶点，再按两支等高避雷针的保护范围的计算方法确定避雷针 2 和 3 的保护范围，如图 8-10 所示。

4. 3 支及以上避雷针的保护范围

3 支避雷针所形成的三角形外侧的保护

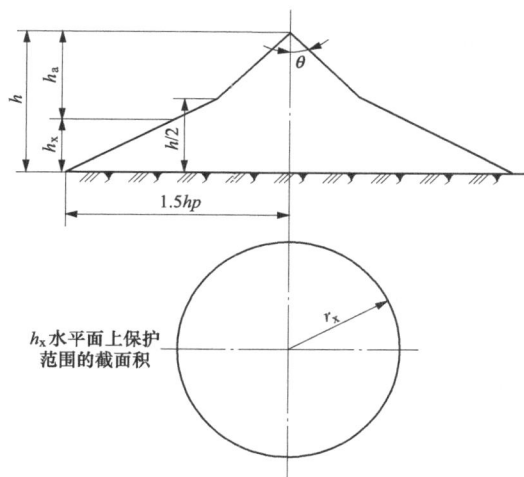

图 8-8　单支避雷针的保护范围

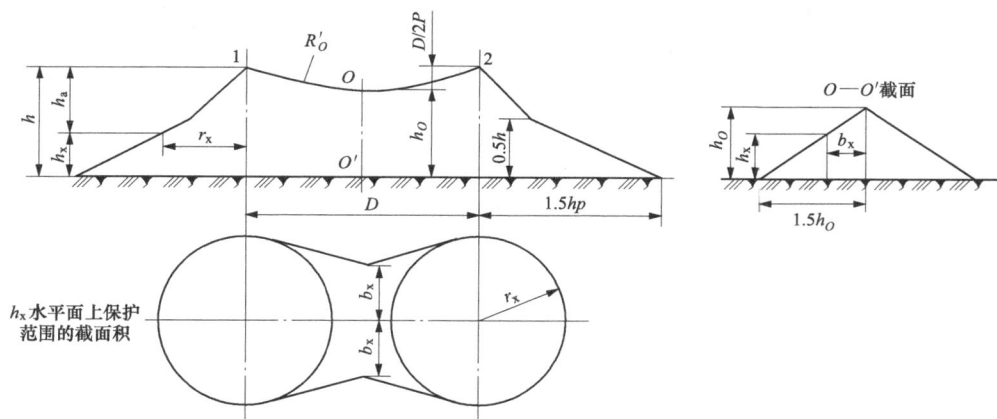

图 8-9　两支等高避雷针的保护范围

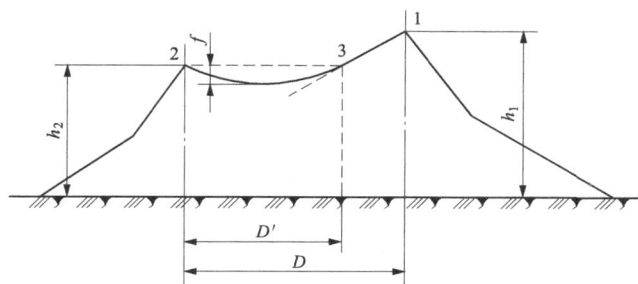

图 8-10　两支不等高避雷针的保护范围

范围分别按两支避雷针的保护范围的计算方法确定，三角形内部的保护范围的确定方法如下：在距地面高 h_x 的水平面上，若各相邻两支避雷针间保护范围的一侧的最小宽度 $b_x \geqslant 0$，则三角形内部全部面积受到保护，如图 8-11 所示。

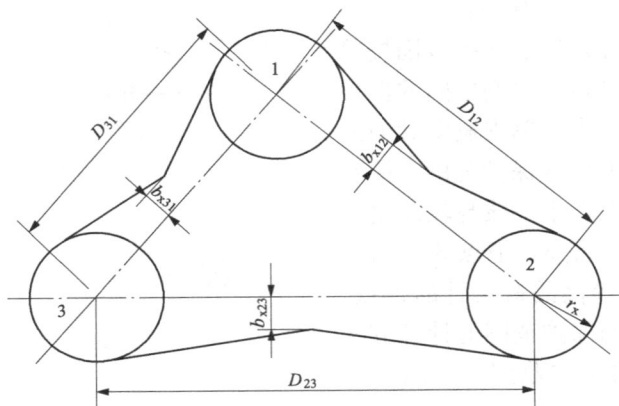

图 8-11 3 支避雷针的保护范围

3 支以上避雷针的保护范围的确定方法如下：把避雷针所形成的多边形分成若干个三角形，然后分别按三支避雷针保护范围的计算方法确定。若所有相邻的两根避雷针间保护范围一侧的最小宽度 $b_x \geqslant 0$，则全部面积受到保护。4 支避雷针的保护范围如图 8-12 所示。

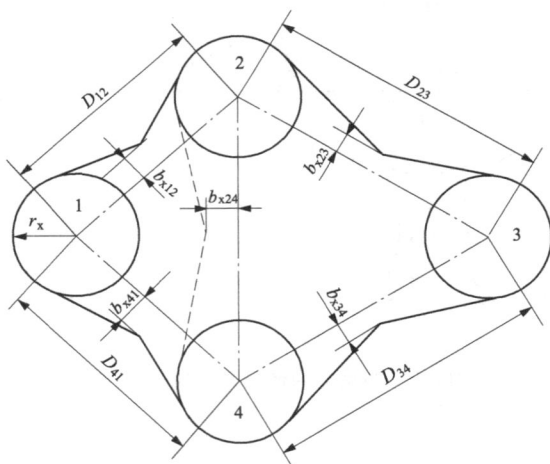

图 8-12 4 支避雷针的保护范围

发电厂和变电站的电气设备有很多种，高度也各不相同，计算保护范围时应注意是针对哪一个高度的。实际工程中，大多数是已知被保护电气设备的高度、位置、占地面积等，要求确定避雷针的支数、高度和位置。这就要根据实际情况提出多种设计方案，然后经过反复技术经济比较得出最优方案。

三、避雷针配置的原则

避雷针由接闪器、引下线、和接地线组成，针体由不同管径的钢管焊接而成，针尖为圆钢，针体应进行防锈处理。

（1）电压 110kV 及以上的配电装置，一般将避雷针装在配电装置的构架或房顶上，但在土壤电阻率大于 1000Ω·m 的地区，宜装设独立的避雷针。

（2）独立的避雷针（线）宜设独立的接地装置，其工频接地电阻不超过 10Ω。

（3）35kV 及以下的高压配电装置架构或房顶不宜装避雷针，因其绝缘水平很低，雷击时易引起反击。

（4）在变压器的门型架构上不应装设避雷针、避雷线，因为门型架距变压器较近，装设避雷针后，架构的集中接地装置与变压器金属外壳接地点在装置中的距离很难达到不小于 15m 的要求。

四、避雷针的选择

根据以上条件、原则，该站面积较大，采用等高避雷针联合保护比单支避雷针的保护范围大，因此采用等高 4 支避雷针。

简化计算，设该站总长 90m，宽 80m，220kV 门型架构最高为 18m。

$$D_{12} = D_{34} = 80\text{m}$$

$$D_{23} = D_{34} = 90\text{m}$$

$$D_{\max} = \sqrt{80^2 + 90^2} \approx 120(\text{m})$$

由

$$h_O = h - \frac{D}{7} \Rightarrow h = h_O + \frac{D}{7}$$

可得，需要避雷针的高度 h 为

$$h = 18 + \frac{120}{7} = 35.14(\text{m})$$

4 支避雷针分成两组 3 支避雷针（1、2、3 和 1、3、4）验算。

验算 1、2、3 号避雷针：

1、2 号针之间的高度为

$$h_O = 35.14 - \frac{80}{7} \approx 23.71(\text{m}) > 18(\text{m})$$

2、3 号针之间的高度为

$$h_O = 35.14 - \frac{90}{7} \approx 22.28(\text{m}) > 18(\text{m})$$

1、3 号针之间的高度为

$$h_O = 35.14 - \frac{120}{7} = 18.52(\text{m}) > 18(\text{m})$$

由上可见，避雷针对保护物的高度是能满足要求的。

因为是 4 针长方形，所以 1、3、4 针也是满足要求的。即 4 支高度选为 35.14m 的避雷针能保护整个变电站。

附录 部分变压器主要技术参数❶

表 A-1 S9 系列 10kV 配电变压器的主要技术参数

型号	额定容量 (kVA)	额定电压 (kV)		联结组标号	损耗 (kW)		空载电流 (%)	阻抗电压 (%)	总体质量 (t)
		高压	低压		空载	短路			
S9-5/10	5				0.04	0.18	2.85	4	0.125
S9-6.3/10	6.3				0.05	0.21	2.72	4	0.150
S9-10/10	10				0.06	0.30	2.65	4	0.197
S9-20/10	20				0.10	0.50	2.6	4	0.244
S9-30/10	30				0.13	0.60	2.4	4	0.355
S9-50/10	50				0.17	0.87	2.2	4	0.47
S9-63/10	63				0.20	1.04	2.2	4	0.515
S9-80/10	80				0.25	1.25	2.0	4	0.605
S9-100/10	100				0.29	1.50	2.0	4	0.67
S9-125/10	125				0.35	1.75	1.8	4	0.76
S9-160/10	160	6, 6.3, 10±5	0.4	Yyn0	0.42	2.10	1.7	4	0.895
S9-200/10	200				0.50	2.50	1.7	4	1.01
S9-250/10	250				0.59	2.95	1.5	4	1.20
S9-315/10	315				0.70	3.50	1.5	4	1.385
S9-400/10	400				0.84	4.20	1.4	4	1.64
S9-500/10	500				1.0	5.0	1.4	4	1.88
S9-630/10	630				1.23	6.0	1.2	4.5	2.83
S9-800/10	800				1.45	7.20	1.2	4.5	3.26
S9-1000/10	1000				1.72	10.0	1.1	4.5	3.82
S9-1250/10	1250				2.0	11.8	1.1	4.5	4.525
S9-1600/10	1600				2.45	14.0	1.0	4.5	5.185

---

❶ 因数据来源不同，不同系列变压器所列数据有所不同。

表 A-2　　　　　　　　**SZ9 系列 10kV 有载调压配电变压器的主要技术参数**

型号	额定容量（kVA）	额定电压（kV）		联结组标号	损耗（kW）		空载电流（%）	短路阻抗（%）
		高压	低压		空载	负载		
SZ9-200/10	200	6，6.3，10，10.5，11（±3×2.5%）或±4×2.5%）	0.4	Yyn0	0.52	2.60	1.6	4.0
SZ9-250/10	250				0.61	3.09	1.5	4.0
SZ9-315/10	315				0.73	3.60	1.4	4.0
SZ9-400/10	400				0.87	4.40	1.3	4.0
SZ9-500/10	500				1.04	5.25	1.2	4.0
SZ9-630/10	630				1.27	6.30	1.1	4.5
SZ9-800/10	800				1.51	7.56	1.0	4.5
SZ9-1000/10	1000				1.78	10.50	0.9	4.5
SZ9-1250/10	1250				2.08	12.00	0.8	4.5
SZ9-1600/10	1600				2.54	14.70	0.7	4.5
SZ9-2000/10	2000				3.22	17.97	0.60	4.5

表 A-3　　　　　　　　**S7 系列 10kV 配电变压器的主要技术参数**

型号	额定容量 kVA	额定电压（kV）		联结组标号	损耗（kW）		空载电流（%）	阻抗电压（%）	总体质量（t）
		高压	低压		空载	短路			
S7-630/10	630	10（±5%）	6.3	Yd11	1.30	8.1	2.0	5.5	2.385
S7-800/10	800				1.54	9.9	1.7		3.06
S7-1000/10	1000				1.80	11.6	1.4		3.53
S7-1250/10	1250				2.20	13.8	1.4		3.795
S7-1600/10	1600				2.65	16.5	1.3		4.80
S7-2000/10	2000				3.10	19.8	1.2		5.395
S7-2500/10	2500				3.65	23	1.2		6.34
S7-3150/10	3150				4.40	27	1.1		7.775
S7-4000/10	4000				5.30	32	1.1		9.21
S7-5000/10	5000				6.40	36.7	1.0		10.765
S7-6300/10	6300				7.50	41	1.0		13.045

表 A-4　　　　　　　　**SF7 系列 10kV 配电变压器的主要技术参数**

型号	额定容量（kVA）	额定电压（kV）		联结组标号	损耗（kW）		空载电流（%）	阻抗电压（%）	总体质量（t）
		高压	低压		空载	短路			
SF7-8000/10	8000	10（±2×2.5%）	6.3	Yd11	11.5	45	0.8	10	17.29
SF7-10000/10	10 000				13.6	53	0.8	7.5	19.07
SF7-16000/10	16 000				19	77	0.7	7	28.30

表 A-5　　　　　　　　10kV 干式变压器的主要技术参数

型号	额定容量（kVA）	额定电压（kV）高压	低压	联结组标号	损耗（W）空载	短路	空载电流（%）	阻抗电压（%）	噪声水平（dB）	总体质量（kg）
SC10-30/10	30				170	620	2.2		48	350
SC10-50/10	50				240	860	1.8		48	475
SC10-80/10	80				320	1210	1.4		48	650
SC10-100/10	100				350	1370	1.4		48	810
SC10-125/10	125				410	1610	1.0		48	900
SC10-160/10	160				480	1860	1.0	4	48	1010
SC10-200/10	200				550	2200	1.0		50	1120
SC10-250/10	250				630	2400	1.0		50	1330
SC10-315/10	315				770	3030	0.8		50	1480
SC10-400/10	400				850	3480	0.8		50	1840
SCB10-500/10	500	6, 6.3, 6.6, 10, 10.5, 11（±5%或±2×2.5%）			1020	4260	0.8		50	2420
SCB10-630/10	630				1180	5120	0.8		50	2810
SCB10-630/10	630				1130	5200	0.8		50	2420
SCB10-800/10	800				1330	6060	0.8		50	2790
SCB10-1000/10	1000				1550	7090	0.6		50	3570
SCB10-1250/10	1250				1830	8460	0.6	6	52	4360
SCB10-1600/10	1600				2140	10 200	0.6		52	4910
SCB10-2000/10	2000		0.4	Yyn0 或 Dyn11	2400	12 600	0.4		52	5710
SCB10-2500/10	2500				2850	15 000	0.4		52	7160
SCB10-2000/10	2000				2280	14 300	0.4	8	52	5610
SCB10-2500/10	2500				2700	17 250	0.4		52	6860
SCB10-2000/10	2000				2230	15 400	0.4	10	52	5780
SCB10-2500/10	2500				2650	18 600	0.4		52	6450
SCZ10-200/10	200				560	2240				1890
SCZ10-250/10	250				680	2500				2000
SCZ10-315/10	315				850	3150		4		2200
SCZ10-400/10	400				950	3700				2590
SCZB10-500/10	500	6, 6.3, 6.6, 10, 10.5, 11（±4×2.5%）			1120	4500				3220
SCZB10-630/10	630				1290	5360				3660
SCZB10-630/10	630				1250	5470				3200
SCZB10-800/10	800				1460	6470				3420
SCZB10-1000/10	1000				1710	7650				4120
SCZB10-1250/10	1250				2010	6200		6		5000
SCZB10-1600/10	1600				2360	10 840				5390
SCZB10-2000/10	2000				2640	13 290				7160
SCZB10-2500/10	2500				3140	15 810				8600

表 A-6   S9 系列 35kV 配电变压器的主要技术参数

型 号	额定容量 (kVA)	额定电压 (kV) 高压	低压	联结组标号	损耗 (kW) 空载	负载	空载电流 (%)	短路阻抗 (%)	总体质量 (t)
S9-50/35	50				0.25	1.18	2.0		0.84
S9-100/35	100				0.35	2.10	1.9		1.17
S9-125/35	125				0.40	1.95	2.0		1.335
S9-160/35	160				0.45	2.80	1.8		1.34
S9-200/35	200				0.53	3.30	1.7		1.44
S9-250/35	250	35 (±5%或±2×2.5%)	0.4	Yyn0	0.61	3.90	1.6	6.5	1.66
S9-315/35	315				0.72	4.70	1.5		1.85
S9-400/35	400				0.88	5.70	1.4		2.15
S9-500/35	500				1.03	6.90	1.3		2.48
S9-630/35	630				1.25	8.20	1.2		3.22
S9-800/35	800				1.48	9.50	1.1		3.87
S9-1000/35	1000				1.75	12.00	1.0		4.60
S9-1250/35	1250				2.10	14.50	0.9		4.96
S9-1600/35	1600				2.50	14.50	0.8		5.90

表 A-7   S9 系列 35kV 电力变压器的主要技术参数

型 号	额定容量 (kVA)	额定电压 (kV) 高压	低压	联结组标号	损耗 (kW) 空载	负载	空载电流 (%)	阻抗电压 (%)	总体质量 (t)
S9-800/35	800				1.48	8.80	1.1	6.5	3.87
S9-1000/35	1000				1.75	11.00	1.0	6.5	4.60
S9-1250/35	1250				2.10	14.50	0.9	6.5	4.96
S9-1600/35	1600				2.50	16.50	0.8	6.5	5.90
S9-2000/35	2000	35 (±5%或±2×2.5%)	3.15, 6.3, 10.5	Yd11	3.20	16.80	0.8	6.5	6.26
S9-2500/35	2500				3.80	19.50	0.8	6.5	6.99
S9-3150/35	3150				4.50	22.50	0.8	7	8.90
S9-4000/35	4000				5.40	27.00	0.8	7	9.60
S9-5000/35	5000				6.50	31.00	0.7	7.5	11.15
S9-6300/35	6300				6.60	37.0	0.60	7.5	13.10
S9-8000/35	8000				8.50	42.0	0.55	7.5	14.120
S9-10000/35	10 000	35, 38.5 (±2×2.5%)	10.5, 11	YNd11	10.0	48.3	0.55	7.5	16.480
S9-12500/35	12 500				12.0	57.5	0.50	8.0	18.345
S9-16000/35	16 000				14.6	70.0	0.50	8.0	22.307

表 A-8   **SZ9 系列 35kV 有载调压电力变压器的主要技术参数**

| 型　号 | 额定容量（kVA） | 额定电压（kV） | | 联结组标号 | 损耗（kW） | | 空载电流（%） | 短路阻抗（%） | 总体质量（t） |
		高压	低压		空载	负载			
SZ9-2000/35	2000	35 （±3×2.5%）	10.5	Yd11	2.9	20.0	1.00	6.5	5.965
SZ9-2500/35	2500				3.3	22.0	1.00		6.950
SZ9-3150/35	3150	35，38（±3×2.5%）			4.0	26.0	0.90	7.0	7.900
SZ9-4000/35	4000	35，38.5（±3×2.5%）			4.9	30.5	0.90		9.110
SZ9-5000/35	5000				5.8	35.0	0.85		10.855
SZ9-6300/35	6300				7.0	39.0	0.85	7.5	12.300
SZ9-8000/35	8000	35，38.5（±3×2.5%）	10.5	YNd11	8.9	44.0	0.75	7.5	15.300
SZ9-10000/35	10 000				10.5	51.0	0.75		17.858
SZ9-12500/35	12 500				12.6	60.5	0.70	8.0	20.042
SZ9-16000/35	16 000				15.2	74.0	0.70		23.740
SZ9-20000/35	20 000				19.6	86.4	0.45	8.0	27.1/28.5

表 A-9   **SFZ9 系列 35kV 有载调压电力变压器的主要技术参数**

| 型号 | 额定容量（kVA） | 额定电压（kV） | | 联结组标号 | 损耗（kW） | | 空载电流（%） | 短路阻抗（%） |
		高压	低压		空载	负载		
SZP-2000/35	2000	35，38.5（±3×2.5%）	6.3，10.5	Yd11	2.8	20.0	0.77	6.5
SFZ9-5000/35	5000				5.8	36		
SFZ9-8000/35	8000				8.8	45.0	0.60	7.5
SFZ9-10000/35	10 000				10.5	52.0	0.60	7.5
SFZ9-12500/35	12 500				12.6	61.0	0.55	8.0
SFZ9-16000/35	16 000				16.3	73.2	0.50	8.0
SFZ9-20000/35	20 000				19.6	86.4	0.45	8.0

表 A-10   **SF9 系列 35kV 电力变压器的主要技术参数**

| 型　号 | 额定容量（kVA） | 额定电压（kV） | | 联结组标号 | 损耗（kW） | | 总体质量（t） |
		高压	低压		空载	负载	
SF9-8000/35	8000	38.5（±2×2.5%）	11	YNd11	9.2	40.5	16.84
SF9-12500/35	12 500				12.8	56.7	24.3
SF9-16000/35	16 000		6.3		15.2	69.3	27.3
SF9-20000/35	20 000				18	83.7	31.5
SF9-25000/35	25 000		3.3		21.28	99	35
SF9-31500/35	31 500		3.15		25.28	118.8	40.5

表 A-11　　　　　　　SF7 系列 35kV 电力变压器的主要技术参数

型　号	额定容量 (kVA)	额定电压 (kV)		联结组标号	损耗 (kW)		空载电流 (%)	短路阻抗 (%)	总体质量 (t)
		高压	低压		空载	负载			
SF7-8000/35	8000				11.5	45	0.8	7.5	16.50
SF7-10000/35	10 000				13.6	53	0.8	7.5	19.63
SF7-12500/35	12 500	38.5 (±2×2.5%), 35 (±2×2.5%)	6.3, 6.6, 10.5, 11	YNd11	16.0	63	0.7	8	21.41
SF7-16000/35	16 000				19.0	77	0.7		
SF7-20000/35	20 000				22.5	93	0.7		29.39
SF7-25000/35	25 000				26.5	110	0.7		
SF7-31500/35	31 500				31.6	132	0.6		41.32
SF7-40000/35	40 000				38.0	174	0.6		47.90
SF7-75000/35	75 000	38.5 (±2×2.5%), 35 (±2×2.5%)	6.3, 10.5		57.0	310		10.5	79.50
SSP7-8000/35	8000				11.5	45		7.5	16.70

表 A-12　　　　　　　SZ7 系列 35kV 有载调压电力变压器的主要技术参数

型　号	额定容量 (kVA)	额定电压 (kV)		联结组标号	损耗 (kW)		空载电流 (%)	短路阻抗 (%)	总体质量 (t)
		高压	低压		空载	负载			
SZ7-1600/35	1600	35 (±3×2.5%)			3.05	17.65	1.4	6.5	
SZ7-2000/35	2000				3.0	20.80	1.4	6.5	7.35
SZ7-2500/35	2500		6.3, 10.5	Yd11	4.25	24.15	1.4	6.5	8.85
SZ7-3150/35	3150	35 (±3×2.5%)			5.05	28.90	1.3	7	9.23
SZ7-4000/35	4000				6.05	34.10	1.3	7	10.91
SZ7-5000/35	5000	38.5 (±3×2.5%)			7.25	40.00	1.2	7	13.245
SZ7-6300/35	6300				8.80	43.00	1.2	7.5	15.10

表 A-13　　　　　　　SFZ7 系列 35kV 有载调压电力变压器的主要技术参数

型　号	额定容量 (kVA)	额定电压 (kV)		联结组标号	损耗 (kW)		空载电流 (%)	短路阻抗 (%)	总体质量 (t)
		高压	低压		空载	负载			
SFZ7-8000/35	8000				12.3	47.5	1.1	7.5	16.8
SFZ7-10000/35	10 000				14.5	56.2	1.1	7.5	
SFZ7-12500/35	12 500	35, 38.5 (±3×2.5%)	6.3, 6.6, 10.5, 11	YNd11	17.1	66.5	1.0		
SFZ7-16000/35	16 000				20.1	80.8	1.0	8	27.9
SFZ7-20000/35	20 000				23.8	97.6	0.9		
SFZ7-25000/35	25 000				28.2	115.5	0.9		

表 A-14　　　　　　　**110kV 三绕组变压器的主要技术参数（一）**

型号	额定容量(kVA)	额定电压(kV) 高压	中压	低压	联结组标号	损耗(kW) 空载	短路	空载电流(%)	阻抗电压(%) 高—中	高—低	中—低	总体质量(t)
SS7-6300/110	6300					14.0	53	1.3				
SS7-8000/110	8000					16.5	63	1.3				
SFS7-10000/110	10 000	110,121 (±2×2.5%)	35,38.5 (±2×2.5%)	6.3,6.6, 10.5,11		19.8	74	1.2	10.5	17～18	6.5	34.2
SFS7-12500/110	12 500					23.0	87	1.2				40.4
SFS7-16000/110	16 000					28.0	106	1.1				50.0
SFS7-20000/110	20 000					33.0	125	1.1				55.1
SFS7-25000/110	25 000					38.2	148	1.0				61.1
SFS7-31500/110	31 500					46.0	175	1.0				
SFS7-40000/110	40 000					54.5	210	0.9				
SFS7-31500/110	31 500	110 (±³₁×2.5%)	38.5 (±2×2.5%)	10.5		46.0	162					61.0
SFPS7-50000/110	50 000					65.0	250	0.9				
SFPS7-63000/110	63 000					77.0	300	0.8				
SFSQ7-20000/110	20 000	110,121 (±2×2.5%)	35,38.5	6.3,6.6, 10.5,11	YNyn0dlt	33.0	125	1.1				
SFSQ7-25000/110	25 000					38.5	148	1.0				
SFSQ7-31500/110	31 500					46.0	175	1.0				
SFSQ7-40000/110	40 000					54.5	210	0.9				
SFSQ7-16000/110	16 000	110 (±2×2.5%)	38.5 (±2×2.5%)	6.3		28.0	106		10.5	18		41.4
SFSQ7-31500/110	31 500			10.5		46.0	175		17.5	10.5		70.3
SFPSQ7-50000/110	50 000	110,121 (±2×2.5%)	35,38.5	6.3,6.6		65.0	250	0.9				
SFPSQ7-63000/110	63 000		(±2×2.5%)	10.5,11		77.0	300	0.8				
SSZ7-6300/110	6300					15.0	53	1.7				
SSZ7-8000/110	8000					18.0	63	1.7				
SFSZ7-10000/110	10 000	110 (±8×1.25%)	38.5 (±2×2.5%)	6.3,6.6, 10.5,11		21.3	74	1.6	10.5	17～18		44.9
SFSZ7-12500/110	12 500					25.2	87	1.6				44.1
SFSZ7-16000/110	16 000					30.3	106	1.5				
SFSZ7-20000/110	20 000					35.8	125	1.5				59.8
SFSZ7-25000/110	25 000					42.3	148	1.4				
SFSZ7-31500/110	31 500					50.3	175	1.4				70.8
SFSZ7-40000/110	40 000					54.5	210	1.3				103.4

表 A-15　　　　　　**110kV 三绕组变压器的主要技术参数（二）**

型号	额定容量(kVA)	额定电压(kV) 高压	中压	低压	联结组标号	损耗(kW) 空载	短路	空载电流(%)	阻抗电压(%) 高—中	高—低	中—低	总体质量(t)
SFSZ7-31500/110	31 500	110 (±8×1.25%)	38.5 (±⅓×2.5%)	11		50.3	175	1.4	10.5	17～18	6.5	84.8
SFSZ7-31500/110	31 500	110 (±¹⁰₆×1.25%)	10.5	6.3		50.3	175	1.4				72.7
SFSZ7-31500/110	31 500	110 (±8×1.25%)			YNyn0d11	50.3	175		16.5	10	6	69.0
SFSZ7-40000/110	40 000	110 (±¹⁰₆×1.25%)	37 (±5%)	6.3		54.3	210	1.3				103.4
SFSZ7-50000/110	50 000	110 (±8×1.25%)	38.5 (±5%)	10.5		71.2	250		10.5	18	6.5	85.8
SFSZ7-63000/110	63 000	110 (±¹⁰₆×1.25%)	37.5 (±2.67%)	10.5,11		84.0	300					127.5

续表

型号	额定容量(kVA)	额定电压(kV) 高压	中压	低压	联结组标号	损耗(kW) 空载	短路	空载电流(%)	阻抗电压(%) 高—中	高—低	中—低	总体质量(t)
SFSZ7-8000/110	8000	121(±4/2×2.5%),				18.0	63	1.7				
SFSZ7-10000/110	10 000					21.3	74	1.6				
SFSZ7-12500/110	12 500	121(±3×2.5%),				25.2	87	1.6				
SFSZ7-16000/110	16 000	110(±4/2×2.5%),				30.3	106	1.5				44.3
SFSZ7-20000/110	20 000					35.8	125	1.5				50.3
SFSZ7-25000/110	25 000	110(±3×2.5%)	38.5(±2×2.5%)	6.3,6.6,10.5,11		42.3	148	1.4	降压10.5 升压17~18	降压17~18 升压10.5	6.5	
SFSZ7-31500/110	31 500					50.3	175	1.4				66.3
SFSZ7-16000/110	16 000	110(±8×1.5%),				30.3	106	1.5				
SFSZ7-20000/110	20 000					35.8	125	1.5				58.7
SFSZ7-25000/110	25 000	110(±8×1.25%),				42.3	148	1.4				
SFSZ7-31500/110	31 500					50.3	175	1.4				77.1
SFSZ7-40000/110	40 000	121(±8×1.36%),				60.2	210	1.3				82.1
SFSZ7-50000/110	50 000	121(±8×1.25%)	38.5(±5%)		YNyn0d11	71.2	250	1.3				96.5
SFSZ7-63000/110	63 000					84.7	300	1.2				110.8
SFPSZ7-50000/110	50 000	110(±8×1.25%)	38.5(±2×2.5%)	6.3,6.6,10.5,11		71.2	250	1.3		17~18		107.2
SFPSZ7-63000/110	63 000					84.7	300	1.2	10.5		6.5	127.2
SFPSZ7-63000/110	63 000	110(±10/6×1.5%)	37.5(±2.67%)	10.5		84.0	300			18		127.5
SFPSZ7-75000/110	75 000	115(±8×1.25%)	38.5(±5%)	10.5		80.0	385		22.5	13	8	124.5
SFSZQ7-20000/110	20 000		38.5(±2×2.5%)			35.8	125	1.5				
SFSZQ7-25000/110	25 000					42.3	148	1.4				
SFSZQ7-31500/110	31 500	110(±8×1.25%)		6.3,6.6,10.5,11		47.7	166	1.4	10.5	17~18	6.5	86.4
SFSZQ7-40000/110	40 000		38.5(±5%)			60.2	200	1.3				107.2
SFPSZQ7-50000/110	50 000					71.2	250	1.3				
SFPSZQ7-63000/110	63 000					84.7	300	1.2				

表 A-16   110kV 双绕组变压器的主要技术参数 (一)

型 号	额定容量(kVA)	额定电压(kV) 高压	低压	联结组标号	损耗(kW) 空载	短路	空载电流(%)	阻抗电压(%)	总体质量(t)
SF7-6300/100	6300				11.6	41	1.1		21.7
SF7-8000/110	8000				14.0	50	1.1		
SF7-10000/110	10 000				16.5	59	1.0		26.1
SF7-12500/110	12 500				19.6	70	1.0		29.8
SF7-16000/110	16 000	110,121(±2×2.5%)	6.3,6.6,10.5,11	YNd11	23.5	86	0.9	10.5	31.5
SF7-20000/110	20 000				27.5	104	0.9		39.3
SF7-25000/110	25 000				32.5	123	0.8		
SF7-31500/110	31 500				38.5	148	0.8		58.6
SF7-40000/110	40 000				46.5	174	0.8		31.4
SF7-75000/110	75 000				75.0	300	0.6		89.2

续表

型　号	额定容量 (kVA)	额定电压(kV) 高压	额定电压(kV) 低压	联结组标号	损耗(kW) 空载	损耗(kW) 短路	空载电流 (%)	阻抗电压 (%)	总体质量 (t)
SFP7-50000/110	50 000				55.0	21.6	0.7		69.4
SFP7-63000/110	63 000		6.3,6.6, 10.5,11		65.0	260	0.6		80.4
SFP7-90000/110	90 000				85.0	340	0.6		
SFP7-120000/110	120 000				106.0	442	0.5		
SFP7-120000/110	120 000		13.8		106.0	442	0.5		101.7
SFP7-180000/110	180 000	121 (±2×2.5%)	15.7,5		110.0	550		10.5	128.9
SFQ7-20000/110	20 000			YNd11	27.5	104	0.9		
SFQ7-25000/110	25 000				32.5	123	0.8		
SFQ7-31500/110	31 500	110,121 (±2×2.5%)	6.3,6.6, 10.5,11		38.5	148	0.8		
SFQ7-40000/110	40 000				46.0	174	0.7		
SFPQ7-50000/110	50 000				55.0	216	0.7		
SFPQ7-63000/110	63 000				65.0	260	0.6		
SFPQ7-50000/110	50 000	115 (±$^3_1$×2.5%), 110 (±2×2.5%)	10.5, 6.3-6.3		55.0	216		12 18.5	72.9
SFFQ7-31500/110	31 500			YNd11d11	33.0	155			52.8
SZ7-6300/110	6300				12.5	41	1.4		
SZ7-8000/110	8000				15.0	50	1.4		30.3
SFZ7-10000/110	10 000				17.8	59	1.3		
SFZ7-12500/110	12 500				21.0	70	1.3		
SFZ7-16000/110	16 000	110 (±8×1.25%)			25.3	86	1.2		40.9
SFZ7-20000/110	20 000				30.0	104	1.2		45.4
SFZ7-25000/110	25 000				35.5	123	1.1		
SFZ7-31500/110	31 500				42.2	148	1.1		50.3
SFZ7-40000/110	40 000		6.3,6.6, 10.5,11	YNd11	50.5	174	1.0	10.5	
SFZ7-8000/110	8000				15.0	50	1.4		25.4
SFZ7-10000/110	10 000				17.8	59	1.3		
SFZ7-12500/110	12 500	110 (±$^4_2$×2.5%),			21.0	70	1.3		
SFZ7-16000/110	16 000	110 (±3×2.5%),			25.3	86	1.2		
SFZ7-20000/110	20 000	121 (±$^4_2$×2.5%),			30.0	104	1.2		38.6
SFZ7-25000/110	25 000	121 (±3×2.5%)			35.5	123	1.1		
SFZ7-31500/110	31 500				42.2	148	1.1		50.0
SFZ7-40000/110	40 000				50.5	174	1.0		69.0
SFZ7-50000/110	50 000				59.7	216	1.0		
SFZ7-63000/110	63 000				71.0	260	0.9		

表 A-17　　　　　　　　　　　　110kV 双绕组变压器的主要技术参数（二）

型　号	额定容量 (kVA)	额定电压（kV）		联结组标号	损耗（kW）		空载电流（%）	阻抗电压（%）	总体质量（t）
		高压	低压		空载	短路			
SFZ7-63000/110	63 000	110 ($\pm^{10}_{6}\times1.25\%$)	38.5		71.0	260	0.9		98.1
SFPZ7-50000/110	50 000				59.7	216	1.0		81.1
SFPZ7-63000/110	63 000				59.7	260	0.9		94.0
SFZQ7-20000/110	20 000	110 ($\pm8\times1.25\%$)			30.0	104	1.2		
SFZQ7-25000/110	25 000		6.3, 6.6, 10.5, 11	YNd11	35.5	123	1.1	10.5	
SFZQ7-31500/110	31 500				42.2	148	1.1		75.3, 68.2
SFZQ7-31500/110	31 500	115 ($\pm8\times1.25\%$)			42.2	148	1.1		
SFZQ7-40000/110	40 000	110 ($\pm8\times1.25\%$)			50.0	174	1.0		
SFPZQ7-50000/110	50 000	110 ($\pm8\times1.25\%$)			59.7	216	1.0		
SFPZQ7-63000/110	63 000				71.0	260	0.9		
SFFZ7-31500/110	31 500		6.3-6.3	YNd11d11	31.2	144		18.5	61.8

表 A-18　　　　　　　　　　　110kV 新 S 系列双绕组变压器的主要技术参数

型号	额定容量 (kVA)	额定电压（kV）		联结组标号	损耗（kW）		空载电流（%）	短路阻抗（%）	质量（t）			外形尺寸 (mm×mm×mm)
		高压	低压		空载	负载			油	器身	总体质量	
S9-5000/110	5000	121 ($\pm2\times2.5\%$)	6.3		7.5	32.8	1	10.5	6.34	7.32	17.82	4270×3050×5500
SFZ9-6300/110	6300	121	11		10	36.9	1.12	10.5	6.5	9.5	20.5	4890×3690×4350
SFZ9-8000/110	8000	121 ($\pm8\times1.25\%$)	10.5		12	45	1.12	10.5	6.37	10.8	23.9	5110×3710×4410
SFZ9-10000/110	10 000	110	6.6		14.24	53.1	1.04	10.5	7	12.5	26.8	4965×4400×4360
SFZ9-12500/110	12 500	110	6.3		16.8	63	1.04	10.5	9.46	14.105	31.32	5270×3610×3950
SF9-16000/110	16 000	110	38.5		18.9	81.9	0.9	10.5	8.4	16.68	32.15	5560×4270×4520
SFZ9-20000/110	20 000	121 ($\pm2\times2.5\%$)	6.3	YNd11	24	93.6	0.96	10.5	10.9	18.3	37.8	5790×4420×5650
SF9-25000/110	25 000	110	6.3		26	110.7	0.6	10.5	9.5	22.5	39.5	4210×4050×5250
SFZ9-31500/110	31 500	121 ($\pm2\times2.5\%$)	6.3		33.76	133.2	0.88	10.5	15.9	28.1	55.7	6300×5060×5180
SF9-40000/110	40 000	110	6.3		36.8	156.6	0.5	10.5	10.5	29	51.5	5040×5120×5200
SFZ9-50000/110	50 000	110 ($\pm8\times1.25\%$)	6.3		45	190	0.8	10.5	18.35	36.22	68	6440×4790×6220
SFZ9-63000/110	63 000	110 ($\pm8\times1.25\%$)	6.3		56.8	234	0.72	10.5	26.5	46	91	6850×5390×6340

表 A-19   **220kV 三绕组变压器的主要技术参数**

型号	额定容量 (kVA)	容量比 (%)	额定电压 (kV) 高压	中压	低压	联结组标号	损耗 (kW) 空载	短路	空载电流 (%)	阻抗电压 (%) 高一中	高一低	中一低	总体质量 (t)
SFPS7-120000/220	120 000	100/100/100		121	38.5					14.4	24.0	7.6	175
SFPS7-120000/220	120 000	100/100/67	220 ($^{+3}_{-1}\times2.5\%$)	115	38.5		133	480	0.8	14.0	23.0	7.0	197
SFPS7-120000/220	120 000	100/100/50		121	10.5, 11	YNyn0d11				14.0	23.0	7.0	197
SFPS7-120000/220	120 000	100/100/50		121	38.5					131	22.7	7.3	175
SFPS7-150000/220	150 000	100/100/100	242 ($\pm2\times2.5\%$)	121	38.5		157	570		22.9	13.6	8.0	
SFPS7-150000/220	150 000	100/100/50	220 ($^{+3}_{-1}\times2.5\%$)	38.5 ($\pm5\%$)	11	YNd11yn0	157	570		22.5	14.2	7.9	188
SFPS7-180000/220	180 000	100/100/67		115	37.5		220	650		13.6	23.1	7.6	214
SFPS7-180000/220	180 000	100/100/50	220 ($\pm2\times2.5\%$)	121	10.5		178	650	0.7	14.0	23.0	7.0	247
SFPS7-240000/220	240 000	100/100/50	242 ($\pm2\times2.5\%$)	121	15.75		175	800		25.0	14.0	9.0	258
SFPS3-120000/220	120 000	1000/100/100	242 ($\pm2\times2.5\%$)	121	10.5		148	640	0.9	22~24	12~24	7~9	203
SSPS3-120000/220	120 000		242 ($^{+1}_{-3}\times2.5\%$)										
SFPSZ7-63000/220	63 000		38.5 ($\pm5\%$)	11			79	290		13.3	21.5	7.1	140
SFPSZ7-90000/220	90 000			121	38.5		92	390		14.4	24.2	7.8	168
SFPSZ7-120000/220	120 000		220 ($\pm8\times1.25\%$)	121	10.5, 11		144	480		14.5	23.2	7.2	168
SFPSZ7-120000/220	120 000			121	11		144	480	0.8	12.6	22.0	7.6	173
SFPSZ7-120000/220	120 000			121	38.5	YNyn0d11	144	480	0.8	12.6	22.0	7.6	173
SFPSZ7-120000/220	120 000	100/100/67		115	10.5		90	425	0.8	13.3	23.5	7.7	168
SFPSZ7-120000/220	120 000	100/100/50		115	38.5		144	480	0.9	14.0	23.0	7.0	221
SFPSZ7-120000/220	120 000	100/100/100	220 ($\pm8\times1.5\%$)	121	10.5, 11		118	425	0.8	14.0	23.0	7.0	186
SFPSZ7-120000/220	120 000			121	11, 38.5		144	480	0.9	13.0	22.0	7.0	221
SFPSZ7-120000/220	120 000			121	11, 38.5		144	480		14.0	24.0	7.6	189
SFPSZ7-150000/220	150 000			121	11, 38.5		170	570		24.4	14.2	8.4	247
SFPSZ7-150000/220	150 000		220 ($\pm8\times1.25\%$)	115	10.5		170	570		12.4	22.8	8.4	201
SFPSZ7-150000/220	150 000		38.5 ($\pm5\%$)		10.5		144	480		137	23.8	8.1	175
SFPSZ4-90000/220	90 000	100/100/100	220 ($\pm8\times1.5\%$)	121	11		121	414	1.2	12~14	22~42	7~9	182
SFPSZ4-120000/220	120 000	100/100/100	220 ($\pm8\times1.25\%$)	121	10.5, 38.5		155	640	1.2	12~14	22~42	7~9	231

表 A-20　　　　　　　　　　　　　　220kV 双绕组变压器的主要技术参数

型　号	额定容量 (kVA)	额定电压 (kV) 高压	低压	联结组标号	损耗 (kW) 空载	短路	空载电流 (%)	阻抗电压 (%)	总体质量 (t)
SFP7-40000/220	40 000	220 (±2×2.5%)	6.3, 6.6 10.5, 11		52	175	1.1	12.0	95
SFP7-50000/220	50 000	242 (±2×2.5%)	10.5, 11, 13.8		61	210	1.0	12.0	103
SFP7-63000/220	63 000				73	245	1.0	13.0	119
SFP7-90000/220	90 000	220 ($_{0}^{+4}$×2.5%)	38.5		96	320	0.9	12.5	154
SFP7-90000/220	90 000	220 (±2×2.5%) 242 (±2×2.5%)	10.5, 11, 13.8		90	320		13.1	119
SFP7-120000/220	120 000				118	385		12.0	171
SFP7-120000/220	120 000	242 (±2×2.5%)	10.5 / 13.8		118	385		11.2	144
SFP7-120000/220	120 000	220 (±2×2.5%)	11, 13.8		118	385		13.6	140
SFP7-150000/220	150 000	242 (±2×2.5%)			140	450	0.8	13.0	199
SFP7-150000/220	150 000	230 (±2×2.5%)	10.5		140	450		13.6	152
SFP7-180000/220	180 000	220 (±2×2.5%)	13.8	YNd11	160	510		13.3	167
SFP7-180000/220	180 000	242 (±2×2.5%)			130	571		13.1	166
SFP7-180000/220	180 000		66		160	510	0.8	14.0	226
SFP7-240000/220	240 000	242 (±2×2.5%)	15.75		200	530		14.0	197
SFP7-240000/220	240 000				200	630	0.7	14.0	251
SFP7-250000/220	250 000	242 ($_{-3}^{+1}$×2.5%)			162	615		13.1	274
SFP7-360000/220	360 000	220 (±4×2.5%)			195	860		14.0	252
SFP7-360000/220	360 000	242 (±4×2.5%)	18		195	860		14.0	246
SFP7-360000/220	360 000	236 (±4×2.5%)	20		180	828		13.1	263
SFPZ7-90000/220	90 000	230 (±8×1.5%)	69		104	359		13.4	158
SFPZ7-120000/220	120 000	220 (±8×1.25%)			124	385		15.0	171
SFPZ7-120000/220	120 000	220 (±8×1.5%)	38.5		124	385	0.8	13.0	196
SFPZ7-180000/220	180 000		69		169	520	0.7	14.0	234

表 A-21　　　　　　　　　**330kV 三绕组无励磁调压变压器的主要技术参数**

额定容量 (kVA)	额定电压（kV）			联结组 标号	损耗（kW）		空载电流 (%)	短路阻抗 (%)	容量分配 (%)
	高压	中压	低压		空载	负载			
90 000					102	370	0.65	高—中 24～26	
120 000			10.50		127	460	0.65		
150 000	330（±2×2.5％） 245（±2×2.5％）	121	13.80	YNyn0d11	150	545	0.60	高—低 14～15	100/100/100
180 000			15.75		172	625	0.60		
240 000					213	775	0.55	中—低 8～9	

注　1. 表中所给参数为升压结构变压器用。

2. 升压结构变压器其容量分配可为（100/50/100）％。

3. 根据需要可提供降压结构的变压器，短路阻抗：高—低：24％～26％；高—中：14％～15％。中—低：8％ ～9％。其容量分配可为（100/100/50）％或（100/50/100）％。

4. 表中短路阻抗为100％额定容量时的数值。

表 A-22　　　　　　　　　**330kV 双绕组无励磁调压变压器的主要技术参数**

额定容量 (kVA)	额定电压（kV）		联结组 标号	损耗（kW）		空载电流 (%)	短路阻抗 (%)
	高压	低压		空载	负载		
90 000		10.50		90	303	0.60	
120 000	363，363	13.80		112	375	0.60	
150 000	（±2×2.5％）	15.75	YNd11	133	445	0.55	14～15
180 000	345，345	18.00		153	510	0.55	
240 000	（±2×2.5％）	20.00		190	635	0.50	
360 000				260	890	0.50	

注　根据使用部门的需要，低压可选择表中任一电压。

表 A-23　　　　　　　**330kV 无励磁调压自耦变压器（串联线圈调压）的主要技术参数**

额定容量 (kVA)	电压（kV）			联结组 标号	损耗（kW）		空载电流 (%)	短路阻抗 (%)	容量分配 (%)
	高压	中压	低压		空载	负载			
90 000					60	290	0.5	高—低	
120 000			10.50，		75	360	0.5	24～26	
150 000	330	121	11，	YNyn0d11	89	426	0.45	高—中	100/100/50
180 000	（±2×2.5％）		35，		102	489	0.45	10～11	
240 000			38.5		127	607	0.40	中—低	
360 000					172	824	0.40	12～14	

注　1. 表中所给参数为降压结构变压器用。

2. 根据需要可提供升压结构变压器的技术参数，短路阻抗：高—低为10％～11％，高—中为24％～26％，中— 低为12％～14％。

3. 表中短路阻抗为100％额定容量时的数值。

表 A-24　　　　330kV 无励磁调压自耦变压器（中压线端调压）的主要技术参数

额定容量 (kVA)	额定电压（kV）			联结组 标号	损耗（kW）		空载电流 (%)	短路阻抗 (%)
	高压	中压	低压		空载	负载		
90 000	330，345	242 (±2×2.5%) 242 (±3×2.5%) 230 (±2×2.5%) 230 (±3×2.5%)	10.5，11， 35，38.5	YNa0d11	31	326	0.40	高—中 10～11 高—低 13.5～14.0 中—低 12.5～13.0
120 000					38	404	0.35	
150 000					45	478	0.30	
180 000					52	548	0.30	
240 000					65	680	0.25	
360 000					88	928	0.25	

注　1. 高压绕组中性点为有效接地。

　　2. 表中所给参数为降压结构变压器用。

　　3. 容量分配：(100/100/30)%。

　　4. 表中短路阻抗为 100% 额定容量时的数值。

表 A-25　　　　330kV 有载调压自耦变压器（串联线圈末端调压）的主要技术参数

额定容量 (kVA)	额定电压（kV）			联结组 标号	损耗（kW）			短路阻抗 (%)
	高压	中压	低压		空载	负载	空载	
90 000	330 (±8×1.25%) 345 (±8×1.25%)	121	10.5， 11， 35， 38.5	YNa0d11	63	290	0.55	高—中 10～11 高—低 24～26 中—低 12～14
120 000					78	360	0.55	
150 000					92	426	0.50	
180 000					105	489	0.50	
240 000					130	607	0.45	
360 000					176	824	0.45	

注　1. 表中所给参数为降压结构变压器用，也可提供升压结构变压器。

　　2. 容量分配：(100/100/30)%。

　　3. 高压绕组中性点为有效接地。

　　4. 表中短路阻抗为 100% 额定容量时的数值。

表 A-26　　　　330kV 有载调压自耦变压器（中压线端调压）的主要技术参数（一）

额定容量 (kVA)	额定电压（kV）			联结组 标号	损耗（kW）		空载电流 (%)	短路阻抗 (%)
	高压	中压	低压		空载	负载		
90 000	330 345	121 (±8×1.25%)	10.5，11， 35，38.5	YNa0d11	65	310	0.55	高—中 10～11 高—低 26～28 中—低 16～17
120 000					81	385	0.55	
150 000					95	455	0.50	
180 000					109	522	0.50	
240 000					135	648	0.45	
360 000					183	878	0.45	

注　1. 110kV 级线端有载调压，高压绕组中性点有效接地。

　　2. 表中所给参数为降压结构变压器用。

　　3. 容量分配：(100/100/30)%。

　　4. 表中短路阻抗为 100% 额定容量时的数值。

表 A-27　　　　330kV 有载调压自耦变压器（中压线端调压）的主要技术参数（二）

额定容量 (kVA)	额定电压 (kV)			联结组标号	损耗 (kW)		空载电流 (%)	短路阻抗 (%)
	高压	中压	低压		空载	负载		
90 000	330 345 363	242 (±8×1.25%) 230 (±8×1.25%) 242 (±4×1.25%) 230 (±4×1.25%)	10.5, 11, 35, 38.5	YNa0d11	34	326	0.40	高—中 10～11 高—低 13.5～14 中—低 12.5～13
120 000					42	404	0.35	
150 000					49	478	0.30	
180 000					56	548	0.30	
240 000					70	680	0.25	
360 000					95	928	0.25	

注　1. 220kV 级线端有载调压，高压绕组中性点有效接地。

2. 表中所给参数为降压结构变压器用，也可提供升压结构变压器。

3. 容量分配：（100/100/30）％。

4. 表中短路阻抗为 100％额定容量时的数值。

表 A-28　　　　　　　　　500kV 自耦变压器的主要技术参数

项　目		沈阳变压器厂	西安变压器厂	保定变压器厂
型号		OSFPS2-360000/500	2-250000/500	ODFPS2-167000/500
形式		强迫油循环水冷有载调压三绕组自耦变压器	强迫油导向循环水冷有载调压三绕组自耦变压器	
额定容量 (kVA/kVA/kVA)		360 000/360 000/40 000	250 000/250 000/60 000	1 670 000/1 670 000/66 700
额定电压 (kV)	高压	550	$550/\sqrt{3}$	$550/\sqrt{3}$
	中压	246 (±10%)	$230/\sqrt{3}$ (×±13.5%)	$242/\sqrt{3}$ (±10%)
	低压	35	35	35
空载损耗 (kW)		190	144	125
负载损耗 (kW)	高—中	800	540	
	高—低			352
	中—低			
阻抗电压 (%)	高—中	10	11.8	11.5
	高—低	26	38.2	51
	中—低	41	24.8	37
联结组标号		YNa0d11	YNa0d11	YNa0d11
质量 (t)	油质量	110	52.1	54.5
	运输质量	198（充氮）	181	181
	总体质量	340	203	210
轨距　横向/纵向				
外形尺寸 (长×宽×高，mm×mm×mm)		16 520×7700×9810	8650×7060×9300	8515×7520×10 400

表 A-29　　　　　　　　　　　1000kV 变压器的主要技术参数

序号	项　目		要求值	
1	形式及型号		单相油浸三绕组无励磁 调压自耦联络变压器	
2	额定频率（Hz）		50	
3	额定电压（kV）	高压绕组	$1150/\sqrt{3}$	
		中压绕组	$525/\sqrt{3}$ （$\pm2\times2.5\%$）	
		低压绕组	110	
4	调压方式		无励磁中性点调压	
5	调压范围		$\pm2\times2.5\%$	
6	冷却方式		OFAF	
7	额定容量（MVA）	高压绕组	1000	
		中压绕组	1000	
		低压绕组	334	
8	相数		单相	
9	联结组标号		Ia0i0	
10	雷电冲击全波耐受 电压峰值（kV）	高压端子	2250	
		中压端子	1550	
		低压端子	550	
		中性点端子	185	
11	雷电冲击截波耐受 电压峰值（kV）	高压端子	2400	
		中压端子	1675	
12	额定操作冲击耐受 电压峰值	高压端子	1800	
		中压端子	1175	
13	额定短时工频 耐受电压（kV）	高压端子	1100（5min）	
		中压端子	630（1min）	
		低压端子	230（1min）	
		中性点端子	85（1min）	
14	阻抗电压及偏差 （%）	高—中	18	±7.5
		高—低	62	±7.5
		中—低	40	±7.5
15	损耗及偏差	总损耗（kW）	1800	
		容许偏差（%）	10	
16	变压器尺寸（长×宽×高，m×m×m）		$12\times4.15\times4.9$	
17	变压器运输质量（t）		375	
18	局部放电水平 （pC）	高压绕组	100	
		中压绕组	200	
		低压绕组	300	
19	变压器耐地震能力 （m/s^2）	水平加速度	3	
		垂直加速度	1.5	

表 A-30　自耦变压器及分裂绕组变压器的主要技术参数

型号	额定容量 (kVA)	容量比 (%)	额定电压 (kV) 高压	额定电压 (kV) 中压	额定电压 (kV) 低压	联结	损耗 (kW) 空载	损耗 (kW) 短路	空载电流 (%)	阻抗电压 (%) 高-中 (半穿越)	阻抗电压 (%) 高-低 (全穿越)	阻抗电压 (%) 中-低 (分裂系数)	总体质量
OSFPS3-90000/220	90 000	100/100/50	236 (±2×2.5%)	110	37	YNa0d11	50	310	0.6	8~10	28~34	18~24	97.3
OSFPS3-90000/220	90 000		220 (±2×2.5%)										
OSFPS3-90000/220	90 000		220 (±2×2.5%)		38.5								
OSFPS7-120000/220	120 000	100/100/50	220 (±2×2.5%)	121		YNa0d11	70	320	0.6	8~10	28~34	18~24	132.4
OSFPS7-120000/220	120 000		220 (±2×2.5%)		38.5 (±5%)	YNa0yn0							
OSFPS7-120000/220	120 000		$220\,(^{+3}_{-1}\times2.5\%)$		38.5								
OSFPS7-120000/220	120 000	100/100/50	220 (±2×2.5%)		38.5	YNa0yn0	71	340	0.6	9.0	32	22	147.0
OSFPS7-120000/220	120 000		220 (±2×2.5%)		38.5	YNa0yn0	70	320	0.6	8.2	33	22	126.3
OSFPS7-120000/220	120 000		$220\,(^{+10}_{-7}\times1.25\%)$		37.5	YNa0d11	82	320	0.6	8.5	37	25	134.7
OSFPS7-180000/220	180 000	100/100/67	220 (±2×2.5%)	115		YNa0d11	105	515	0.6	13.0	13	18	190.0
SFF-31500/15.75	31 500/2×16 000		15.75 (±2×2.5%)		6.3~6.3	Dd0d0	17.5	250	0.6	17.57	10.57	3.4	53
SFF7-31500/15.75	31 500/2×20 000		15.75 (±2×2.5%)		6.3~6.3	Dd0d0	28	150	0.5	16.6	9.5		48
SFF-31500/15.75	31 500		15.75 (±5%)		6.3~6.3	Dd11d11	27	175	0.45	18			45.5

续表

型号	额定容量 (kVA)	容量比 (%)	额定电压 (kV) 高压	中压	低压	联结	损耗 (kW) 空载	短路	空载电流 (%)	阻抗电压 (%) 高—中 (半穿越)	高—低 (全穿越)	中—低 (分裂系数)	总体质量
SFPF-31500/18	31 500/2×16 000		18 (±2×2.5%)		6.3~6.3	Dd0d0	30.2	153	0.756	13.36	7.076	3.657	43.5
SFPFZ-31500/18	31 500/2×20 000		18 (±$\frac{1}{5}$×2.5%)		6.3~6.3	Dd0d0	33	145	0.98	15.3	8.18	3.74	52.38
SFPF7-40000/18	40 000/2×20 000		18 (±2×2.5%)		6.3~6.3	Dd0d0	29.4	177.7	0.8	15.3	8.18	3.74	49.45
SFF7-40000/18	40 000		18 (±2×2.5%)		6.3~6.3	Dd11d11	30	225.3		15			78
SFF7-40000/20	40 000/2×20 000		20 (±2×2.5%)		6.3~6.3	Dyn1yn1	31.1	18/4.3	0.23	12.71	6.76		60.6
SFFQ7-31500/110	31 500/2×15 750		110 (±2×2.5%)		6.3~6.3	YNd11d11	33	155	0.9	18.5	10.4		52.7
SFPSZ7-40000/110	40 000/2×25 000		115 (±6×1.46%)		6.3~6.3	YNd11d11	44	164	1.0	12.75	6.75	3.78	61.7
SFZ-32000/220	32 000/2×16 000		220 (±8×1.25%)		6.9~6.9	YNd11d11	51	145	0.82	71.85	21.21		105
SFPSZ1-40000/220	40 000/2×25 000		220, 230 (±$^{5}_{3}$×2%)		6.3~6.3	YNd11d11	57.2	165.4	1.2	21.75	12.02		89.3
SFFZ7-40000/220	40 000		220 (±8×1.25%)		6.3~6.3	YNd11d11	46.4	219.5		20.3	11.3	35.9	113.6

表 A-31   **220kV 联络变压器的主要技术参数**

项　目		沈阳变压器厂	西安变压器厂	保定变压器厂
型号		SFPS3-180000/220	SFPS1-18000/220	SFPS-24000/220
形式		强迫油循环水冷却三相绕组无励磁调压变压器	强迫油循环水冷却单相绕组无励磁调压变压器	强迫油循环水冷却无励磁调压变压器
额定容量（kVA）		180 000/180 000/120 000	180 000/18 000/90 000	240 000/240 000/200 000
额定电压（kV）	高压	220 （$^{+3}_{-1} \times 2.5\%$）	220 （$\pm 2 \times 2.5\%$）	242 （$^{+1}_{-3} \times 2.5\%$）
	中压	115	121，117	121
	低压	37.5	11，37.5	10.5
空载损耗（kW）		196	200	270
负载损耗（kW）	高—中		679	
	高—低	650	220	850
	中—低		148	
阻抗电压（%）	高—中	13.8	14	15
	高—低	22.8	24	25
	中—低	7.2	8.1	8
联结组标号		YNyn0d11	YNyn0d11	YNyn0d11
质量（t）	油质量	48.02	43.56	49
	运输质量	171.8（充氮）	167.5	207（充氮）
	总质量	245.18	240	283.6
轨距横向/纵向（mm）		2000×3/1435	2000×3/1435	
外形尺寸（长×宽×高，mm）		12 800×5180×6810		25 374×7080×7295

参 考 文 献

[1] 许珉. 变电站电气一次设计 [M]. 北京：机械工业出版社，2015.

[2] 国家电网公司. 国家电网公司输变电工程通用设计 [M]. 北京：中国电力出版社，2017.

[3] 陕西省地方电力（集团）有限公司. 陕西省地方电力（集团）有限公司输变电工程 35～110kV 变电站典型设计 [M]. 北京：中国电力出版社，2012.

[4] 宋继成. 220～500kV 变电站电气接线设计 [M]. 2 版. 北京：中国电力出版社，2014.

[5] 国家电网公司人力资源部. 二次回路 [M]. 北京：中国电力出版社，2010.

[6] 丁书文. 变电站综合自动化现场技术 [M]. 北京：中国电力出版社，2008.

[7] 沈诗佳. 电力系统继电保护及二次回路 [M]. 2 版. 北京：中国电力出版社，2007.